人工知能の哲学

生命から紐解く知能の謎

人工知能の哲学

生命から紐解く知能の謎

松田雄馬 著

東海大学出版部

Philosophy for Artificial Intelligence

Yuma MATSUDA
Tokai University Press, 2017
Printed in Japan
ISBN978-4-486-02141-4

目次

はじめに

一七世紀のフランスの哲学者ルネ・デカルトが「心身二元論」を提唱したことを象徴的な出来事とし、人類の科学文明は急速に発展した。

科学文明の発展が産業に与えた影響はいうに及ばず、産業革命という現象が象徴するように、工業製品の大量生産、農業生産高の向上、医療技術の発達をはじめ、数多くの技術革新が、世界のライフスタイルを一変させ、中世から近代への社会の変革がもたらされる結果となった。

今世紀に入ると、コンピュータ（電子計算機）をはじめとする数多くの情報機器の発明により、私たちの社会は高度に情報化されるに至った。今や、特定の企業を探し出すのに電話帳を片手にダイヤルを回す必要もなく、毎朝通勤電車の中で新聞を広げる必要もなく、インターネットに常時接続されたスマートフォンが、「いつでもどこでも誰にでも」あらゆる情報を探し出してくれる時代である。現代社会の未来は、「情報科学」が切り拓いているといっても過言ではないと考えられる。

情報科学の進展は、世界の農村部山間部の過疎地域であっても、遠隔医療による恩恵や、情報端末を用いた教育の享受を可能にするなど、今や、世界中のライフスタイルは大きく変貌をとげつつある。

こうした、世界の経済・社会を牽引する情報科学は、現在、「人工知能」に基づく社会基盤作りを推進している。人工知能研究者の中には、人間の知能を凌駕するコンピュータ（電子計算機）の実現により、人間が働かずとも暮らせる社会の実現を本気で目指している人びとも少なくないのが現実である。

たとえば、世界中の多くのユーザーが利用する通信販売サイトを運営するアマゾン社は、人工知能技術を巧みに利用して、ユーザーが注文を行う前から、注文を行うであろう商品を予測して配送する仕組みを構築しつつある。さらに、検索サイトを運営するグーグル社は、ユーザーが検索を行うことなく、過去の履歴から、欲する情報をすべて予測して提供する仕組みの構築を目指している。こうした現状を見ると、私たちは、考えることすら行うことなしに生活できてしまう環境が整いつつあるということである。

こうした「人工知能」に基づく社会基盤作りが加速する現状に鑑みると、私たちは、何か重要な視点を見落としてしまっているように感じられる。

そもそも「人工知能」とは何なのか。「人工知能」という概念は、どこから来て、どこへ行こうとしているのか。こうした素朴な疑問について、深く議論されることなく、「人工知能」の開発と、社会の仕組み作りばかりが加速しているように感じられる。

現在までの研究開発の期間の中で、私は数学を頼りにして「知能」の謎を探求してきた。しかしながら、最初から、「人工知能」という概念に関心があったわけではない。二〇〇〇年代の前半、当時私がまだ大学院生であり、自分自身の専門性を模索していた時分、人工的に作られたシステムが、「音声認識技術」を用いて私たちの言葉を理解し、「音声合成技術」を用いて言葉を発するような情報システムを目にする機会が頻繁にあった。当時は、誰もが携帯電話という先端機器を所有するようになり、高速大容量通信によって、いつでもどこでも誰とでも通信ができる「ユビキタス社会」が到来しようとしていた。ネットワークを介して人間と機械が共生していくという物語が、至る所で語られていた時代であった。そうした未来を感じさせる情報通信に関するコンセプトには夢がある。しかしながら、実際の研究現場に身を投じていた私にとっては、人間と機械との共生という未来を感じさせるコンセプトと、実際の研究現場で開発されている技術との間には、大きな乖離が感じられたのである。一言で表現するならば、実際に開発されている技術には、「生命」を感じることができなかった。たとえば、私たち人間とのコミュニケーションを実現しようとする「音声合成技術」は、実際は、膨大な音声データを統計的に処理することによって、私たち人間の言葉を高精度で認識しようという試みである。確かに、その試みは、高度な数学を駆使するものであり、研究者魂に火を着けてくれる非常に興味深いものではある。しかしながら、そうした高度な数学を用いて達成される「音声認識技術」をはじめとする情報技術は、私たち人間の行うコミュニケーションとは根本的に異なるのではないかと感じていた。こういった観点では、私は、情報技術そのものというよりは、むしろ、生命、いのち、生き物といったもののコミュニケーションに関心があったのかもしれない。

バックパックを担いで気ままに諸外国を旅する際、私は、まったく言語の通じない人たちとのコミュニケーションの必要に迫られる機会に頻繁に遭遇してきた。そうした場合であっても、「目を見れば」「場を共有すれば」「共感が起これば」、言語に関係なく、コミュニケーションを取ることができることを、私たちは知っている。「昨晩、一緒に踊りを踊った仲間」が「困っている様子」を見れば、手を差し伸べようとするのが人間であり、それが、本来の人間らしい、そして「生命」としてのコミュニケーションなのではないだろうか。こうしたコミュニケーションは、膨大なデータを統計的に処理したところで、決して見出せるものではない。

残念ながら、現在、「人工知能」と呼ばれるものの中には、そうした「生命」を感じられるものはほとんど見つけることができない。「人工知能」を実現するためには、「知能」への理解が不可欠のはずである。そのためには、「知能」を持つ私たち「生命」への理解が不可欠のはずである。しかしながら、人工知能ブームの真っ只中の今、「生命」という考え方が、置き去りにされているのではないだろうか。

筆者はこれまで、「生命」の根源から、進化の過程をたどることで、「知能」というものが何なのかを探るというアプローチを採用してきた。

「生命」の根源とは、一体何なのであろうか。

私たち人間という生物種を「生命」としてとらえるのであれば、私たち一人ひとりを形成する六〇兆の細胞が、いかにして、「ひとつ」の個体を形成しているのかという視点を避けることは困難である。ここに、細胞一つひとつが奏でる「リズム」の働きに着目せざるを得ない理由がある。

個々のリズムを奏でる細胞は、全体として、まるでオーケストラの即興演奏のように、一つの音楽を創り出す。

生命とは、こうしたオーケストラの即興演奏のような、次々に新しい音楽を奏でる「創出知」であるという考え方がある。この考え方を出発点にしたときに、現在盛んに議論されている「人工知能」は、どのように解釈できるであろうか。

インターネット黎明期の二〇世紀末には、インターネットは、ユーザー一人ひとりによって「インターネット世界」が作られる、まるで「生き物」のような「集合知」のようだ、という考え方が盛んに議論された。確かに、ウェブサイトがブログに進化し、ブログがSNSに進化していく中で、私たちは、情報を簡単に「提供」することができるようになり、「集合知」としてのインターネットは、急激に「進化」をとげてきたといえる。

しかしながら、「人工知能」の過度な普及は、こうした「集合知」を持つ「生命体」であるインターネット社会の進化を逆向きに加速させ、ひいては、私たち人類の進化を逆向きに加速させつつあるのではないかと筆者は考えている。「人工知能」は、膨大な情報を持つインターネットの大海からユーザーの嗜好に適合した情報を、過去のユーザーの行動履歴から自動的に抽出し、提示する。ユーザーは、こうして提示された情報を頼りに行動し、それが、未来に提示されるであろう情報に反映され、ユーザーは、自らの行動を必然的に狭められ、インターネットという大海から取り残されてしまうのである。「人工知能」が暗躍する現代社会では、こうした現象が現実のものとして生じている。

「知能とは何なのか」

「私たちはどこに向かおうとしているのか」

本書は、こうした私自身の素朴な疑問を出発点とし、「生命としての知能」を探求することを目的にした書である。「知能」を知るためには、まず、現在の「人工知能」というものが何なのかをまとめる必要がある。そして、「人工知能」が「生命」とどのように異なるのかを整理する必要がある。そして、「生命としての知能」に関する多くの知見を紡ぎ直すことで、「知能」というものをとらえなおす試みを行っていく。その上で、「人工知能」の研究が向かうべき方向について、探求していくことを目指している。

第一章 「人工知能」とは何か

情報科学の歴史から振り返る人工知能

「人工知能とは何か」という疑問に対し、はっきりした答えはなかなか見つからない。一方で、「人工知能の研究は、どのようにはじまったのか」という疑問について考えると、「人工知能」の輪郭がおぼろげながらに見えてくる。ここでは、人工知能を考える上で、そのはじまりから現在に至るまでの歴史をたどっていく。

「人間の労働を機械がすべて代替してくれたら……」

今も昔も、こうした「願望」を持つ人というのは、洋の東西を問わず、どこにでもいるものである。もちろん、日本においても、それは例外ではない。日本を代表する国民的な漫画「ドラえもん」は、その作品の中で、数々の「名言」を残してきた。その中で、準主人公の小学生男子である「のび太くん」の残したあるひと言が、設定上は小学生の何気ないひと言とはいえ、人類共通の「願望」を象徴しているように感じられる。

「勉強して発明するんだ。勉強しなくても、頭の良くなる機械を」[1]

この台詞は、「のび太くん」が、勉強することの大事さを痛感した後につぶやいたひと言だった。この「のび太くん」のひと言は、世界中の多くの研究者が、人工知能を研究するモチベーションにきわめて近いのではないかと筆者は感じている。

「労働から解放されたい」という感覚は、人類共通の本能のようである。

人間が労働から解放されるためには、人間と同じ作業ができる機械を、さらには、人間の能力を凌駕する機械を作ることができればよい。それがまさに、私たち人類が、人工知能を研究するモチベーションといえるのではないだろうか。もう少し視点を広げるならば、「人類の文明は、私たち人類が、労働から解放されるために進化を続けてきた」といっても、決していいすぎではないのである。

太古の昔、狩猟・採集を営んでいた人類は、稲を植えることで、毎年決まった時期に収穫ができることを「発見」し、農耕という手段を「発明」した。[2] 同時に、定住生活を開始して村を作るようになった。これによって、「食物を探す」という労働から解放されるようになったのではないだろうか。また、毎日、決まった時刻に労働を行う必要が

1　この台詞を聞いて、主人公のドラえもんは「どうも、まだ、よくわかってないみたい」と頭を悩ますのだが……。文献［1］を参照。

2　「農耕」のはじまりは諸説あるが、約一万年前の氷河期（最終氷期）の終わりの時期に、西アフリカ、中東、東南アジア、中南米の四地域を中心にはじまったとされる（文献［2］を参照）。

あることから、「時間」というものが「発明」され、これを数える仕組みとして、日時計をはじめとする「時計」が「発明」されるようになった。[3]さらに、毎年、決まった時期に川の氾濫が起こることを発見し、「暦」というものが「発明」された。[4]こうした発見と発明を通して、定住して暮らしていくということができるようになり、私たち人類は、これまでの労働から解放されていったといえるのかもしれない。産業革命以降、人類は、「機械化」によって、こうした「農耕」に関する労働からも解放されるようになっていったといえるのではないだろうか。人間の暮らしというものは、このように、数々の発見や発明を通して、今も尚、「労働」というものから解放される試みが続けられているのではないかと考えられる。

「人工知能を実現しようとする試み」は、「人間の労働すべてを機械に代替させようとする試み」であるといってよい。そう考えると、これまで紹介してきた「労働から解放されたい」というモチベーションに基づく人類の進化が、「人工知能」という言葉を作り出したといえるのかもしれない。

もちろん、私たち人類は、いまだ、労働から解放されているといえず、理想的な「人工知能」[5]の実現は、まだまだ道半ばであるといわざるを得ない。しかしながら、高度な機械の開発によって、私たちは、多くの労働からすでに解放されてきているのではないだろうか。

「人間の労働を代替する」ことを目的とした機械は、古くは、古代ギリシャの時代から発見されている。「アンティキティラ島の機械」[6]と呼ばれる、この古代ギリシャ時代の機械は、直径一五センチメートル程度の大きさの歯車式

---

3 「時間」のはじまりは、紀元前約二〇〇〇年にシュメールで考案された六十進法であるといわれている。
4 「暦」の歴史は、古代バビロニアにはじまる「太陰暦」と、古代エジプトにはじまる「太陽暦」が最初であるといわれている。
5 「人工知能」の定義に関しては後述するが、初期の人工知能は、人間の労働すべてを代替できるような、「知能」を持つ機械を目指していた。
6 「アンティキティラ島の機械」は、文献［3］［4］のウェブ記事などに特集されている。

の機械であり、古代ローマの沈没船の中から発見されたものである。この機械は、天体の運行を計算することを目的としていると見られており、時間の経過や天体の動きを非常に高い精度で示していたと見られている。少なくとも三種類のカレンダーで日数を計算し、オリンピックの時期を計算するための目盛りもあるとのこと。この原理が解明されたのは、一九九〇年代に入ってからであり、紀元前に作られたものであるにもかかわらず、一八世紀並みの複雑さと正確さを備えた機械だという。

このように、何かを「数える」などの作業を含めた「労働」を、機械に代替させるという試みは、古代から多くの事例で見ることができ、おそらく有史以前から試みられていたことなのではないかと推測される。そのように考えると、「人間の労働を機械に代替させたい」という願望は、人類が誕生して以来、私たち人類が持ち続けている願望なのかもしれない。

こうした労働を機械に代替させる試みは、産業革命を経て、私たち人類の生活を一変させた。そして、近年最大の発明の一つ「コンピュータ（電子計算機）」の出現は、私たちの社会を「情報化社会」へと一新させた。今や、「ノートパソコン」や「スマートフォン」などの形で、誰もが手にするその「魔法の箱」は、「プログラム」によって書かれた命令であれば、どんな命令であっても、忠実に実行することができる。まさに、「人間の労働を機械に代替させる」ことを実現しうるシステムが発明されたのである。

こうした流れの中で、まさに「第一次人工知能ブーム」が巻き起こった。コンピュータを使えば、身の回りを自由自在に動き回り、人間の命じるままに労働をこなしてくれるような、ＳＦの世界に登場するロボットが、すぐにでも発明されるような、そんな期待が世界を取り巻いた。しかしながら、多くの研究者の努力とは裏腹に、その期待は大きく裏切られるようになるのであった。

「コンピュータ（電子計算機）」が発明され、「プログラム」によって書かれた命令であれば、どんな命令であっても、忠実に実行することができるようになったにもかかわらず、なぜ、人間の労働をすべて代替してくれるような、そんな「人工知能」は実現しなかったのだろうか。そして、その後の「第二次人工知能ブーム」とは何だったのか、現在の「第三次人工知能ブーム」においては、何が起こっているのか。

こうした人工知能に関する疑問に答えるために、まずは「コンピュータ（電子計算機）」とは何なのかというところから、話をはじめてみたい。

「コンピュータ（計算機）」にはじまる三度の「人工知能ブーム」

一七世紀、ドイツの数学者ゴットフリート・ライプニッツにより「四則演算計算機」が発明された。これがまさに、コンピュータ（計算機）の実現の第一歩なのである。「四則演算計算機」というのは、現代でいう「電卓」であり、スマートフォンの「アプリ」のうちのほんの一つの扱いであるが、実はこの「四則演算計算機」というものが、「計算」という作業を自動的に行う仕組みがなかった当時には、社会の仕組みそのものを変えてしまうような大発明であったのである。ライプニッツ自身が書いたといわれるこの「四則演算計算機」に関する記述を見ると、当時の社会の様子がよくわかる。[7]

ライプニッツは、「計算に従事しているすべての人びとに望ましい機械がついにできた」と宣言する。その機械は、「会計士、資産管理者、商人、測量士、地理学者、航海士、天文学者などの人びとが、讃えることができる機械」だという。

当時、幾何学や天文学の複雑な計算には、「三角関数表」など、関数ごとに「表」が作られており、この「表」を目でたどっていくことで、複雑な計算を代用していたのである。まるで、言葉を学ぶ際に「辞書」を片手にその作業を行うことと同様に、当時の科学者たちは、「表」を片手に複雑な計算を行っていたのである。

7　文献［5］［6］を参照

こうした「表」を片手に複雑な計算を行う「作業」は、当時としては常識であり、測量を行う、航海を行うなどの際、三角関数などの関数計算を行うなどの「作業」は、「表」を辞書的に用いて行われていたのである。

しかしながら、ライプニッツの「四則演算計算機」の発明により、「私たちはどんな曲線でも形でも測定することにより、誤りを正して新しい表にする」ことが可能になった。平方、立方、その他のべき乗の表、組み合わせ、変分、数列など、ピタゴラスの表を含む、すべての関数は、「四則演算計算機」で自動的に計算できるようになったのである。これにより、天文学者をはじめとする多くの科学者は、計算の労苦を堪え忍ぶ必要もなくなった。まさに、計算という「労働」から、私たち人類が解放された瞬間といえるのではないだろうか。

「四則演算計算機」の役割は、その後、数字の四則演算だけでなく、「論理」の演算にまで拡張される。ライプニッツが「四則演算計算機」を発明してから二世紀後の一九世紀のイギリスの数学者ジョージ・ブールは、「論理的推論」を、四則演算によって体系化した。論理的推論とは、たとえば「すべての馬は哺乳類であり、すべての哺乳類が脊椎動物であるならば、すべての馬は脊椎動物である」といった三段論法に代表されるような、論理的に結論を導く論法である。この論理的推論というものを使うと、たとえば、「馬または牛」というものは「馬+牛」のように和算で、「馬であってかつ雌であるもの」というものは「馬×雌」のように積算で表現することによって、四則演算によって結論を導くことができる。[8] この論理的推論を四則演算によって行う演算を「論理演算」といい、これがまさに、現在の「プログラム」の考え方そのものになっている。これによって、私たちは、コンピュータに「命令」を与えることができるようになったのである。

その後、論理演算を自動的に行う計算の仕組みに関する研究は進展し、一九三六年、イギリスの数学者アラン・チューリングによって、アルゴリズム（計算方法）さえ与えれば、どんな論理演算も実現できる計算機「チューリング

8　この考え方は、高校数学「論理と集合」でも扱われている。

マシン」が考案され、これに着想を得たハンガリー出身のアメリカの数学者ジョン・フォン・ノイマンらが「ノイマン型の計算機」を実現した。現在のパソコンやスマートフォンをはじめとするコンピュータは、すべてノイマン型の仕組みで動作する。

この「計算機」の発明により、「人間の労働を機械に代替させる」という夢の実現に向けての人びとの期待が一気に高まったのは想像に難くない。この期待を反映するかのように、一九五六年、アメリカのダートマス大学で「ダートマス会議」という国際学会が開催され、ここではじめて「人工知能（Artificial Intelligence）」という用語が用いられたのである。この「ダートマス会議」では、有識者による、人工知能研究の方向づけが行われた。

ダートマス会議の開催期間は、一九五六年の夏の二カ月間。一〇人の人工知能研究者がニューハンプシャー州ハノーバーのダートマス大学に集まり、そこでの基本方針は「学習のあらゆる観点や知能の他の機能を正確に説明することで機械がそれらをシミュレートできるようにするための基本的研究を進める」というものであった。[9] この会議には、機械が言語を使うことができるようにする方法の探究、機械上での抽象化と概念の形成、今は人間にしか解けない問題を機械で解くこと、機械が自分自身を改善する方法などを研究する学者が集められ、こうした人びとによって、人工知能研究は方向づけられたのである。

このダートマス会議の方針から考えると、人工知能研究は、「機械が言語を扱う」「抽象化と概念の形成」「人間にしか解けない問題を解くこと」「機械が自分自身を改善する方法」といった事柄をキーワードとし、これらを「人工知能が解くべき課題」として定義づけるものと方向づけられたと解釈できる。さらに、会議では、コンピュータ、自然言語処理、ニューラルネットワーク、計算理論、抽象化と創造力についての議論が行われ、現在のコンピュータ科学（情報科学）の基礎が作り上げられた。

9　文献［7］を参照

さて、この「ダートマス会議」の中で、人工知能にとって重要な歴史的「論争」が巻き起こった。それは、人工知能をどのように実現するかという方法論に関する、二つの立場の対立である。一つ目の立場は、理論とアルゴリズムをもとにしてコンピュータで情報処理を行う立場であり、もう一つの立場は、脳を模すことでこれを実現する立場である。前者は、脳内でどのような情報処理が行われているかはさておき、外から見て脳のように動作するコンピュータが作れればよいとする立場であるといえる。一方、後者は、脳内での情報処理に着目し、脳の仕組みを再現することによって、脳のように動作するコンピュータを作るべきであるとする立場である。後者は、脳の神経細胞のネットワークである「ニューラルネットワーク」を人工的に作ろうとしたのだが、当時は、脳の仕組みを再現するには、脳の知見が不十分であり、大勢は、前者に傾き、理論とアルゴリズムの研究が進められることとなった。

これが、「第一次人工知能ブーム」となり、数学の定理を自動的に証明したり、チェスを打つコンピュータが開発されることにより、「やがて人工知能に人間が置き換えられてしまうかもしれない」という期待と不安が大きな渦となっていった[10]。

この「第一次人工知能ブーム」によって、事務用コンピュータなどの様々な形で、コンピュータが私たちの生活の中に入り込んでくるようになった一方、人間に置き換わるような人工知能の登場はなく、「人工知能」という言葉は、徐々に、人びとの記憶からは薄れていくこととなる。

さて、この「第一次人工知能ブーム」が忘れ去られたと思われた一九八〇年代、再び「人工知能ブーム」が巻き起こることとなる。この「第二次人工知能ブーム」は、「エキスパートシステム」という構想に端を発する。「エキスパートシステム」とは、様々な専門知識のデータベースを作り、専門家（エキスパート）の頭脳（知識と推論）を、コンピュータに代替させようという試みである。コンピュータが「エキスパート（専門家）」になれば、誰でも、コン

10　現在の「第三次人工知能ブーム」と同じような騒ぎだったのではないかと推測される。

ピュータの力を借りてプロ並みの仕事ができ、まさに「労働から解放される」世界が実現するはずである。

当初、この「エキスパートシステム」は、知識や推論といった、エキスパート（専門家）の行う知的活動を、論理的に記述するアルゴリズムによって実現しようと模索していたが、次第に、研究者たちは、「エキスパートシステム」をアルゴリズムによって実現しようとすれば、無限にアルゴリズムを作り続けなければならないのではないか、ということに気づきはじめた。そこで、「エキスパートシステム」の実現に向けて、脳の神経細胞のネットワークの仕組みを模した「ニューラルネットワーク」が注目されることとなった。「第一次人工知能ブーム」の火つけ役となった「ダートマス会議」で、一度は大敗北を喫した「ニューラルネットワーク」であったが、脳の仕組みを知ることなしに、「専門家の頭脳」を再現することができないのではないかと気づきはじめた研究者たちは、再び「ニューラルネットワーク」に着目することとなるのである。[11]

ニューラルネットワーク研究の第一人者である東京大学名誉教授の甘利俊一は、著書『神経回路網モデルとコネクショニズム』の中で、当時の様子を振り返っている。[12]

「第一次人工知能ブーム」において、「ニューラルネットワーク」の代表である「パーセプトロン」[13]というモデルが脚光を浴びた。パーセプトロンという、コンピュータ上で動くプログラムを使うと、コンピュータが、データを自動的に「学習」していくことが可能となる。このことから、パーセプトロンに期待が集まったのである。しかしながら、パーセプトロンは、「線形分離可能なデータにしか用いることができない」という問題[14]をはじめとするいくつか

11 「エキスパートシステム」は、そもそも、知識や推論を論理で表現し、アルゴリズムを用いて専門家（エキスパート）の知能を実現する論理計算型人工知能であり、入力データを経験として訓練し、入力データに含まれるルールを学習することで問題解決を図るシミュレーション型人工知能である「ニューラルネットワーク」とは異なるものである。

12 文献［8］を参照。

13 「パーセプトロン」に関する詳細な説明は、本書一七ページ（「ニューラルネットワーク」研究の歴史）を参照いただきたい。

14 「線形分離」に関する詳細な説明は、本書一七ページ（「ニューラルネットワーク」研究の歴史）を参照いただきたい。

の問題を抱えていることがわかり、その研究は、次第に収束していった。

しかしながら、一九七〇年代を通じて、パーセプトロンほど華やかではない（わかりやすい研究成果ではない）にしろ、パーセプトロンの抱える問題を解決できるニューラルネットワークのモデルやその数理的基礎理論が次々に発表された。連想記憶モデル、情報処理機構の自己組織による形成、神経情報地図の形成、神経場の興奮パターン力学、統計神経力学などが研究されたのである。

こうした研究は、わかりやすい研究成果が見えにくかったために「地味」な研究テーマであると考えられていた。また、当時は「人工知能ブーム」が過ぎ去った後であり、「今さらニューラルネットワークの研究に着手するのですか」などという批判もあったのではないだろうか。

しかしながら、一九七〇年代のこの時期の地道な研究は、脳が行っていると考えられる「記憶」や「学習」といった仕組みの解明を助け、「記憶」や「学習」を「ニューラルネットワーク」によって再現するという試みを準備したのである。

これによって、一九八〇年代にやってきた「第二次人工知能ブーム」において、困難に直面していた「エキスパートシステム」が、「ニューラルネットワーク」によって実現できるのではないかという期待が高まった。

「エキスパートシステム」は、たとえ用途を限定したとしても、実用に耐える規模のものを構築しようとなると、種々の難問に突き当り、期待されたほどには成果が挙がらなかったという。この原因として、甘利は、三点の問題点を指摘する。まず、データベースに学習機能をつけることが困難だということであり、これにより、データベースの硬直性が起きる問題である。次に、あいまいな状況に対応するのも困難である。最後に、直列の論理的推論に宿命的な探索の数（組み合わせの数）の爆発的増大である。[15]

エキスパート（専門家）の知的活動をアルゴリズムによって実現しようとする試みは、こうして頓挫し、学習の仕組みを実現した「ニューラルネットワーク」へ期待は移行していくこととなったのである。これが、「第二次人工知能ブーム」の大まかな流れであった。

この「第二次人工知能ブーム」においては、その成果として、コンピュータが人間の顔を認識する「顔認識技術」、指紋を使って人物を特定する「指紋認証技術」、人間のように話す「音声合成技術」など、様々な技術の実現により、人間の何らかの作業を代替するシステムが実現されるようになり、人間の労働を代替する「人工知能」の実現が、大きく期待されることとなった。

しかしながら、こうした技術は、研究室内でのデモンストレーションとしては非常に興味深いものとして受け取られた反面、研究室の外での技術実証を行おうとすると、想定外の環境の変化に遭遇し、途端に精度が悪くなり、簡単には「使えない」ということが問題となった。高度な能力を持つ技術者がメンテナンスを行う場合を除いて、こうした技術が実社会に溶け込むということはほとんど起こらず、「人工知能」という言葉は、再び、人びとの記憶からは薄れていくこととなった。[16]

15　甘利はさらに、「エキスパートシステムでは知的機能の実現例としてはあまりに夢がなさすぎる」という指摘を行っている。これは、人工知能研究のモチベーションそのものに対する指摘ではないかと筆者は考える。私たちは、労働から解放されたその先に、どんな未来を想像しているのだろうか。そうしたモチベーションそのものを考え直す試みがあってもよいのではないかと筆者は考えている（本書では、第五章にて筆者の考えをまとめている）。

16　計算機の進化が進む中で、「顔認識技術」「指紋認証技術」「音声合成技術」といった技術は、徐々に社会に浸透していった。こうした技術の中核には、「ニューラルネットワーク」が実現した「記憶」や「学習」の仕組みが不可欠ではあった。しかしながら、「記憶」や「学習」を行うためには、「ニューラルネットワーク」は必須ではなく、統計的学習理論が台頭することによって、衰退していった（技術者の中でもあまり使われなくなった）。その後、いかにして「ニューラルネットワーク」が復活していったのかについては、本書一七ページ（「ニューラルネットワーク」研究の歴史）を参照いただきたい。

課題は明らかだった。

想定外の環境の変化に対して、どのように対処すべきか。

この課題に対して、大別して三つの対処方法が考えられる。

①環境の変化を起こさないようにする

②環境の変化に対し、システム自らが対処するようにする

③環境の変化をすべて予測する

まず、第一の対処方法である「環境の変化を起こさないようにする」という考え方により、「産業用ロボット」が誕生した。工場などの環境の変化がきわめて少ない場所で働く「産業用ロボット」は、想定外の環境の変化に弱いコンピュータシステムであったとしても、概ね、問題なく動作する。このことが、（後述するが）日本を「ロボット大国」に押し上げた一つの大きな要因であった。だからこそ、逆に、ロボット大国である日本の技術が、福島の原子力発電所のように、環境の変化が想定できない状況化での動作が難しいという現状にもつながっていくのである。

第一の対処方法におけるこうした問題点は、第二の対処方法の必要性を浮き彫りにしている。第二の対処方法である「環境の変化に対し、システム自らが対処するようにする」という考え方により、たとえば、（後述するが）掃除ロボットのルンバのように、「ぶつかったら避ける」など、自らの身体と環境との相互作用を通して、環境の変化に対して適応的に振る舞う仕組みが実現した。この考え方は、いまだ発展途上ではあるが、第二章以降に説明する通り、生物が環境に適応していく仕組みにきわめて近い考え方であり、生物が本来持つ「知能」との関連性が強い。

最後に、第三の対処方法である「環境の変化をすべて予測する」という考え方は、現在主流の「データサイエンス」と呼ばれる手法そのものである。近年、インターネットやSNSといった技術や仕組みの発達により、ネットワークを介して、多くの情報が集まるようになった。また、スマートフォンの普及により、行動履歴などの「ライフログ」や、写真や動画といった多種多様な情報が、容易に収集できるようになった。こうした背景から、膨大なデータ

が収集できるようになり、データを通じて「環境の変化」を予測できるようになってきたのである。現在の「第三次人工知能ブーム」の背景には、このように、膨大なデータを容易に収集できるようになった近年の状況が、大きく影響していると考えられる。

さて、こうした流れの中で、「ニューラルネットワーク」を用いた「ディープラーニング（深層学習）」という技術が開発され、膨大なデータをすべて「学習」することが可能になった。この技術により、「画像の中から物体を認識する」などといった作業を、これまでにないくらいの高い精度で実現でき、また、囲碁や将棋においても、人間を打ち負かすことができるようになり、今まさに、時代は、人間の労働を代替する「人工知能」の実現が期待されている「第三次人工知能ブーム」の真っ只中にあるのである。[17]

ここで簡単に述べたように、「第三次人工知能ブーム」を支えているのは、「環境の変化を膨大なデータによってすべて予測する」という考え方であり、「環境の変化に自ら適応していく」という生物本来の仕組みとは、実際のところ、大きく異なっているといわざるを得ない。しかしながら、「第三次人工知能ブーム」を支える「ニューラルネットワーク」自体は、元々は、「脳の神経細胞の仕組みを再現しよう」という試みから発展してきたものであり、「ニューラルネットワーク」自体が「生物の仕組みとは異なる」というのは、容易には理解し難いかもしれない。

そこで、以降のテーマとして、「ニューラルネットワーク」という「システム」と、それが達成する「学習」という「機能」について説明することで、これらが、生物の仕組みとどのように異なるのかを考えていきたい。

---

17 コンピュータの歴史に関しては多くの書物が出版されている。文献［5］［9］などがわかりやすい。また、哲学や論理の歴史を参照していくと、現代につながるコンピュータの歴史を俯瞰して見ることができる。文献［10］～［15］などがわかりやすい。

「ニューラルネットワーク」と「学習」

「ニューラルネットワーク」は、人間の脳の神経細胞のネットワークの仕組みを模したものであるといわれている。「ニューラルネットワーク」は、「人工知能」を「成長」させるアルゴリズムとして注目されている。「ニューラルネットワーク」により、「深層学習」という、膨大なデータを正確に「学習」する仕組みが実現された。これにより、「人工知能」が大きく「成長」したといわれている。確かに、囲碁や将棋で人間を打ち負かせるまで成長できたことや、画像を見せるだけで「猫」の概念を理解できるように成長したことは[18]、この「ニューラルネットワーク」の研究が進んだことによる成果である。

「ニューラルネットワーク」は、人間の脳の神経回路を模していることから、「ニューラルネットワークによって人間の学習と同じことを機械ができるようになり、機械が自律的に成長するようになった（今後なっていくだろう）」といった論調の解説も見受けられる。しかしながら、実は、「ニューラルネットワーク」というのは、あくまでの人間の脳の神経細胞のネットワークの構造を模しているにすぎないのであって、人間の脳の仕組みそのものを模しているわけではない。すなわち、人間の「知能」を実現するものではないのである。

だとすると、「ニューラルネットワーク」というのは、そもそも何なのだろうか。そして、「ニューラルネットワーク」は、何が実現できるのだろうか。

まず、「ニューラルネットワーク」について説明する前に、人間の脳の神経細胞について、簡単な説明を行っておきたい。

18　文献［16］を参照。

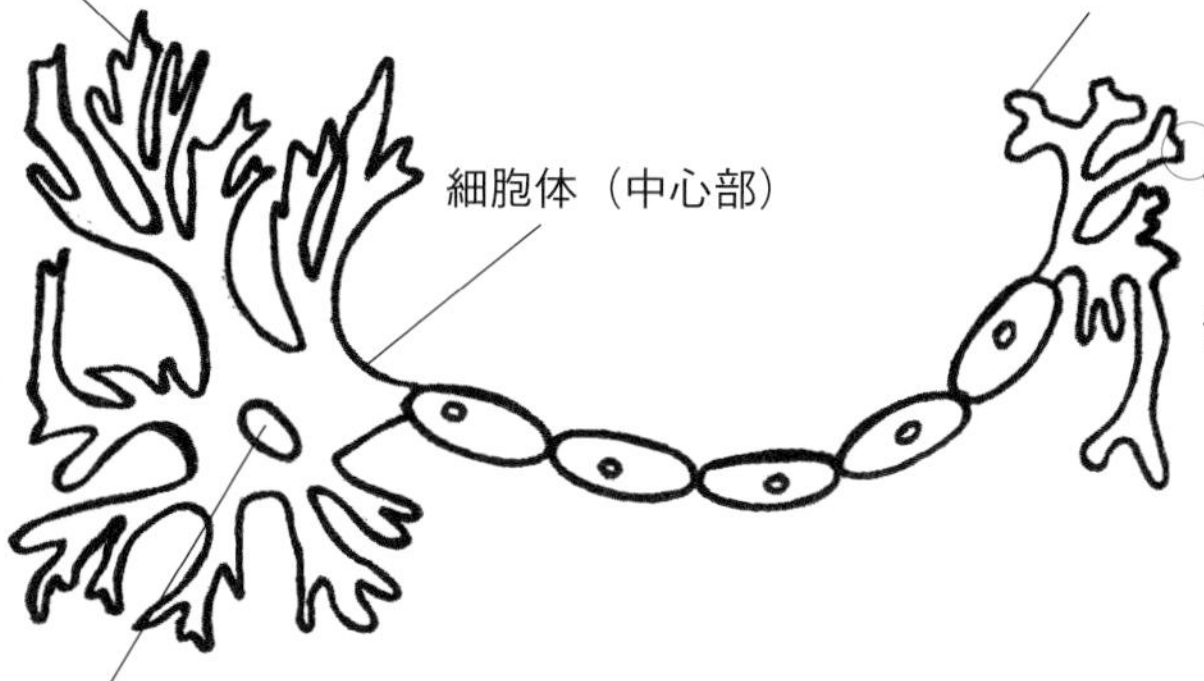

図1・1　神経細胞の構造
神経細胞は、「細胞体」「樹状突起」「軸索」に分けられる。細胞の中心部が「細胞体」であり、細胞体から伸びる一本の突起を「軸索」といい、ここから電気信号を放出する。脳は、神経細胞がリレーのようにつながり、電気信号を伝える仕組みになっている。

脳の神経細胞（ニューロン）

脳を構成する細胞は、神経細胞（ニューロン）とグリア細胞の二種類である。このうち脳の信号伝達に主に寄与するのは神経細胞である。[19] 神経細胞は、図1・1「神経細胞の構造」に示されるような特徴的な細胞であり、外見的に「細胞体」「樹状突起」「軸索」に分けられる。[20] 細胞の中心部が「細胞体」である（ここに細胞核やミトコンドリアなどの主要器官が含まれる）。細胞体から一定の太さで長く伸びる一本の突起を「軸索」といい、ここから電気信号を放出する。すなわち、軸索は神経細胞の「送信側」の役割を果たす。軸索の先端には「シナプス」と呼ばれる膨らみがあり、これが他の神経細胞と結合し、他の神経細胞へ電気信号を伝達している。シナプスから伝達された信号を「受信」する役割を果たすのが「樹状突起」である。

神経細胞（ニューロン）の以上の様子から、神経細胞は、単純に表現すると「（周囲の神経細胞から）信号を受け取って、それをまた（隣接する神経細胞に）送信する」とい

19　グリア細胞は脳の代謝や免疫系などの生存に最低限必要な役割を果たすといわれている。
20　文献［17］を参照。

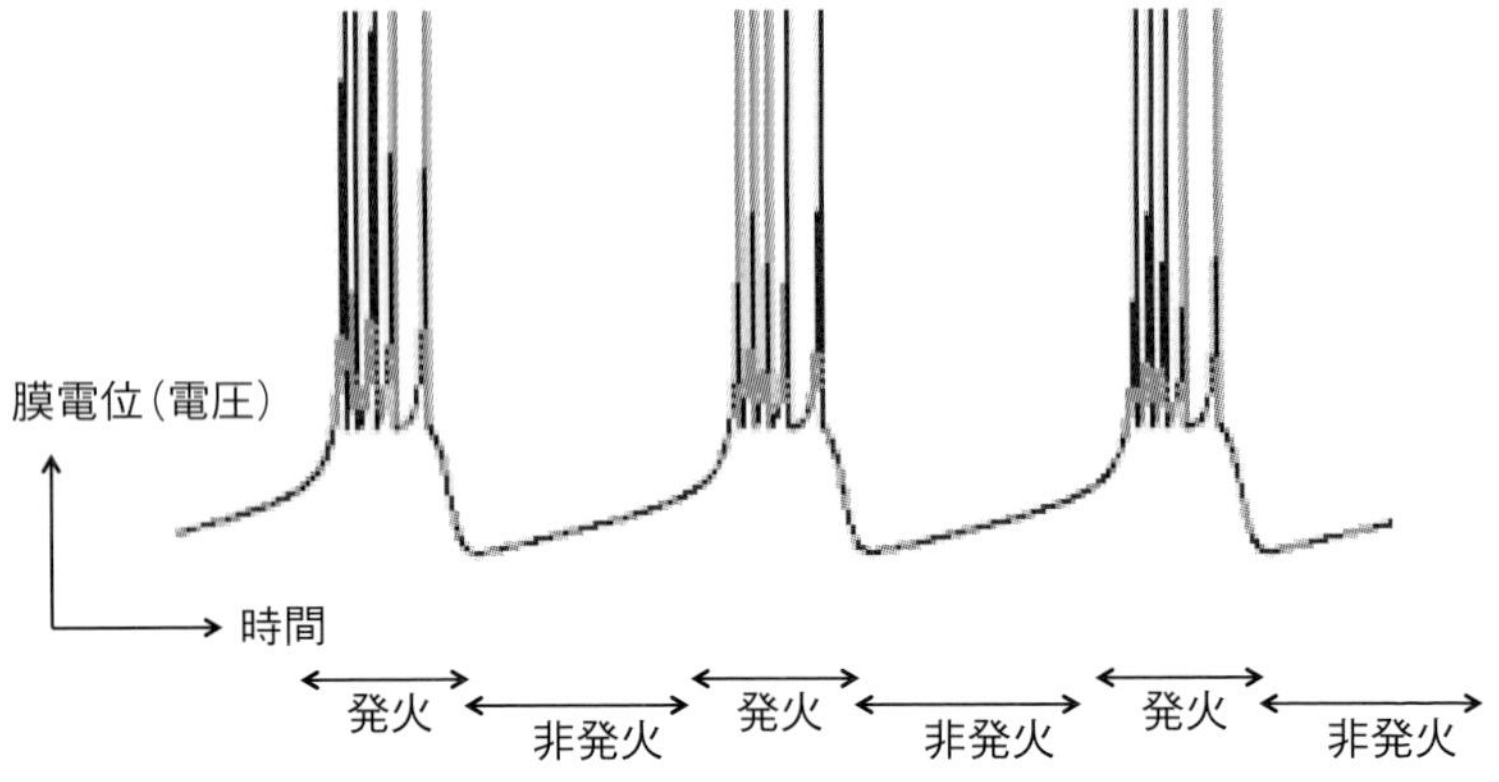

図1・2　神経細胞の発火
神経細胞（ニューロン）は、信号を受け取ると「バースト発火」という電圧の高い状態と低い状態を繰り返し（発火）、再び低い状態に戻る（非発火）、というサイクルを繰り返す。

う働きを持っているといえる。この様子を模式的に示したものが図1・2「神経細胞の発火」であり、周囲から信号を受け取ると「バースト発火」という電圧の高い状態と低い状態を繰り返し（発火）、再び低い状態に戻る（非発火）、というサイクルを繰り返していることがわかる。

ニューラルネットワーク

神経細胞（ニューロン）は、以上のように、複雑な形状ではあるが、単純に考えると、「周囲から信号を受け取って発火し、周囲に信号を渡して発火を終える」という、ＯＮ／ＯＦＦを繰り返す「電球」のようなものであると考えることもできる。[21] この性質に着目し、神経細胞を、０か１のいずれかの値を取るものとして、モデル化（アルゴリズム化）し、それをさらにネットワーク化したもの（図１・３）が、「ニューラルネットワーク」と呼ば

21　実際、神経細胞は、イギリスの生理学者アラン・ロイド・ホジキンとアンドリュー・フィールディング・ハクスリーによって、電気回路によって表現できることが発見され、この研究は、ノーベル医学生理学賞を受賞している。

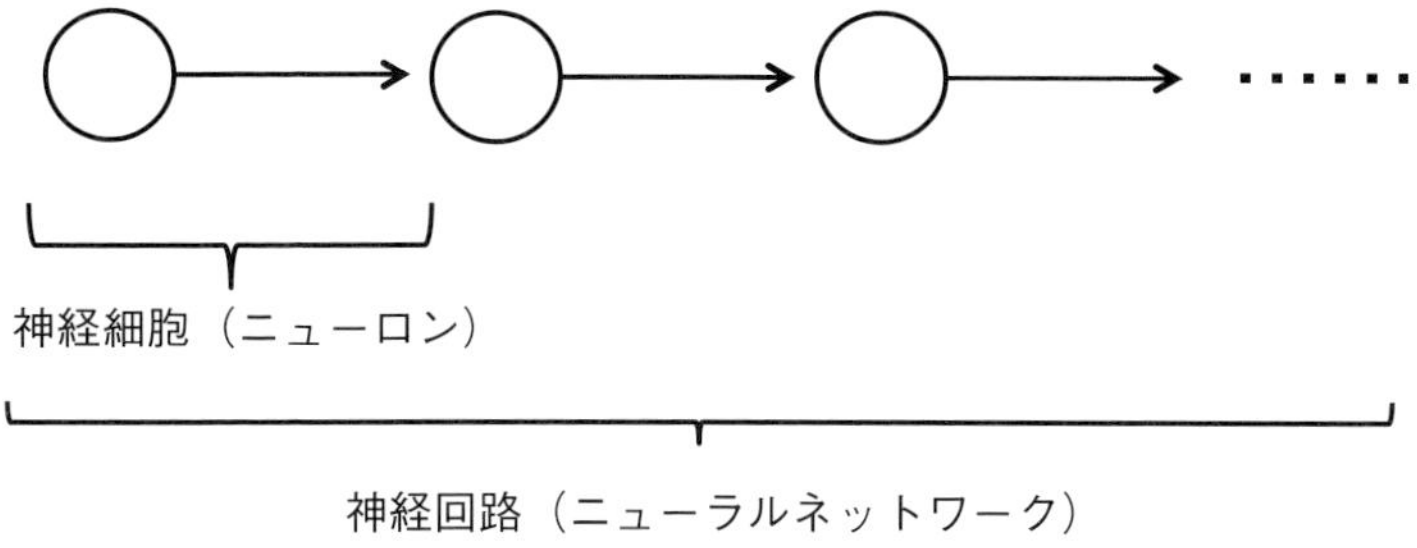

図1・3　人工ニューラルネットワーク
人工ニューラルネットワークとは、神経細胞（ニューロン）を、ON/OFF を繰り返す「電球」のようなものと考え、0 か 1 のいずれかの値を取るものとして、モデル化（アルゴリズム化）し、それをさらにネットワーク化したもの。ネットワークの構造を変化させることで、データを記憶し、学習することができる（後述）。

れることが多い。[22]

「ニューラルネットワーク」研究の歴史

「（人工）ニューラルネットワーク」を用いて、機械が、データを自動的に「学習」する仕組みが、ニューラルネットワークを用いた学習である。この仕組みにより、機械がはじめて「知識を学べる」ようになり、「成長」できるようになった。このことから、「ニューラルネットワーク」研究には大いに期待が集まるようになり、これまで、三回の「ブーム」を経験している。そのそれぞれのブームは、現在の「人工知能ブーム」と同様に、人智を超える機械の登場への期待と不安が入り混じっていたといわれている。

「ニューラルネットワーク」の三度のブームは、人工知能のブームとオーバーラップするところが大きい。したがって、その歴史の一部は、人工知能の歴史と重複する。

まず、最初の「ニューラルネットワークブーム」は、一九五八年にアメリカの心理学者フランク・ローゼンブラットが「パーセプトロン」という名の「ニューラルネットワーク」を「発明」したことに端を発する。

22　厳密には、脳の神経細胞のネットワークもまた「ニューラルネットワーク」と称するので、人工的にモデル化したものは、「人工ニューラルネットワーク」と称される

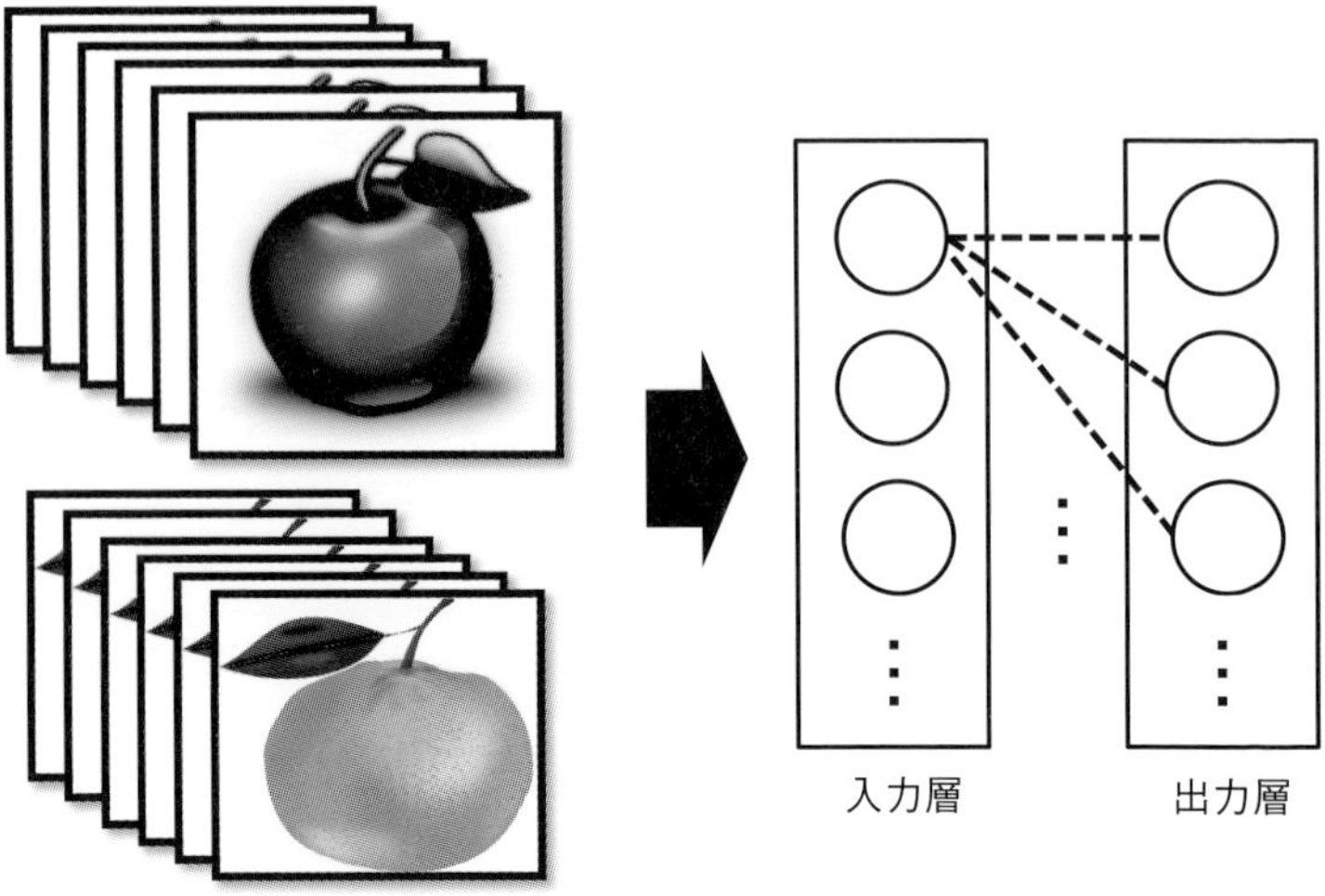

図1・4　パーセプトロン
パーセプトロンは、たとえば、りんごとみかんの違いを学習する場合、りんごの画像とみかんの画像を「入力層」に入力すると、その二種類の画像を最も効率的に分類するというものである。（画像提供：イラストAC）

ローゼンブラットらが発明したパーセプトロンとは、「線形識別関数」というものにより、入力されたデータを二クラスに分類するというものである。図１・４「パーセプトロン」を用いて説明すると、りんごの画像とみかんの画像を「入力層」に入力し、その二種類の画像が異なるものであることを「学習」すると、新たな画像が入力されたときに、その画像がりんごであるか、みかんであるかを「予測」することができる、というものである。

このパーセプトロンの動作を、極々単純な例を用いて表すとすると図１・５「パーセプトロンの動作例」を用いて説明できる。まず、りんご画像を「入力層」に入力するとする。たとえば、画像内の画素一つひとつの情報を、入力層の「ニューロン」に写す、という方法がよく行われる。カラー画像だと処理が煩雑になるので、いったん白黒にして、白い画素を「発火ニューロン」として、黒い画素を「非発火ニューロン」として扱う、といった方法がよく採用される。そして、様々なりんご画像に対して、図1・5「パーセプトロンの動作例」（a）のように、あるニューロンが必ず「発火」していたとする。すると、入力層のそのニューロンと、出力層のある一つのニューロンをつないで「りんご細胞」とすれば、りんご画像が入力されれば、必ずその「りんご細胞」が出力されることになる。同様の作業を図1・6「パーセプトロンの動作例」（b）についても行うことで、今度は「みかん細胞」を作ることができる。実際には、りんごとみかんの差異が最も明確になるように、（線形識別関数を用いて）入出力層の間の結合を調整していく。

このように説明すると、何だか「作業」のように感じてしまい、何が「人工知能」なのか疑わしいが、このパーセプトロンの重要な点は、りんご画像とみかん画像を与えただけで、あとは自動的に、ニューロン間の結合が決定され、りんごとみかんの差異をニューラルネットワークが「学習」するということにある。すなわち、パーセプトロンは、りんごとみかんを（あたかも）勝手に「認識」するような動作を行うことができるのである。この特徴が、「人工知能」の実現を期待させるには十分な衝撃を世の中に与え、第一次ニューラルネットワークブームを引き起こしたのである。

ただ、このパーセプトロンは、三つの問題点を抱えており、これが解決できないことから、第一次ブームは終了することとなった（実際には当時は①のみが指摘された）。

①線形分離可能なデータにしか用いることができない

②特徴を人間が教えなければならない

③精度を高めるには膨大な数のデータを学習する必要がある

まず、①については、（大雑把に説明すると）たとえば、りんごとみかんが非常に似ていて、「様々な角度から見ないと」区別ができない場合には、パーセプトロンは使えない、ということである。次に、②であるが、りんごとみかんを区別するのに、単純に白黒にするのではなく赤の成分に着目するなど、特徴を際立たせるための処理を、事前に人間の手で行う必要があるということである。③については、九九パーセントなどの高精度での「認識」を達成するためには、数千から数万の画像を記憶させる必要があるといわれており、当時のマシンパワーでは困難であった。

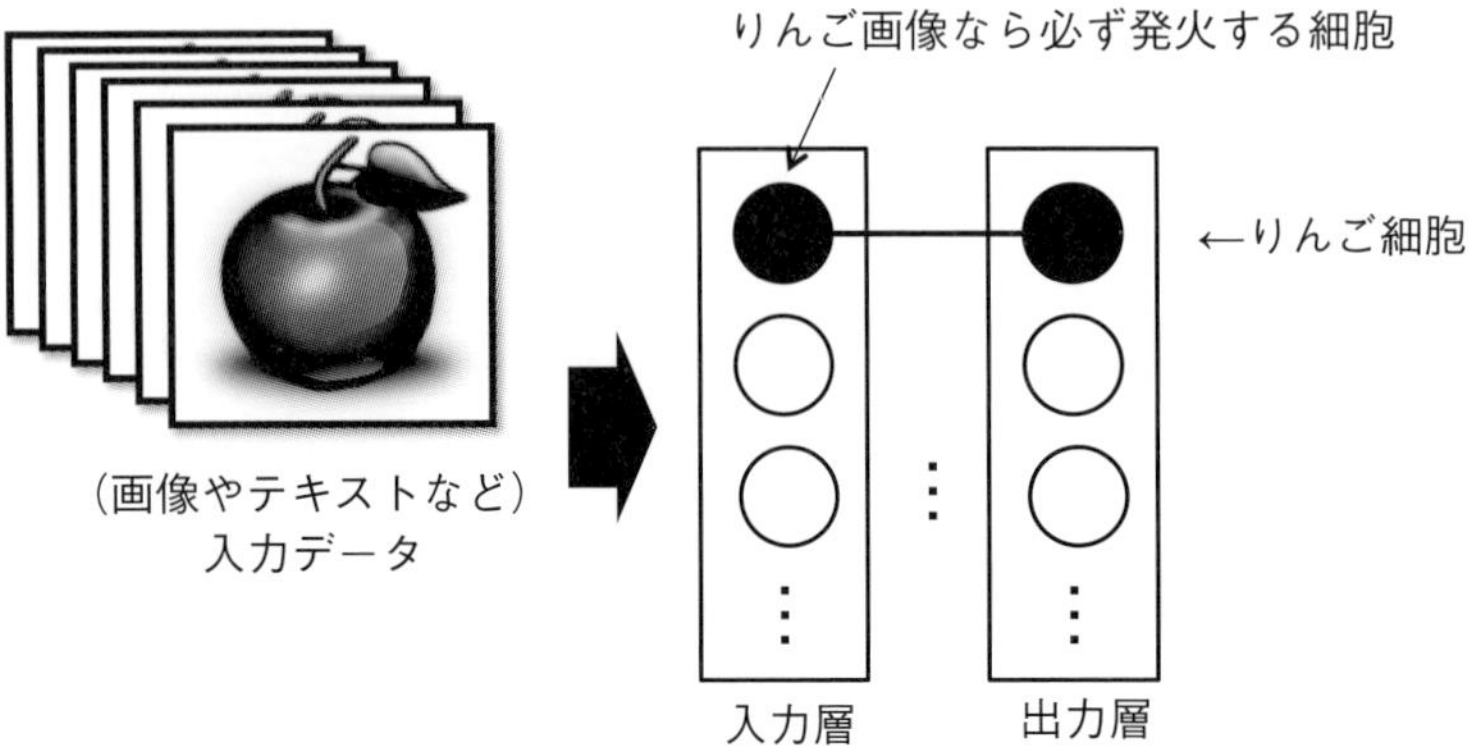

図1・5　パーセプトロンの動作例（a）
入力層にりんご画像を入力し、出力層において必ず発火する（そして、みかん画像を入力した際には発火しない）細胞を「りんご細胞」とする。すると、ある画像を入力層に入力した際、「りんご細胞」の発火が起これば、「りんごを認識した」と判断できる。（画像提供：イラストAC）

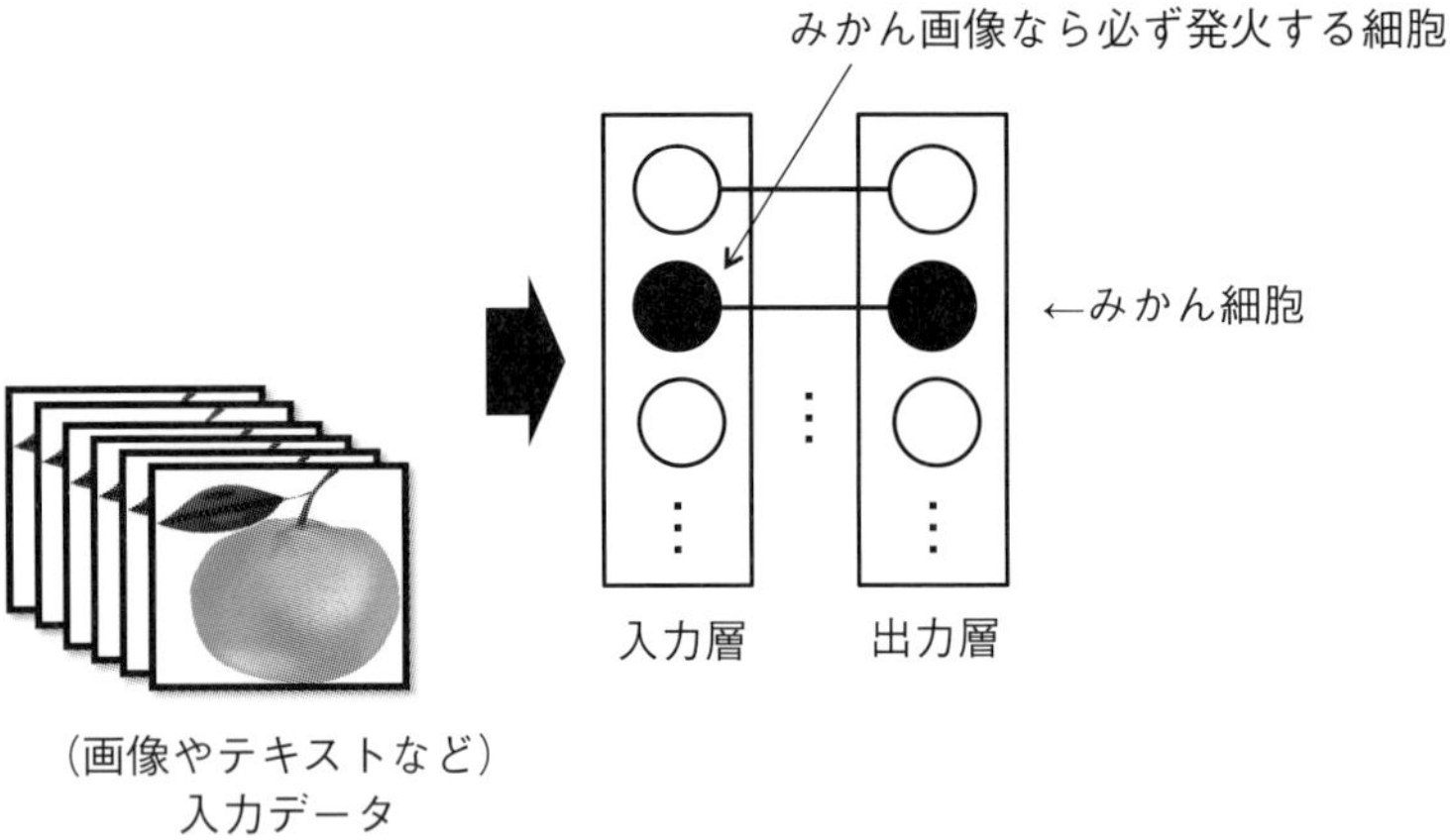

図1・6　パーセプトロンの動作例（b）
入力層にみかん画像を入力し、出力層において必ず発火する（そして、りんご画像を入力した際には発火しない）細胞を「みかん細胞」とする。すると、ある画像を入力層に入力した際、「みかん細胞」の発火が起これば、「みかんを認識した」と判断できる。（画像提供：イラストAC）

この三つの問題点に対し、①を解決する「誤差逆伝搬法」という方法を、一九八六年にアメリカの心理学者デビッド・ラメルハートらが発明したことがきっかけで、第二次ニューラルネットワークブームが引き起こされた。誤差逆伝搬法は、簡単にいうと、入力層と出力層の間に新たな「層」を設け、ニューロン間の結合を「多層」にするということである。これにより、入力されたデータを「様々な角度から見る」ことが可能になった。誤差逆伝搬法によって、①が解決されたということは、特徴を人間が教えさえすれば（②を人間が行えば）、また、膨大なデータを学習させれば（③を行えば）、どんなデータでも区別して「学習」できてしまうということである。このため、多くの研究者が「誤差逆伝搬法」を用いたニューラルネットワークの開発に躍起になり、「人工知能の実現は近い」と期待された。

ところが、当時のマシンパワーでは、実際は膨大なデータを多層で学習させることを十分に行うことは難しく、文字認識などの応用事例はいくつも見られたものの、研究としてはほとんど行われなくなっていった。

しかしながら、近年のマシンパワーの急激な成長により、ニューラルネットワークが再び見直され、階層を増やして膨大なデータを高精度で分類する「深層学習」が可能になり、第三次ニューラルネットワークブームが、今まさに起こっている。ニューラルネットワークが多層化されたことにより、②の入力データの特徴も、機械が自動的に抽出することができるようになり、「猫の特徴を持つ細胞（ニューロン）が自動的に作られた」[23]という事例が報告されるようになり、ニューラルネットワークの研究はますます加速されるようになった。[24]

23　文献［16］［18］を参照。
24　ここでのニューラルネットワークに関する技術は、概論の紹介にとどめた。詳細は、以下の文献を参考にしていただきたい。現在のニューラルネットワーク研究と、その歴史的背景については、東北大学教授の岡谷貴之をはじめとする多くの研究者の解説論文がわかりやすい（文献［19］を参照）。「深層学習」をはじめとする最新のニューラルネットワーク技術に関しては、多くの文献が出版されている（文献［20］［21］を参照）。ニューラルネットワークの概念に関しては、一九八〇年代にある程度出揃っている。このため、概念理解にとどめるのであれば、やや古い文献を読んでみたほうが参考になる部分が多いかもしれない（文献［22］～［38］を参照）。

「ニューラルネットワーク」の「学習」は人間のそれと同じなのか

ここまでの流れをおさらいすることで、「ニューラルネットワーク」による「学習」が、人間のそれとどう関連するのかということを、見直してみたい。

①神経細胞（ニューロン）の生理学的な研究から、神経細胞は、ON／OFFを繰り返す「電球」のような性質を持つということがわかった。

②神経細胞（ニューロン）の性質から着想を得て、「学習」を行う「人工ニューラルネットワーク」が「発明」された。この「ニューラルネットワーク」は、心理学的な知見から着想を得ているが、あくまで人工的に作られたもので、脳の行っている「学習」の仕組みと同じであるかどうかはわからない。

③「ニューラルネットワーク」は、コンピュータの進化により、高精度な「学習」ができるまでに進化した。ここでの「学習」は、基本的には、人間が与えたデータをもとに「分類」ができることを指しており、コンピュータが、人間の手を離れて予期せぬ成長をとげたり、暴走をはじめたりということとは関連性がない。

「ニューラルネットワーク」は、③に記した、人間が与えたデータをもとに「分類」を行うものがほとんどである。このため、現在は、「ニューラルネットワーク」の「分類」の仕組みを囲碁や将棋に応用して勝率を上げるなど、「ニューラルネットワーク」の「分類」の仕組みを応用する研究に、特にビジネス面での注目が集まっている。

しかしながら、「分類」を行う「ニューラルネットワーク」は、上記したように、数千数万という膨大なデータがないとりんごやみかんを「学習」できないため、一度口にしただけでその形や色や味や触覚に至るまで、すべてを「記憶」して思い出すことができる人間の「学習」の仕組みとは、根本的に異なるようにも思える。実際、こうした「ニューラルネットワーク」だけでなく、「身体による経験がないと学習は進まない」という実験結果がいくつも報告されているなど、人間の「学習」の仕組みには、まだまだ未知の部分が多く残されており、まだ「何もわかっていない」といってもいいすぎではない領域である。[25]

「ニューラルネットワーク」は、「自分で様々なものを学習する人工知能」というよりは、「目的や用途を人間が適切に与えてやってはじめて優れた性能を発揮する（ある意味で）手のかかる（とはいえ適切に使えばきわめて便利な）道具」と考えたほうがわかりやすい。

「強化学習」という「学習」の仕組み

「ニューラルネットワーク」による「学習」は、人間が与えたデータをもとにして、データを「分類」する法則を見つけ出す仕組みである。こうした学習方法は、データを人間が与えることから「教師あり学習」と呼ばれる。それに比べ、人間が分類方法を与えずに分類（クラスタリング）を行う学習方法が「教師なし学習」と呼ばれる。

そうした「教師あり学習」でも「教師なし学習」でもない学習方法に「強化学習」というものがあり、「コンピュータゲーム」の分野を中心に、様々な局面で用いられている。

「強化学習」は、あまり運動神経の高くない人が逆上がりを習得するような方法と考えると、イメージしやすい。運動神経の高い人というのは、自分の身体をどのように使えば理想的な動きが実現できるかを、身体を動かす前からつかんでいるものである。しかしながら、運動神経が高くない場合は、そういうわけにはいかない。まずは、試行錯誤で、身体を動かし続けるしかない。そうやって、鉄棒を握りながら、様々な方向に、地面を蹴り上げるなどをしていくうちに、ふとした瞬間に「この方法だと身体を動かしやすい」というコツをつかんでいき、そうしたことを繰り返すうちに、ある瞬間に、逆上がりができてしまう。

25 詳細は、第三章で解説する。

図1・7　逆上がりのイメージ
強化学習とは、試行錯誤によって逆上がりをし、少しでも改善が見られた方法を学習し、より良い方法を模索する手法。（提供：シルエットAC）

「強化学習」による「学習」の仕組みは、このような、ランダムな試行錯誤を行うことによって目的の達成に近づけていく仕組みである。

この「強化学習」をコンピュータに実行させるためには、まず、「目的関数」を与えることが最初である。たとえば、逆上がりであれば、自分の身体が、「より回転した状態」を良い状態とし、「回転を最大化する」という目的を与える。次に、コンピュータ上に設定した「環境」下で、「行動」をランダムに行わせる。逆上がりの例であれば、鉄棒と身体があるという環境下で、自分の身体を様々な力や方向に蹴り上げるという行動を行わせる。そして、行動を行った結果を観測し、「目的をどの程度達成したか」に応じて「報酬」を与える。逆上がりの例であれば、自分の身体がより回転すれば、より多くの「報酬」を得るようにするのである。これを繰り返していくうちに、逆上がりができるようになるという仕組みである。

さて、こうした「強化学習」に近い情報処理が、脳でも行われているという主張がある。脳の「大脳基底核」と呼ばれる部位において、こうした「目的をどれほど達成したか（目的との『予測誤差』がどれほどあったか）」に応じて、ドーパミンの放出がなされていることがわかっており、これが、まさに「強化学習」が脳内でも行われている証拠ではないかという主張である。

もちろん、脳内で、強化学習に近い情報処理がなされている可能性は十分にある。[26]しかしながら、それだけを証拠にして「人工知能は強化学習の枠組みによって実現する」と考えるのは時期尚早である。「強化学習」の仕組みは、ある決まった環境下における学習の仕組みなので、環境が変化すると、再度学習をし直さなければならない。逆上がりの例を用いるならば、鉄棒の高さが少し変化するだけで、一から学習し直さないといけない。一方で、私たち人間の「知能」は、一度「コツ」をつかめば、環境が変化しても、その変化に適応する能力を持っている。また、前述の通り、私たち人間は、運動神経の良し悪しにかかわらず、「見るだけで」運動を行うことのできるものである。「見ること」と「身体による運動」とが表裏一体となっているものが「知能」であるとするのが筆者の立場である。こうした、「知能」の謎については、第二章以降で、より深く迫っていく。

さて、いずれにしても、「強化学習」の仕組みにより、コンピュータが「成長」できるようになったことから、「強化学習」は、様々な局面で用いられるようになった。その代表例の一つが、産業用ロボットの最適制御である。工場などの決まった環境下で、腕を動かして部品を動かすなどの決まった動作を最適に行うという目的には、強化学習は適している。また、囲碁や将棋などのゲームにも用いられており、世界トップ棋士であるイ・セドル九段を下した「アルファ碁」の学習の仕組みは、Deep Q-Network と呼ばれる、強化学習とニューラルネットワークによる学習の組み合わせによって「学習」を行っている。

このように、「強化学習」が機能するためには、「決まった環境下」において動作させるということが重要である。囲碁や将棋などのゲームに関しても、ルールが前もって決まっており、そのルールが変化しないということが、「強化学習」による「学習」を可能にしている。

26　ドーパミン神経細胞が「報酬」の予測を行っているという報告は、近年盛んに行われており、脳の動作原理において重要な役割を果たしていることは間違いない（文献［38］参照）。

ロボット研究とその歴史

「人工知能」の応用例として「自動運転」をはじめとするハードウェアの制御へのＩＴ利用は古くから検討されており、近年のドローンやＩｏＴ技術の普及にもつながっている。そうした自動運転をはじめとする、ロボットの制御技術の歴史を遡ることで、ＩＴ技術の応用先が広がっていくことが考えられる。

そこで、ここでは、自動運転に関する理解を深めることを目指し、ロボット研究の起源と歴史を紐解くことで、自動運転のそして人工知能の未来について多面的に検討していく。

ロボットの研究は、いつはじまったのか

「ロボット」という言葉が使われはじめたのは、意外に最近であり、一九二〇年にチェコの作家カレル・チャペックの戯曲'Rossum's Universal Robots'の中で使われたのが最初だといわれている。[27] しかしながら、ロボットの概念そのものは、実は非常に古くからあったという。紀元前八世紀に書かれたホメロスの叙事詩『イーリアス』に、人間そっくりな人造人間がすでに登場しており、それ以降にも、色々な文芸作品にロボット思われるものが出てきている。日本の文芸作品で、最初にロボットの記述が見られるは、『今昔物語』で、桓武天皇の息子、高陽親王が作った機械人間がそれである。

それでは、実際に、人間のように自動で動く「ロボット的な」人工物は、一体、いつ最初に作られたのだろうか。その起源は、紀元前一〇世紀頃にまでさかのぼる。[28] この時代に、アレクサンドリアの工学者ヘロンが、人形を空気で動かしたという記録がある。

27　文献［39］を参照。
28　文献［40］を参照。

それ以降、記録上は空白の期間が続くが、一三世紀にロジャー・ベーコンが、機械仕掛けの「話をする顔」を作ったという記録がある。また、一六世紀のはじめに、レオナルド・ダ・ヴィンチが、解剖学的見地から、ヒューマノイドを設計している。

一六五六年にオランダの物理学者クリスティアーン・ホイヘンスが発明した振り子時計の技術が精密機械に発展し、次第にロボットが身近に作られるようになっていった。最も有名なのは、フランスの発明家ジャック・ド・ヴォーカンソンが一七三八年に製作した「フルート吹き人形」、「太鼓たたき人形」、「機械仕掛けのアヒル」である。日本でもほぼ同じ頃、「からくり人形」が作られている。

現在のロボットの原型と考えられているのが、一九二七年にアメリカのウェスティングハウス社が作成した「テレヴォックス」という機械である。[29] 電話による操作で、遠隔地の電灯を点滅させたり、扇風機、掃除機を作動させたり止めたりできるものであった。この機械自体は、人型ではなかったが、内部の動作原理そのものは「ロボット」と何ら変わることはない。そして同年、イギリスで「エリック」という人型ロボットが発表され、世界に衝撃が走った。エリックは、電気モータで駆動されているだけであったが、立ち上がって左右を見渡し、手を上げ下げし、さらに人間の言葉をしゃべったのである。実は、「エリック」は、無線を通して送られてきた人間の言葉を出力しているだけだった。しかしながら、「エリック」自身がしゃべっているような動きを行うことで、それを見た人たちは、あたかも「エリック」が自分でしゃべっているように錯覚したのである。この様子に世界中の人びとが歓喜し、ジャーナリズムの喧伝、人びとの期待の高まりが相まって、ロボットブームがはじまったという。このブームは日本にも波及し、一九二八年に昭和天皇の即位を記念する「御大礼記念京都博覧会」に大阪毎日新聞社が西村真琴博士の「学則天」という人造人間を出品している。この時代のロボットブームでは、デパートの宣伝にロボット人形が使われ、雑誌「新

29 文献［41］を参照。

潮」の特別企画で「人造人間幻想」という対談が川端康成らによって行われるなど、かなりのフィーバーぶりであったといわれている。

この「第一次ロボットブーム」と呼ぶべきロボットブームの時代、現代の人工知能ブームにも通じる空気が、形成されていたのではないだろうかと考えられる。

第一次ロボットブームはどのように収束していったのか

「賢者は歴史に学ぶ」という言葉は、筆者の最も大事にしている言葉の一つである。一九二〇年代のロボットブームのその先を知ることで、現代の人工知能ブームの未来が見えてくるのではないかと考えられる。

さて、アメリカ出身の「テレヴォックス」とイギリス出身の「エリック」が火つけ役となって発生した、一九二〇年代のロボットブームであるが、このブームは、一九三〇年代には急速に冷え込んでいく。この時代のロボットは、あくまで人間の形状や動作を真似ただけであり、多くの人がロボットを見慣れることで、その本質に気づいていったのである。この時代の朝日新聞に掲載された評論の一つが、まさに、この時代の人びとの本音を素直に表現している。[30]

「現代機械文明で必要とされているのは、人間が持たない力、人間にない動作スピード、人間にない敏感さ、人間にない緻密さなのであり、何が悲しくて人間のようなロボットを作る必要があるのか」

当時のロボット研究が、「人間の真似をする」ことに特化しており、このことで、人びとは「機械にできて人間にはできないことが一体何なのか」という疑問に向き合うようになった、と結論づけることができるのではないだろうか。

30 文献［42］を参照。

第二次ロボットブームとビジネス化

ロボットや人工知能をはじめとする多くの科学技術は、研究成果が一般の目にふれてブームとなり、ブームが収束し、多くの研究者が離れていった後にも粛々と研究活動を続けている研究者が、新たな時代を創るというのが興味深い点である。

一九二〇年代の第一次ロボットブームが収束した四〇年後、第二次ロボットブームの舞台の中心は日本であった。

第二次世界大戦以後、多くの産業領域で「オートメーション（自動化）」が進んでいく一方で、器用さが必要な単純労働に関しては、相変わらず人手による作業がほとんどだった。この点に注目したアメリカの発明家ジョージ・デボルが、単純労働を実行できる自動マニュピュレータのアイディアを一九五四年に特許出願したのが、「産業用ロボット」の開発のはじまりであるといわれている。この技術は、工学者ジョセフ・F・エンゲルバーガー[31]らとともに一九五九年に産業用ロボット「ユニマート」として製品化された。「ユニマート」は、人間の腕の動きを模倣する一本の腕であり、プログラムによって動作パターンを自由自在に変更できる「多能機械」という新しい概念を持つ技術を搭載していた。

この「ユニマート」に代表される産業用ロボットは、西洋社会では、「ロボットは怪物」という宗教的な見方があり、普及が遅れていた。その一方で、まさに高度経済成長がはじまり、将来的な労働力の不足が強い強迫観念として渦巻いていた日本には、「産業用ロボット」は非常にポジティブに受け入れられ、爆発的なブームとなった。一九六七年に株式会社豊田自動織機に「バーサトラン」が導入されたのを皮切りに、多くのロボットが、労働力不足を補っていくようになった。

当時、川崎航空機工業株式会社が主催した産業用ロボットセミナーに招待され来日したエンゲルバーガーは、四〇

31　エンゲルバーガーは、産業用ロボットの功績により、「ロボットの父」と呼ばれている。

〇人を超える企業経営者が押しかける会場に、あまりのアメリカとの違いに面食らったといわれている。第二次ロボットブームでは、二〇〇以上の日本企業がロボット研究に従事していたといわれている。

こうした背景から、今でも日本のロボット開発技術は世界最先端であり、日本の大学や研究機関にて研究を行う海外出身の研究者も少なくない。一九二〇年代のアメリカとイギリスにはじまった第一次ロボットブームは、四〇年の年月を経て、産業用ロボットを用いて労働力不足を解決するというビジネスに結実したのである。

第二次ロボットブームを超える新しい潮流

産業用ロボットの成功から、工場のような限られた環境だけではなく、現実世界で人間のように考えて行動する知能ロボットの開発が期待された。その結果、実を結んだのが、自動掃除ロボット「ルンバ」でお馴染みの、アイロボット社を設立したMITコンピュータ科学・人工知能研究所所長のロドニー・ブルックスが提唱した「サブサンプションアーキテクチャ」という考え方である。「サブサンプションアーキテクチャ」の登場によって、工場のような管理の行き届いたロボットにとって動きやすい環境ではなく、家のような、場合によってはロボットが動きにくい雑然とした「実空間」で動き回ることができるようになった。

ロボットにとって、どんな障害物があるのかが予測できない「実空間」で動き回ることは非常に難しい。そのため、当初は、「実空間」を認識して障害物等を考慮に入れて動作する、高度な知能の研究開発に注目が集まっていた。センサーを使って空間をすべてサーチし、バーチャル地図を作った上で、その中で障害物等を考慮に入れつつ、身体を制御するという高度なシステムの開発に多くの研究者が従事していた。それに対し、ブルックスは、極端に表現すると「ぶつかったら避ければいいじゃないか」という単純な仕組みを導入することを考えた。従来の「知能ロボット」に比較するとあまりに単純な仕組みであるが、これにより、周囲の環境を細かく把握することなく、自由自在に動き回ることができるようになった。さらに「ぶつかったら避ける」仕組みは、障害物だけではなく、人が近づいてきても避ける動作をすることから、外から見ると、まるで、虫のような知能を持っているように見えた。こうした「まるで知能があるように見える」知能を、ブルックスは「表象なき知能」と表現し、従来の、センサーを使って空間をすべてサーチしてバーチャル地図のようなもの（表象）を作ることなくとも、高度な「知能」を実現できることを示してみせた。[32]

この「表象なき知能」の延長線上に、蹴飛ばしても倒れず、氷の上でも何とか体制を立て直して歩き続けるボストン・ダイナミクス社の四足歩行ロボット「ビッグドッグ」をはじめとする、まるで生き物のように動き回るロボットが実現し、現在も、多くの「知能ロボット」が開発されている。

ロボットと人工知能はどこへ向かうのか

ビッグドッグのようなロボットを見ていると、まるで自分の意志で動いている動物と同じように見え、「これが街を歩き出したら人間社会は（ポジティブな意味でもネガティブな意味でも）とんでもないことになるのではないだろうか」という気持ちになる。しかしながら、ここで注意すべき点は、彼らはまだ、「どこへ行くべきか」という意思を持っていない点である。極端にいえば、ラジコンとそれほど変わらないものであり、人間が「どこへ行くか」を命令してはじめて前進することができる。もちろん、従来のラジコンに比べると、格段に、自律的に動作を決めることができるようになった。だからこそ滑りやすい氷の上でもバランスを取れるようになった。しかしながら、動作の目的そのものは、人間が与える必要がある。

機械と人間の違いは、「自分で目的を決めることができるかどうか」につきる。現在、機械を利用することによっ

32　ブルックスのサブサンプションアーキテクチャは、日本語に翻訳すると「包摂的な構成」である。「ぶつかったら避ける」仕組みは、三層構造になっており、第一層には、自分に近づいてくるものがあればそれを避ける仕組み、第二層には、目標物が見つからなければ徘徊する仕組み、第三層には、あらかじめ決められた目標物に向かっていく仕組みから成り立っている。

て、多くの作業ができるようになった。しかしながら、「何をすべきか」「どこへ行くべきか」といった目的は、人間にしか決めることができない。

ロボットや機械制御の分野に閉じた領域で「何をすべきか」を考えると、ビジネスへの応用の多くは、第二次ブームからの伝統である産業用ロボット（決まった作業の自動化）であったり、震災後特に需要が増えている、災害現場など危機的な状況でも動き回ることができるロボットであったり、といったものの開発が盛んである。一方で、近年のドローンやＩｏＴ技術の普及によって、コミュニケーションロボットをはじめ、企業や一般家庭で役に立つロボットへの需要が高まっている。携帯電話でもありロボットでもあるシャープ株式会社の「ロボホン」はその一例であり、ＳＦの世界で描かれていたようなロボットが、少しずつ実現されつつあるという意味では興味深い。今後、こうした、人工知能をはじめとするＩＴ技術とロボット技術との連携が広がっていき、様々な製品が実験的に生まれることが予想される。ＩＴ技術者やロボット技術者だけでなく、企業や一般家庭の「より良い」姿を模索する多くのプレイヤーがこの市場に参入することで、真に役に立つコミュニケーションロボットが誕生することが予想され、非常に興味深い。

「知能」を定義することの難しさ

これまで、「人工知能」の開発に関する歴史を、コンピュータやロボットの歴史を含めて紹介した。これらの事実からわかることは、主に三つにまとめられる。一つ目は、コンピュータは、人間の知能の中でも「論理的な演算」を可能にするものであり、論理演算を可能にするコンピュータは、厳密に記述されたアルゴリズムがなければ、計算機は動作を開始することができないということである。二つ目は、そのアルゴリズムの一つである、人間の脳の神経細胞が行っていると考えられる情報処理を模しているとされる「ニューラルネットワーク」は、あくまで、人間が与えたデータを「分類」することを目的にしており、人間の「知能」を再現したものではないということである。三つ目は、ロボット研究により、そうした「分類」を行うアルゴリズムよりも、「サブサンプションアーキテクチャ」という、「反射」のようなアルゴリズムのほうが、むしろ、生物の「知能」にも似たものを再現しているように見えるということである。ただ、そうした「反射」に基づく「知能」だけでは、自分自身の「意思」で動くことができないという点も、見逃してはならない。

以上のように、コンピュータと、ニューラルネットワークと、ロボットの三つの分野を概観するだけでも、「知能」に関する多角的な見方ができるようになってくることがわかる。しかしながら、実際の「人工知能」に関する議論は、そうした多角的な見方によって「知能」をとらえようとする考え方とは若干異なっている。ここに、人工知能を理解する上での難しさがあるのではないかと、筆者は考えている。

人工知能の理解を助けるために、「知能とは何なのか」ということを議論してきた歴史を、ここで少し紹介したい。コンピュータが出現して以来、「知能」に関する研究の歴史は、前述の、一九五六年にアメリカのダートマス大学で開催された「ダートマス会議」に端を発する。「人工知能（Artificial Intelligence）」という用語は、このときはじめて登場し、「知能」を人工的に実現するための枠組みが議論された。そして、この会議によって「機械が言語を扱う」「抽象化と概念の形成」「人間にしか解けない問題を解くこと」「機械が自分自身を改善する方法」といった方向づけがなされたのである。

さて、この象徴的な会議である「ダートマス会議」によって、情報科学全体の大きな流れが形成された一方で、「知能とは何なのか」という疑問に関しては、十分な議論がなされなかった。そもそも、「知能を人工的に実現する」という試みが十分になされていなかった当時、「何が機械にできて、何が人間にしかできないのか」ということを十分に議論できるほどには、研究が進んでいなかったのである。

当時の「知能とは何なのか」を議論する象徴的な考え方として、コンピュータの論理的な枠組みを作り上げた「チューリングマシン」を考案した数学者アラン・チューリングが一九五〇年に提唱した「チューリングテスト」を紹介したい。

テストを行う判定者（人間）が二台のディスプレイを前にして、それぞれのディスプレイと会話を実施する。一台のディスプレイには人間の受け答えの結果が表示される。もう一台のディスプレイには、人間らしい反応を行うようにプログラムされたコンピュータによる受け答えの結果が表示させる。判定者はどんな質問をしてもよいとする。このような受け答えを実施し、判定者が、人間とコンピュータを確実に区別できなかった場合、このコンピュータ（アルゴリズム）はテストに合格した、とする。[33]

確かに、コンピュータが知能を持つとすると、このチューリングテストには合格できそうである。たとえば、二台のディスプレイに表示される受け答えが両方人間によるものだったら、判定者は区別できないだろう。しかしながら、このテストに合格したからといって、「だから知能を持つといえるのだ」といえる理由は、あるのだろうか。

チューリングテストに対するそうした疑問から、一九八〇年に、アメリカの哲学者ジョン・サールは、「中国語の部屋」という思考実験によって、「チューリングテストに合格しても、知能があるとは言い切れない」という反論を述べている。「中国語の部屋」の概要は以下の通りである。

ある部屋に、アルファベットしか理解できない人（たとえばイギリス人とする）を配置する。その部屋には、隣の部屋と、紙切れ一枚を受け渡しできるだけの穴が空いている。そこに、中国語で記述された質問文（のようなもの）が送られてくる。イギリス人は、その紙切れに書かれた中国語の意味は何一つ理解することができない。しかしながら、そのイギリス人がいる部屋には、ある質問文に対してどのように答えるべきかがすべて記述されたマニュアルがあり、「○○という質問に対しては△△と記述せよ」などという説明を見ながら、回答を記述することができる。このような受け答えを、部屋の中のイギリス人が行っているとすると、彼は、何ら知的行為を行っているわけではなく、

33　文献［43］を参照。

ただ作業を実施しているにすぎない。[34]

確かに、人間が外側から見て、「人間のように見える」と判断するだけでは、「知能がある」とは言い難い。そう考えると、チューリングテストには、そもそも、「『人間のように見える』とはどういうことか」ということに対する考察が欠けているともいえる。

このように、「知能」というものは、「チューリングテスト」のような方法で、何らかの「定義づけ」を行う、という考え方では、それに対する反論が必ず用意できてしまい、結局のところ、人工知能を定義することはできなくなってしまう。これが「知能」というものを理解する際の難しさにつながっているのではないかと考えられる。

それでは、「知能」を理解するためには、何を考える必要があるのだろうか。

第二章では、そうした「知能」を理解するために必要な「視点」について考えていきたい。

本章の振り返り

本章は、「人工知能とは何なのか」という疑問に対する回答を見つけるために、「人工知能」が開発されてきた歴史的背景に関する説明を行った。まず、「人工知能」の前身にあたる、コンピュータ（電子計算機）、コンピュータのうえで「知能」を実現すべく開発された「ニューラルネットワーク」、それとは別の観点からも開発されてきたロボットという、三つの視点からの理解を行った。これらの研究分野の歴史を通して、以下のような事実が明らかになった。

まず、コンピュータは、人間の知能の中でも「論理的な演算」を可能にするものであり、論理演算を可能にするコンピュータは、厳密に記述されたアルゴリズムがなければ、計算機は動作を開始することができないということである。しかしながら、コンピュータは、厳密に記述されたアルゴリズムがあれば、どのような論理演算であっても実行

34　文献［44］を参照。

することができる。

次に、そのアルゴリズムの一つである、人間の脳の神経細胞が行っていると考えられる情報処理を模しているとされる「ニューラルネットワーク」は、あくまで、人間が与えたデータを「分類」することを目的にしており、人間の「知能」を再現したものではないということである。こうしたデータの分類は、「機械学習」と呼ばれる分野の中で主に研究が行われている。

最後に、ロボット研究により、そうした「分類」を行うアルゴリズムよりも、「反射」のようなアルゴリズムのほうが、むしろ、生物の「知能」にも似たものを再現しているように見えるということである。さらに、そうした「反射」に基づく「知能」だけでは、自分自身の「意思」で動くことができない、ということもわかってきた。

現在、ビジネスの文脈で用いられることの多い「人工知能」の定義は、この二つ目にあたる、「ニューラルネットワーク」によるデータの分類を指すことが多い。しかしながら、それは、前述の通り、人間の「知能」を実現したわけではなく、人間の脳の中の神経細胞の構造に近いものを再現した結果、データの分類ができるようになった、ということにすぎず、「知能」を人工的に実現したものであるとは言い難い。

では、「知能」とは何なのか。

本章では、最後に、「チューリングテスト」や「中国語の部屋」を紹介し、「知能」を定義することの難しさについての議論を行った。何かを「定義」しようとすると、往々にして例外が見つかるものであり、この方法では、「知能とは何なのか」を理解することは難しいのではないかと考えられる(「例外のない規則はない」という格言が、それを端的に示している)。

それでは、「知能」を理解するためには、何を考える必要があるのだろうか。本章に続く第二章では、そうした「知能」を理解するために必要な「視点」について考えていきたい。

批判にさらされた人工知能研究者

いつの時代も先駆者というものは批判にさらされるものである。

人工知能の業界においても、それは例外ではない。人工知能を搭載した家電の代表である掃除ロボット「ルンバ」といえば、知らない人はいないくらいのヒット商品であるが、その「ルンバ」の生みの親であり、MIT人工知能研究所の元所長であるロドニー・ブルックスは、まさに、そうしたエピソードに事欠かないことで有名である。[35]

一九八六年に著した一本の論文が業界に大きな衝撃を与え、彼は、翌年の一九八七年にはMITの准教授に、一九九三年にはMIT人工知能研究所の副所長、正教授に、そして、一九九七年には同研究所所長にと、異例のスピードでの出世を果たす。

まさに、時代の寵児と呼べるほどの活躍ぶりであるが、それを可能にした一本の論文に書かれていた「サブサンプションアーキテクチャ」という考え方が、それまでのロボットや人工知能の研究者にとっては「おもしろくない」ものだったことが、騒ぎを大きくしたといえる。

本文でも紹介した「サブサンプションアーキテクチャ」という考え方は、それまで、どんなに複雑な方法で「知能」を人工的に実現しようとしても、マトモに動くロボットが実現しなかった中、「ぶつかったら避ければいいじゃないか」という単純な発想によって、自在に動き回るロボットが実現できてしまったのである。当時としては、まさに「コロンブスの卵」のような発想の転換だったといえる。

しかしながら、複雑な数式を用いることもなく、最新のスーパーコンピュータを駆使することもなく、「ぶつかったら避ける」という単純な仕組みは、情報システムの専門家でなくとも実現が可能である。そのような仕組みが「知能」の本質だと

35 文献［40］の「訳者あとがき」に詳細に記されている。

いわれてしまうと、これまで長年研究開発を行ってきた研究者からすると、おもしろい話ではない。

『ブルックスの知能ロボット論』の訳者である五味隆志は、「訳者あとがき」の中で、当時の様子を詳細に振り返っている。五味がブルックスと知り合った当時、五味は、参加した研究会や学会などで、ブルックスが四方八方の研究者から猛烈に攻撃される場面を頻繁に目撃したという。その中で、象徴的な出来事として、一九八九年にデトロイトで開かれた国際人工知能学会大会のメインイベントであるパネルディスカッションを挙げている。

パネルディスカッションの内容は、当時世界で最も注目された六人の研究者が「今後二〇年知能を持った機械はどう実現されるか」というテーマを討議するという内容であり、千数百人の聴衆が見守る中、知能を持った機械についての討議が行われるはずだった。

ところが、二〇分ずつの持ち時間を与えられた世界を代表する研究者たちは、知能を持った機械に関する各々の持論を展開するわけではなく、代わりに、当時、知能ロボット研究界に彗星のように出現したブルックスの理論がいかに誤りであり、取るに足らないかを熱心に解説したというのである。

確かに、ブルックスの理論は、当時、国際規模で存在した知能論に対する真っ向からの挑戦であった。それまで、複雑な理論や、最新式の電子計算機を駆使することで知能を実現しようとしていた権威ある研究者たちにとって、コロンブスの卵のように華麗に発想の転換を図るブルックスの理論は、まるで、彼らのそれまでの仕事を否定しているかのように、権威ある研究者たちの目には映ったのではないだろうか。持論を展開するよりも、この時代の寵児をねじ伏せておかなければならないと思ったのかもしれない。

さて、権威あるパネリストたちの集中攻撃を受けたブルックスは、しかし、終止微笑みながら壇上の机でペンを動かしていたという。そして、最後に彼にマイクが渡されると、書いていたＯＨＰのシートを強力なプロジェクターの上に置いたのである。そこには彼を攻撃した研究者たちの名前が書かれ、その右に一行ずつ「……は二〇年以上ロボットを研究していながら何も理解していない」「……はただ臆病なだけである」「……は最初から間違った方向に足を踏み入れてしまった」と、強烈な批判が一行ずつ書かれていたと、五味は語る。聴衆が全体を読み終わり「ワーッ！」と湧き上がる頃、著者は会場を

図1・8　猛烈な攻撃を受ける気鋭の人工知能研究者
権威あるパネリスト達の集中攻撃を受ける気鋭の人工知能研究者は、このような様子だったのかもしれない。

左から右に一巡して眺め、ニコリと笑って着座したというのである。

まるでプロレスを見ているようなやり取りであるが、彼の与えた衝撃というものは、世界を代表する権威者を必死にさせるほどだったのであろう。

しかし、さらに興味深い点は、このやり取りを見ている「聴衆」の反応であろう。肩書も実績も尊敬するに十分な世界を代表する権威者がこぞって批判する若者を聴衆が応援するような風潮は、残念ながら日本ではなかなか見られる光景ではないかもしれない。

その証拠に、訳者である五味隆志は、ブルックスを何度も日本に招き、大学や諸研究機関のセミナーや企業訪問を行ったにもかかわらず、多くの研究者の間で、彼の理論はほとんど注目されることはなく、すばやくそして鋭く反応した欧米の研究者の反応とは対照的だったという。

もちろん、現在では、彼の理論は日本でも多くの研究者が熱心に学んでいる理論ではある。しかしながら、こうした価値のある理論が誕生した際に、それを応援する風土というものが、日本において十分に育っているかどうかと問われると、疑問が残るといわざるを得ないところがある。

参考文献

［1］藤子・F・不二雄（著）。てんとう虫コミックス「ドラえもん」第十五巻　一一三頁「人生やりなおし機」。小学館。一九七八。

［2］中尾佐助（著）。栽培植物と農耕の起源。岩波新書。一九六六。

［3］世界最古のアナログコンピューターといわれる「アンティキティラ島の機械」の秘密が明らかに。Gigazine. 2016.06.15. http://gigazine.net/news/20160615-antikythera-mechanism-secret/

［4］The world's oldest computer is still revealing its secrets. The Washington Post. 2016.06.14. https://www.washingtonpost.com/news/speaking-of-science/wp/2016/06/14/the-worlds-oldest-computer-is-still-revealing-its-secrets/

［5］デイヴィッド・バーリンスキ（著）。林　大（翻訳）。史上最大の発明アルゴリズム：現代社会を造りあげた根本原理。ハヤカワ文庫。二〇〇一。

［6］マーティン・ディヴィス（著）。岩山知三郎（翻訳）。数学嫌いのためのコンピュータ論理学：何でも計算になる根本原理。コンピュータエージ社。二〇〇三。

［7］John McCarthy, Marvin Minsky, Nathaniel Rochester, and Claude Shannon. A PROPOSAL FOR THE DARTMOUTH SUMMER RESEARCH PROJECT ON ARTIFICIAL INTELLIGENCE. 1955.

［8］甘利俊一（著）。コレクション認知科学11神経回路網モデルとコネクショニズム。東京大学出版会。二〇〇八。

［9］マーチン・キャンベルケリー 他（著）。山本菊男（翻訳）。コンピューター二〇〇年史：情報マシーン開発物語。海文堂出版。一九九九。

［10］高橋昌一郎（著）。ゲーデルの哲学：不完全性定理と神の存在論。講談社現代新書。一九九九。

［11］高橋昌一郎（著）。理性の限界：不可能性・不確定性・不完全性。講談社現代新書。二〇〇八。

［12］高橋昌一郎（著）。知性の限界：不可測性・不確実性・不可知性。講談社現代新書。二〇一〇。

［13］高橋昌一郎（著）。感性の限界：不合理性・不自由性・不条理性。講談社現代新書。二〇一二。

［14］伊藤邦武（著）。物語　哲学の歴史：自分と世界を考えるために。中公新書。二〇一二。

［15］三宅陽一郎（著）。人工知能のための哲学塾。ビー・エヌ・エヌ新社。二〇一六。

［16］Quoc V. Le. Building High-level Features Using Large Scale Unsupervised Learning. ICASSP2013. 2013.

［17］古市貞一（著、編集）。甘利俊一（監修、監修）。シリーズ脳科学5 分子・細胞・シナプスからみる脳。東京大学出版会。二〇〇八。

［18］Using large-scale brain simulations for machine learning and A.I. Official Google Blog. 2012.06.26. https://googleblog.blogspot.jp/2012/06/using-large-scale-brain-simulations-for.html
［19］岡谷貴之。画像認識のための深層学習。人工知能学会誌28巻6号 pp. 962–974. 二〇一三。

［20］岡谷貴之（著）。深層学習（機械学習プロフェッショナルシリーズ）。講談社。二〇一五。

[21] 斎藤康毅（著）。ゼロから作るDeep Learning: Pythonで学ぶディープラーニングの理論と実装。オライリージャパン。二〇一六。
[22] T・コホネン（著）。中谷和夫（翻訳）。サイエンス叢書-14 システム論的連想記憶 情報工学・心理学のために―。サイエンス社。一九八〇。
[23] 相磯秀夫（著）。甘利俊一（監修）。ニューロコンピューティングへの挑戦。三田出版会。一九八九。
[24] 中野 馨（著）。ニューロコンピュータの基礎。コロナ社。一九九〇。
[25] 松本 元 他（編集）。脳とコンピュータ3 神経細胞が行う情報処理とそのメカニズム。培風館。一九九一。
[26] T・コホネン（著）。中谷和夫（翻訳）。自己組織化と連想記憶。シュプリンガー・フェアラーク東京。一九九三。
[27] 甘利俊一 他（編集）。脳とニューラルネット。朝倉書店。一九九四。
[28] 西森秀稔（著）。パリティ物理学コース クローズアップ ニューラルネットワークの統計力学。丸善株式会社。一九九五。
[29] 川人光男（著）。脳の計算理論。産業図書。一九九六。
[30] 武田 暁（著）。物理のたねあかし2 脳と力学系。講談社サイエンティフィック。一九九七。
[31] 熊沢逸夫（著）。学習とニューラルネットワーク。森北出版。一九九八。
[32] 榊原康文 他（著）。情報数理シリーズB-6 計算論的学習。倍風館。二〇〇一。
[33] 福島邦彦 他（著）。基礎情報工学シリーズ19 視聴覚情報処理。森北出版株式会社。二〇〇一。
[34] 西森秀稔（著）。スピングラスと情報統計力学（新物理学選書）。岩波書店。一九九九。
[35] 西森秀稔（著）。物理と情報（1）スピングラスと連想記憶。岩波講座。二〇〇三。
[36] ジェフ・ホーキンス 他（著）。伊藤文英（翻訳）。考える脳 考えるコンピューター。ランダムハウス講談社。二〇〇五。
[37] 都築誉史 他（著）。高次認知のコネクショニストモデル―ニューラルネットワークと記号的コネクショニズム。共立出版。二〇〇五。
[38] 銅谷賢治 他（編集）。脳の計算機構―ボトムアップ・トップダウンのダイナミクス。朝倉書店。二〇〇五。
[39] カレル・チャペック（著）。千野栄一（翻訳）。ロボット（R.U.R.）。岩波文庫。一九八九。
[40] ロドニー・ブルックス（著）。五味隆志（翻訳）。ブルックスの知能ロボット論：なぜMITのロボットは前進し続けるのか?。オーム社。二〇〇六。
[41] 井上春樹（著）。日本ロボット創世紀一九二〇〜一九三八。NTT出版。一九九三。
[42] 朝日新聞社（著）。「昭和7年朝日年鑑」科学知識欄 人造人間。朝日新聞社。一九三二。
[43] Alan Turing. Computing Machinery and Intelligence. Mind LIX (236) pp. 433-460. 1950.
[44] John Searle. Minds, Brains, and Programs. Behavioral and Brain Sciences 3, 417-424. 1980.

第二章　「知能」とは何かを探る視点

「錯覚」を通して感じる「知能」の正体

ものが「見える」、そして、「理解」できる。

普段の生活の中では、そうした現象は「当たり前」のように思える。

しかし、私たちが目で見ている世界は、実は「存在しない」というと、皆さんは信じられるだろうか。

私たち人間の脳というものは、簡単に騙されてしまう。

一方で、私たち人間は、騙されることによって、世界を「見る」ことができ、「生きる」ことができる。

ここでは、そうした「錯覚」という現象を通して、「知能」とは何なのかを探っていきたい。

「知能」とは何なのか。
それを理解する上で鍵を握る現象の一つが「錯覚」である。「認知心理学」を通じて脳を観察していると、人間がいかに「騙されやすいものか」ということがよくわかる。この「騙される」という現象が、「知能」を理解する上で、重要な見方なのではないかと筆者は考えている。

「人間とは騙されやすいものである」ということは、研究者のみならず、日々の生活の中で、ほとんどの人が感じていることではないだろうか。たとえば、食事の際、食卓に並んだ食品が、照明の状態によって、美味しく見えたり、そうでなかったり。また、テレビや雑誌である商品の宣伝を見て、その商品を、有名人が使っているというだけで、何となく、魅力的に感じてしまうのも、「騙される」という行為の一つであろう。

私たち人間は、どのようにして「騙される」のだろうか。こうした「騙される」メカニズムに関しては、多くのことがわかってきている。しかしながら、そうした「騙される」という現象が、「知能」とどのように結びついているのかに関しては、あまり議論がなされているとはいえない。

本章では、イラストや文章を見たときに起こる様々な「錯覚」を紹介し、それらを通し、私たちがどのように世界を「認識」しているのかについての考察を行いたい。さらに、それらから得られる知見を通し、「知能」とは何なのかについての理解を深めていきたい。

「見る」ことの何が不思議だというのか

突然だが、機械はものを「見る」ことができるだろうか。

ものを見る機械となると、すぐに思いつくのが「カメラ」である。コンピュータ（電子計算機）やロボットも、「目」のあるロボットは、基本的には「カメラ」を「目」にしている。「カメラ」を「目」にしているロボットは、ものを見ることができるのだろうか。

図2・1　ロボットから見た世界
ロボットには、馬が草を食べる様子も、後ろの村の様子も見えず、ただただピクセルの羅列が見えるばかりである。

ロボットの目である「カメラ」（特にデジタルカメラ）のレンズの仕組みと、人間の目の中の「網膜」の仕組みはよく似ている。カメラのレンズに投影された映像は、格子状に並んだ「画像センサー」に投影される。こうして、実空間上の映像は、格子状に並んだ画素（ピクセル）の集まりとして表現される。人間の目に入る光もまた、網膜に並ぶ網膜細胞に投影される。すなわち、ロボットの目も人間の目も、「画素（ピクセル）の集まり」として、外界を「表現」しているのである。

しかし、ロボットの目は、ものを映しているだけであって、それだけではものを「見ている」とはいえない。画素に光が表現されているだけでは、「どこにどんな物体があって、それがどのような様子であるか（どのような姿勢でどのように動いているか）」を理解することはきわめて困難である。図2・1の右側の図を見ると、私たちの目には「二匹の馬が草を食べている様子」が見える。しかしながら、ロボットの目には、拡大した左側の図のように、無味乾燥な、ピクセルの羅列が映るのみであり、「どこからどこまでが馬なのか」「あるピクセルと隣のピクセルがどういった関係なのか」といった情報は、何ひとつ読み取ることができない。

では、人間は、どのようにものを「見ている」のだろうか。

「見るとは何か」に関するイメージを膨らませるために、まずは、

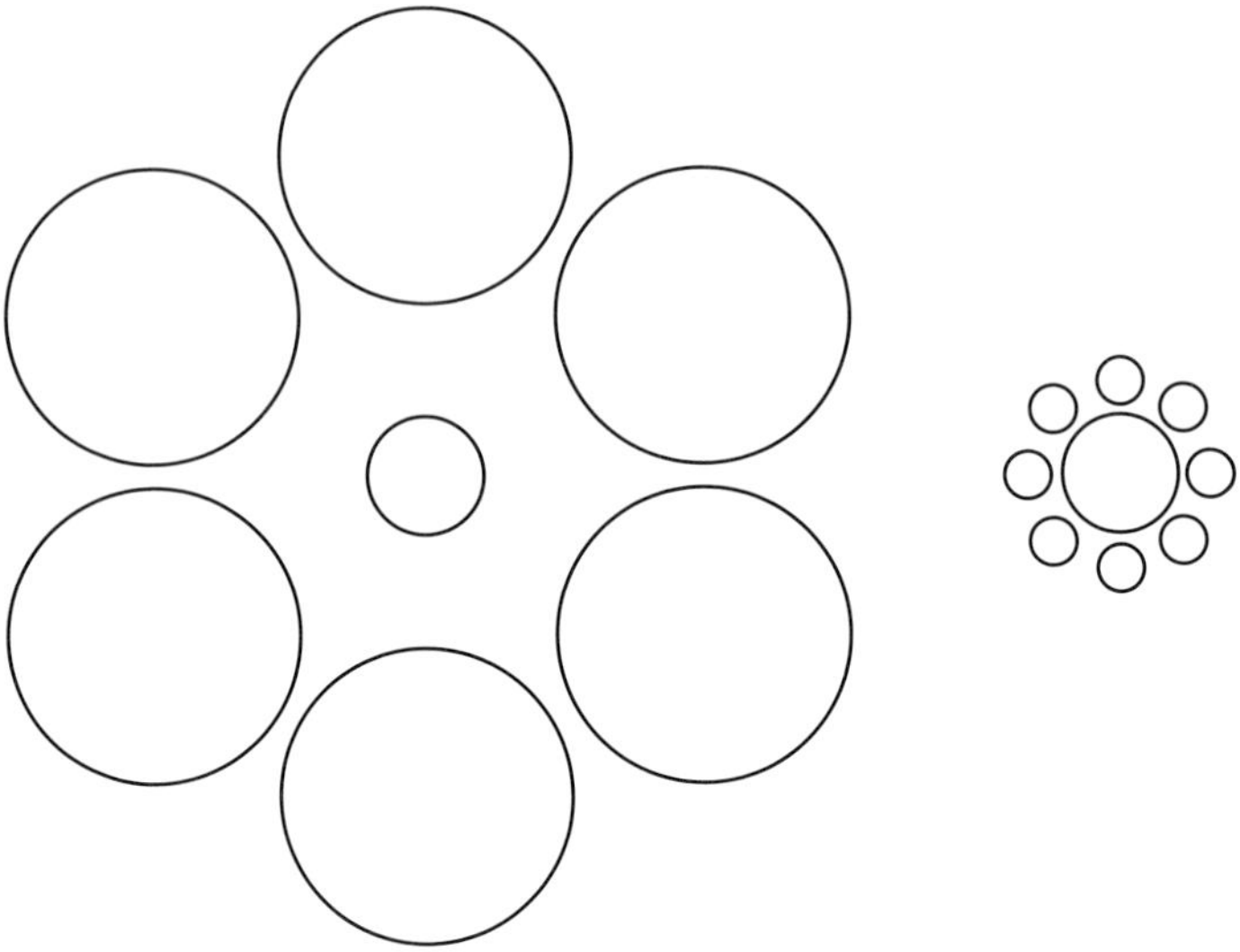

図2・2 エビングハウス錯視
大きな○で囲まれた左側の○と、小さな○で囲まれた右側の○、二つの○は、同じ大きさに見えるだろうか。

いくつかの錯視を見ていただきたい。[36]

まず、図2・2、図2・3を見ると、私たちの「大きさの認識」というものが、いかに当てにならないかということが理解できる。「エビングハウス錯視」と名づけられた図2・2を見ると、大きな○で囲まれた○と、小さな○で囲まれた○が描かれている。これらは、どちらも同じ大きさの○なのだが、左側の大きな○で囲まれた中央の○のほうが、小さく見えてしまう。また、シェパードの「恐怖の洞窟」[37]と名づけられた錯視を参考に作成した図2・3を見ると、まるで巨人が小人を追いかけているように見えるが、これら二人はまったく同じ大きさである。このように、私たちの目は、モノサシなどの「客観的指標」で計測すると「同じ大きさ」であるべきものが、周囲にあるものとの関係から、まったく異なる大きさとして「認識」してし

36 「錯視」というものは、主観的に画像や映像を見た結果として脳内に生じるきわめて主観的な現象なので、その見え方には個人差があり、必ずしも本書で記述する通りに見えない場合があるので、ご了承いただきたい。

37 文献［1］を参照。

図2・3　大きさの錯視
巨人が小人を追いかけているように見えるかもしれない。しかしながら、この二人の大きさは、実はまったく同じなのだ。

まうのである。これらの例からわかるように、私たちの認識する世界というものは、主観的なものであり、周囲の環境のような「文脈」に大きく依存したものなのである。

次に、「大きさの認識」とは異なる例である図2・4、図2・5を見ていただきたい。

これらの例は、私たちの「色や明るさの認識」というものが、いかに当てにならないかを理解する非常に良い例である。まず、「ダイヤモンド錯視」と名づけられた図2・4を参照すると、上方から下方へ向かうにしたがって、色が濃くなる（黒に近づく）様子が確認できる。しかしながら、この図を構成するダイヤモンド（菱形）は、すべて同

図2・4　ダイヤモンド錯視
下方へ行くほど色が濃くなっているように見えないだろうか。だとすれば、図2・6を確認していただきたい。中間の菱形を抜くだけで、色の見え方が大きく変わる様子が確認できる。

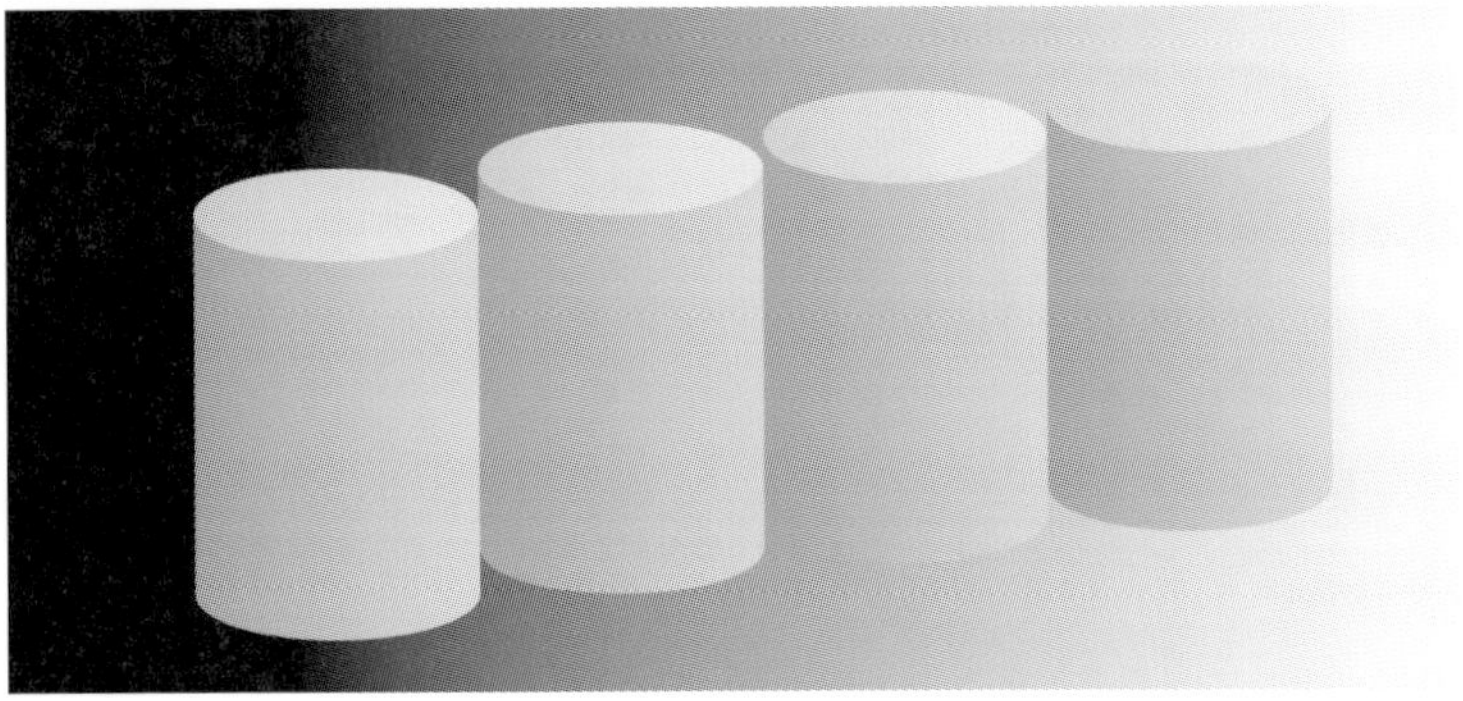

図2・5　明るさの錯視
右の筒ほど色が暗くなって見えないだろうか。だとすれば、図2・7を確認していただきたい。背景を消すと、どれも同じ色の筒であるということが確認できる。

じ色のダイヤモンドであり、上方のダイヤモンドの色が薄いわけでも、下方のダイヤモンドの色が濃いわけでもない。このカラクリとしては、それぞれのダイヤモンドが、下方に行くにしたがって色が薄くなるグラデーションになっているため、あるダイヤモンドの下方（薄い色）と、その下に位置するダイヤモンドの上方（濃い色）を比べたときに、下に位置するダイヤモンドのほうが濃く見えてしまう、ということが起こり、全体として、下方のほうが濃いダイヤモンドであるように錯覚してしまうのである。一つひとつのダイヤモンドのグラデーションに注目すれば、確かに

図2・6　ダイヤモンド錯視の分析
図2・4の中間の菱形を削除した図である。図2・4と違って、ほとんど同じ色の菱形が並んでいるように見える。これが実際の菱形の色であり、図2・4を見たときには、下方へ行くほど色が濃くなるように騙されていたのである。

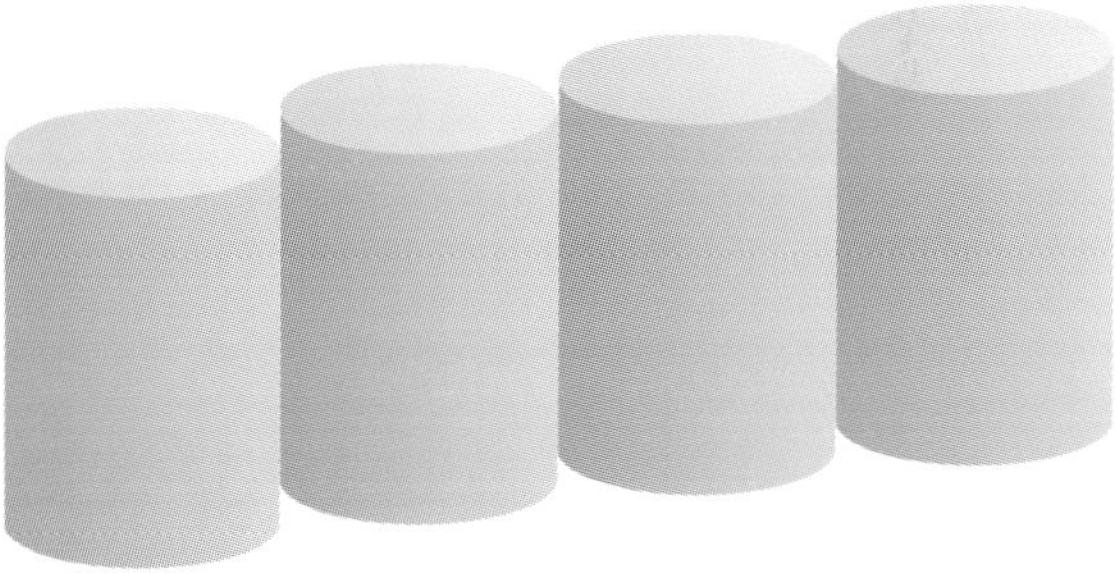

図2・7　明るさの錯視の分析
図2・5の背景を削除した図である。図2・5と違って、どれも同じ色の筒に見えないだろうか。これが実際の筒の色であり、図2・5を見たときには、右の筒ほど色が暗くなって見えるように騙されていたのである。

「グラデーションになっている」ということはわかるのだが、全体をぼやっと見たときに、私たちの目は、一つひとつのダイヤモンドの構造よりも、全体の「流れ」のようなものを感じとってしまう。すなわち、「明るい色の下に暗い色が配置されている」という構造の連続から、下方に向かえば向かうほど、色が暗くなっていくという「流れ」を、脳内で勝手に作り出してしまう（錯覚してしまう）のである。この証拠に、中間のダイヤモンドを取り除いて見ると、一つひとつのダイヤモンドが同じであるように見えてくる（図2・6）。これでも、下方のほうが、若干色が濃いように見えてしまう場合もあるのだが、よく見てみると、一つひとつのダイヤモンドは同じ色であるということがわかる。

同様の現象が、図2・5に示す四つの筒においても起こる。図2・5に示された四つの筒は、右に行くにしたがって暗く見える。しかしながら、実は、これら四つの筒は、まったく同じ色をしており、背景のグラデーションの影響で、同じ色の筒であっても、暗く見えたり明るく見えたりしているのである。その証拠に、図2・5の背景のグラデーションを消してみると、図2・7のように、一つひとつの筒はまったく同じ色であるということがよくわかる。このように、色の明るさの認識というものは、周囲との関係によって変化する（すなわち文脈に依存する）ものであり、「実際の色」が同じであっても「同じ」とは認識できない主観的なものなのである。

次に、「大きさの認識」や「色や明るさの認識」とは異なるいくつかの例である図2・8、図2・9を見ていただきたい。

これらの例は、私たちの「空間の認識」というものが、いかに当てにならないかを理解する非常に良い例である。たとえば「市松模様錯視」と呼ばれる図2・8を参照すると、まるで、球面を見ているような歪みが見られる。しかしながら、この図に定規を当ててみると（図2・10のように直線を当ててみると）それぞれの線は、曲がりのない直線であることがわかる。また、「テーブルの錯視」と呼ばれる図2・9を参照すると、左の縦長に見えるテーブルと、右の太いテーブルは、実際は、同じ四角形なのである（わかりにくいが、図2・11に、二つのテーブルを同じ方向にして並べてみた）。これは、同じ四角形であっても、テーブルの脚など、周囲の環境によって、太く見えたり細く見えたりという認識の違いが起こることを表す良い例である。このように、私たちの「空間の認識」というものもまた、主観的に作り出されたものなのである。

次に、これまで見てきた「大きさの認識」や「色や明るさの認識」や「空間の認識」などとは異なるいくつかの例である図2・12、図2・13を見ていただきたい。

これらの例は、私たちの「物体の認識」というものが、いかに当てにならないかを理解する非常に良い例である。

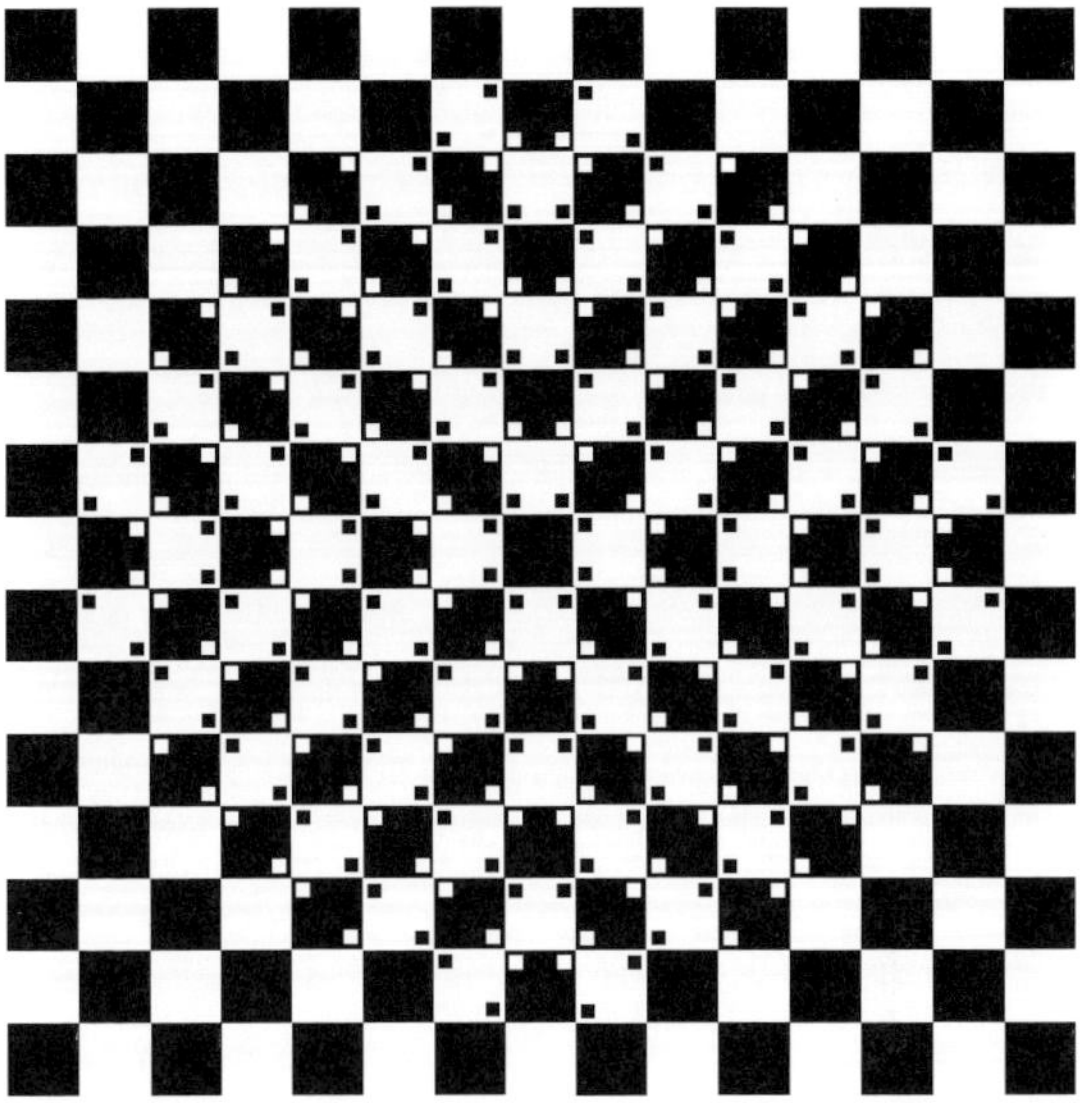

図2・8　市松模様錯視
球面のような歪が見えないだろうか。だとすれば、この図に定規を当てていただくか、図2・10を見ていただきたい。歪んだ曲線のように見えるものが、実は直線であるということが確認できる。

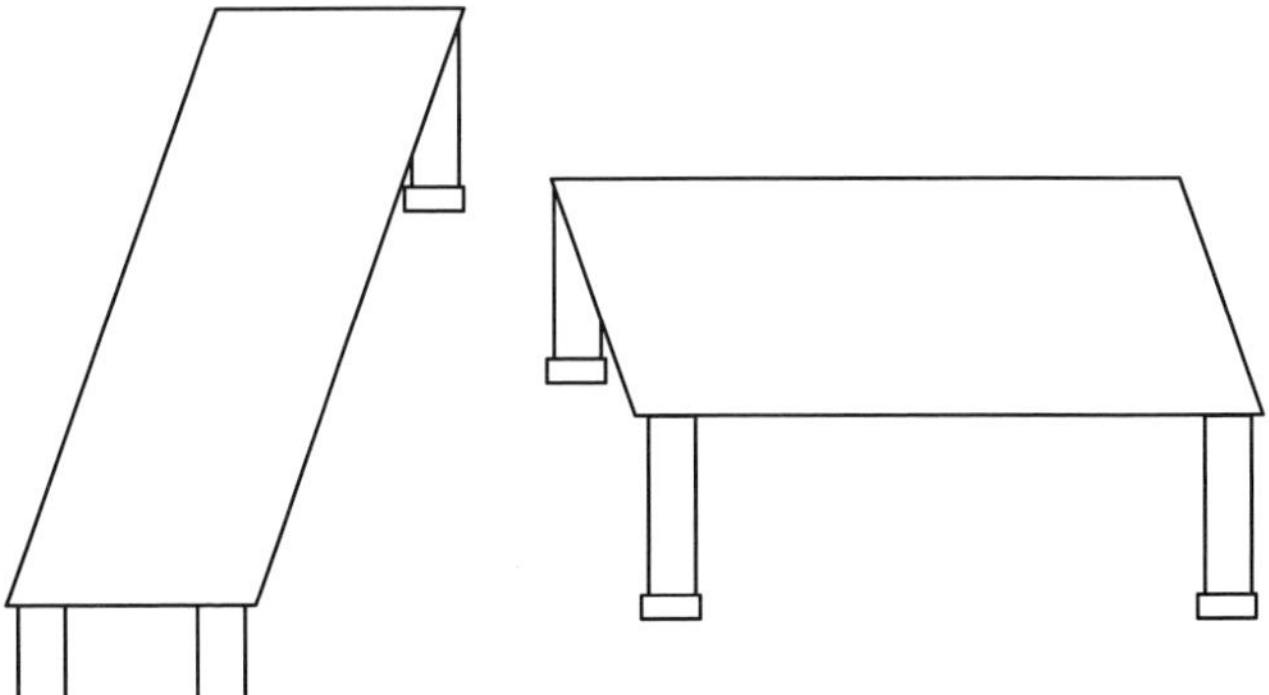

図2・9　テーブルの錯視
この二つのテーブルのうち、細長い方はどちらだろうか。もし、左側のテーブルの方が細長いと思ったとすれば、図2・11を見ていただきたい。少し回転させると、実は、どちらも同じ形状のテーブルであるということが確認できる。

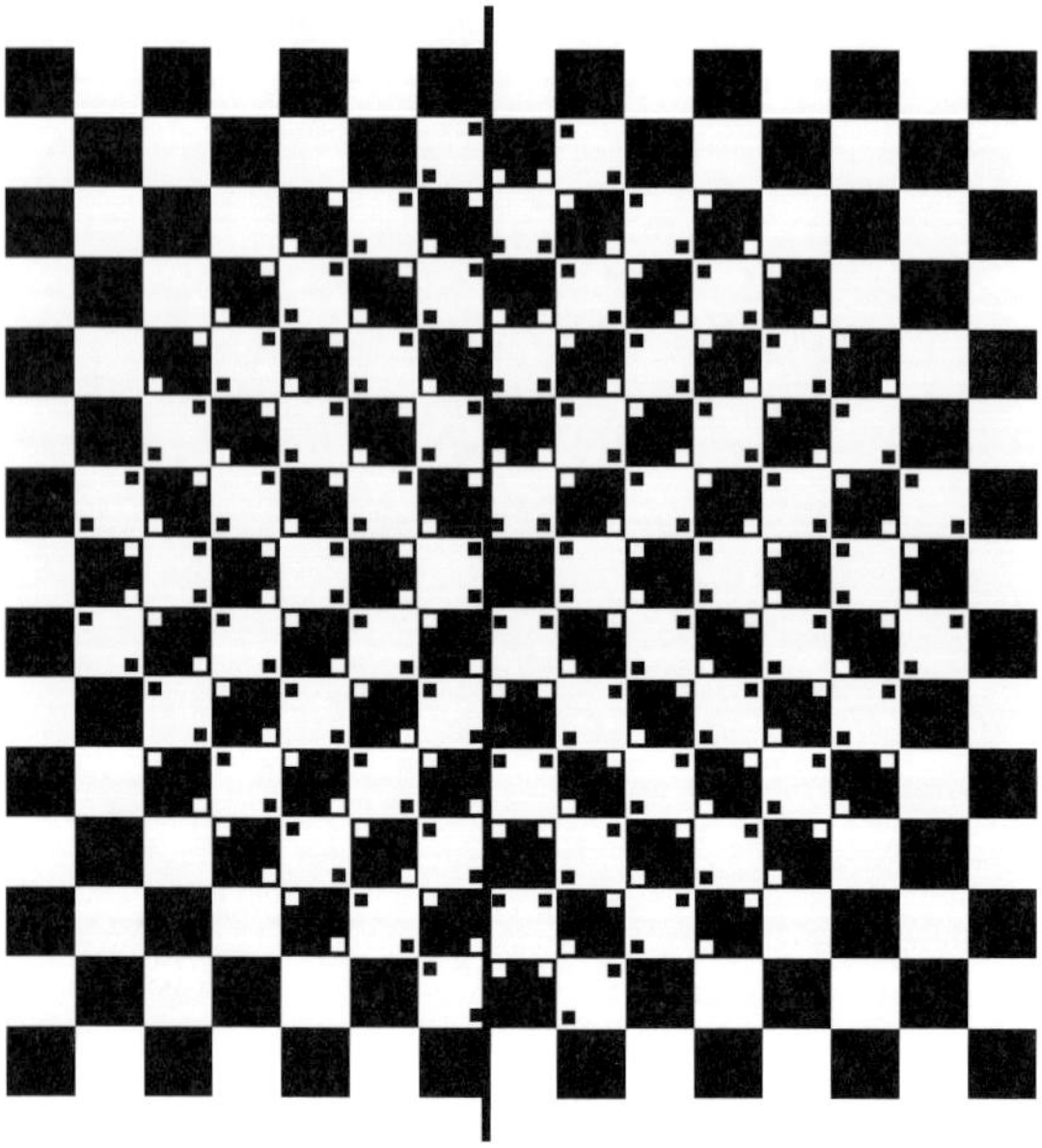

図2・10　市松模様錯視の分析
図2・8の市松模様錯視に直線を当ててみると、実は、歪んだ曲線のように見えたものの正体は、規則正しく並んだタイルの直線だったということに気づく。図2・8を見たときには、線が曲がって見えるように、騙されていたのである。

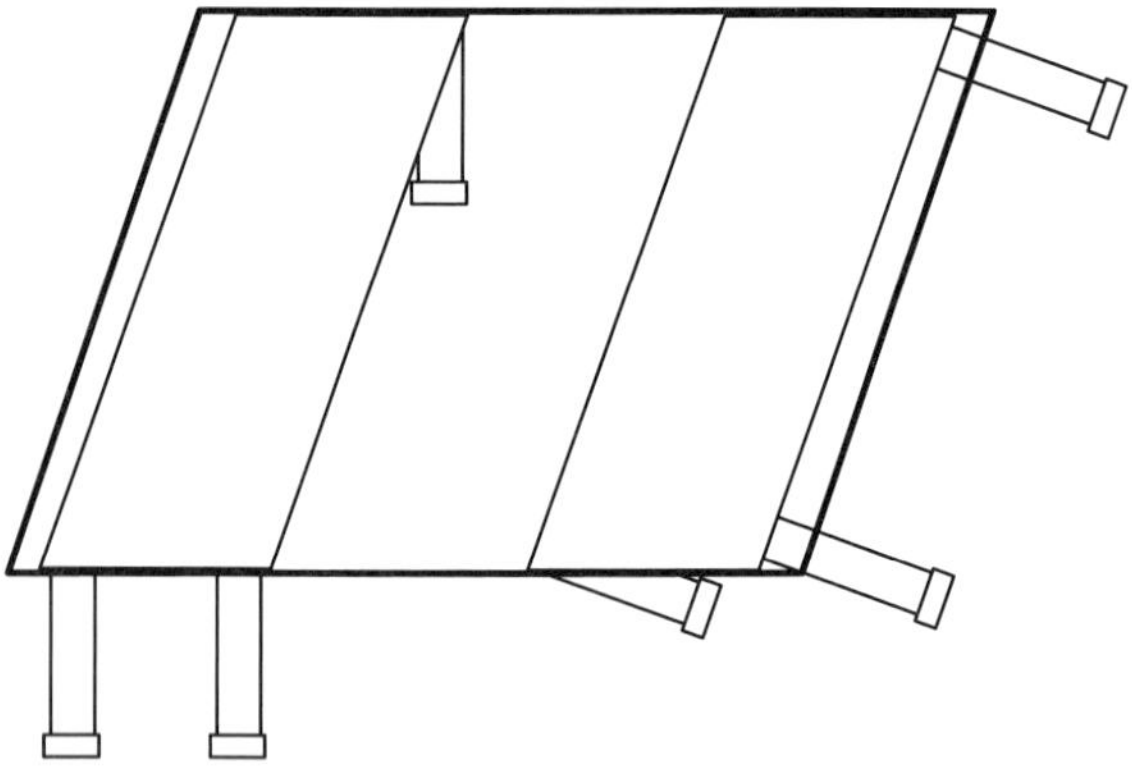

図2・11　テーブルの錯視の分析
図2・9のテーブルを少し回転させて見ると、実は、どちらのテーブルも、同じ大きさのテーブルであったということに気づく。図2・9を見たときには、形状が異なるテーブルに見えるように、騙されていたのである。

図2・12　カニッツァの三角形
中心に見える白い三角形は、実際は「存在しない」。脳内で主観的に作り出された三角形なのである。

すなわち、これらの例は、「そこにモノがある」ということを私たちが認識すること自体が、主観的なものであるということを教えてくれる。最初の図2・12は、「カニッツアの三角形」といわれ、実際は「存在しない」白い三角形が、まるで存在するかのように見えるというものである。三つのパックマンに囲まれた領域が、まるで白い三角形のように見え、三角形の「輪郭」があるように見えてしまう。図2・13も同様で、「存在しない」ひょうたんのような形の「輪郭」があるように見えてしまう。

こうした、本当は存在しないにもかかわらず、まるで存在するかのように見えてしまう輪郭は「主観的輪郭」と呼ばれ、まさに、脳内で「主観的に作り出された」輪郭である。こうした「ありもしないものが見えてしまう現象」は、脳内では常に起こっている。「主観的輪郭」が見えなければ、テレビや新聞の「絵」は「形」ではなく、単なる「ドット」の集まりに見えてしまうだろう。「ありもしないものが見えてしまう現象」は、脳

図2・13　カニッツァの錯視
中心に見える白いひょうたんのような形状は、実際は「存在しない」。カニッツァの三角形と同様に、脳内で主観的に作り出された形状なのである。

が「騙される」ことによって起こる。そして、これがなければ、私たちは、視覚によって生きていくことができないのである。

ここまでに見てきた「錯視」に関する様々な例から得た知見を総合すると、「大きさの認識」や「色や明るさの認識」や「空間の認識」や「物体の認識」というものは、すべて、「主観的なもの」であり、周囲との関係性によってしか決まらない、（ある意味では）非常に曖昧なものであり、私たちの目は、常に錯覚している（騙されている）といわざるを得ない。しかしながら、「物体の認識」に関するいくつかの例（図2・12、2・13）を見れば特に明らかであるが、私たちは、錯覚すること（騙されること）なしに、「ものを見る」ことすらできないのである。そうした点を鑑みると、私たちは、世界を見ている「つもりになっている」だけであり、実際には、そのような世界は存在しないということである。

図2・14　ルビンの壺
中央の白い壺が見えているときは、向かい合う黒い顔が見えず、向かい合う顔が見えているときは、中央の白い壺が見えない。同じ絵を見ていても、必ずしも「認識」が一致するわけではないということ示す端的な例である。

私たちは、「錯覚する（騙される）」ことによって、脳内で、本当は存在しない世界を主観的に作り出すことができるともいえる。私たちが「客観的に見ている」と「思い込んでいる」この世界の様子は、実は、私たちが、脳内で主観的に作り出しているものなのである。

私たちの見ている世界が「主観的に作り出された世界」だとすると、その世界は、見る人によって大きく異なる。そうした事実を端的に理解できるのが、図2・14である。これは、「ルビンの壺」という有名な騙し絵である。中央の白い壺が見えているときは、向かい合う黒い顔が見えず、向かい合う顔が見えているときは、中央の白い壺が見えない。「ルビンの壺」を通してわかることは、同じものを見ていても、必ずしも「認識」が一致するわけではないということであり、「主観的に作り出される世界」は、どの人にとっても同じであるとは限らないのである。

こうした主観世界を持っているかがどうかは、人間と機械の大きな違いである。[38]

38　「主観世界」については三章を参照。

さて、これまで、「錯視」に関する様々な例を通し、私たちの目が、いかに「騙されているか」の理解を行ってきた。[39] すなわち、私たちの見ている世界というものが、私たち一人ひとりが、「主観的に作り出した世界」なのではないかという視点を探求してきた。ここからは、この「主観的に作り出した世界」というものが、どのように作り出されているのかということを探求するために、さらに多くの例を紹介したい。

「読めて」しまう不思議な文章

これまでに見てきた通り、「錯視」は、私たちの「脳」が「騙されている」ということを教えてくれる。「騙される」ということは、「主観的に世界を作り出す」ということでもある。私たちの見ている世界というものは、「主観的に作り出した世界」なのである。ここからは、さらに多くの例を見ながら、この「主観的に作り出した世界」というものが、どのように作り出されているのかということを探求する。まずは、次の文を読んでいただきたい（なるべく時間をかけずに読んでみていただきたい）。

みさなん こちにんは。この ぶしんょう は、ケンッブリジ ジェーネレタ という アゴリズルム で つらられく ています。 この アズルリゴム は、たんご の さしいょ とさいご の もじ だけを おじなに して、じんばゅん を ラダンム に へこんうして います。 そでれも、この ぶんょしう は なとんく よめて しんませいまか。

39 錯視に関して最も網羅的に扱っている書物の一つが、「錯視の科学ハンドブック」ではないかと考えられる（文献［2］を参照）。その他、錯視に関する興味深い考察が掲載されている文献は多く出版されている（文献［3］～［6］を参照）。さらに、「主観的に作り出された世界」を理解する上で「認知科学」に関する知識は非常に参考になると考えられる。「認知科学」をわかりやすく解説した文献として「コレクション認知科学」という歴史的な名著を集めたシリーズが出版されており、非常にわかりやすく記述されている（文献［7］～［18］を参照）。

文中で説明されている通り、この文章は、単語の最初と最後の文字だけを同じにして、それ以外の順番をランダムに変更して作られたものである。それでも、この文章を読むと、その意味を理解できてしまう。特に、読む速度を上げれば上げるほど、細かな違いに気づきにくくなってしまうといわれている。

このように、文章の単語の最初と最後以外の文字の順番をランダムに変更するシステムは、一般的に「ケンブリッジジェネレータ」と呼ばれている。この名称は、イギリスのケンブリッジ大学の研究成果によって得られたという俗説に基づいた俗称なのだが、実際のところは、イギリスのノッティンガム大学のグラハム・ロウリンソンの著した学術論文'The significance of letter position in word recognition（単語認識に置ける文字の位置の重要性）'[40]が最初であるといわれている。この論文の中で、「単語の語中の文字をランダムにしたものは、文章を理解できる読者の読解能力にはほとんど、あるいはまったく影響を及ぼさないことを示した。実際のところ、本当に速い読み手は、混乱した文章のA4サイズ一ページの文章の中で、たった四つか五つの間違いにしか気づかなかった」という趣旨の記述がされている。

この例を通して、私たちは、どうやら、視覚情報だけでなく、言語情報についても、何らかの「錯覚」を起こしているものと想像できる。

このカラクリは、「サッチャー錯視」と名づけられた、顔画像を加工した画像による錯視を理解すると、わかりやすいかもしれない。「サッチャー錯視」とは、サッチャー元イギリス首相の写真の一部を加工し、上下反転させたものであり、この顔画像を反転させると「違和感のない顔に見える」一方で、反転させない場合は、非常に大きな違和感が起こるというものである。

図2・15の二枚の写真は、この「サッチャー錯視」と同様の加工を行った顔画像である。右側の写真は、元の顔画

40　文献［19］を参照。

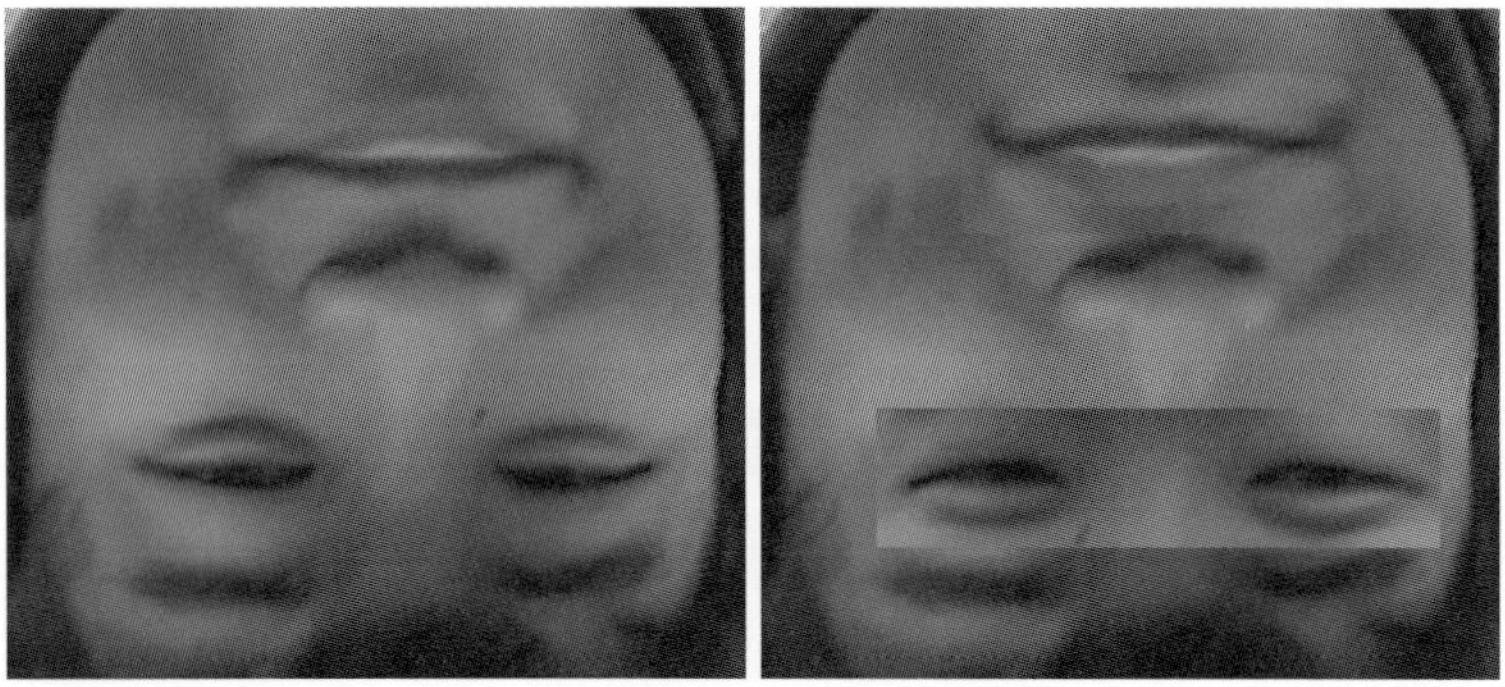

図2・15　「サッチャー錯視」をもとに作成した加工顔画像
右側の顔は、左側の顔の目と口を反転させたものである。

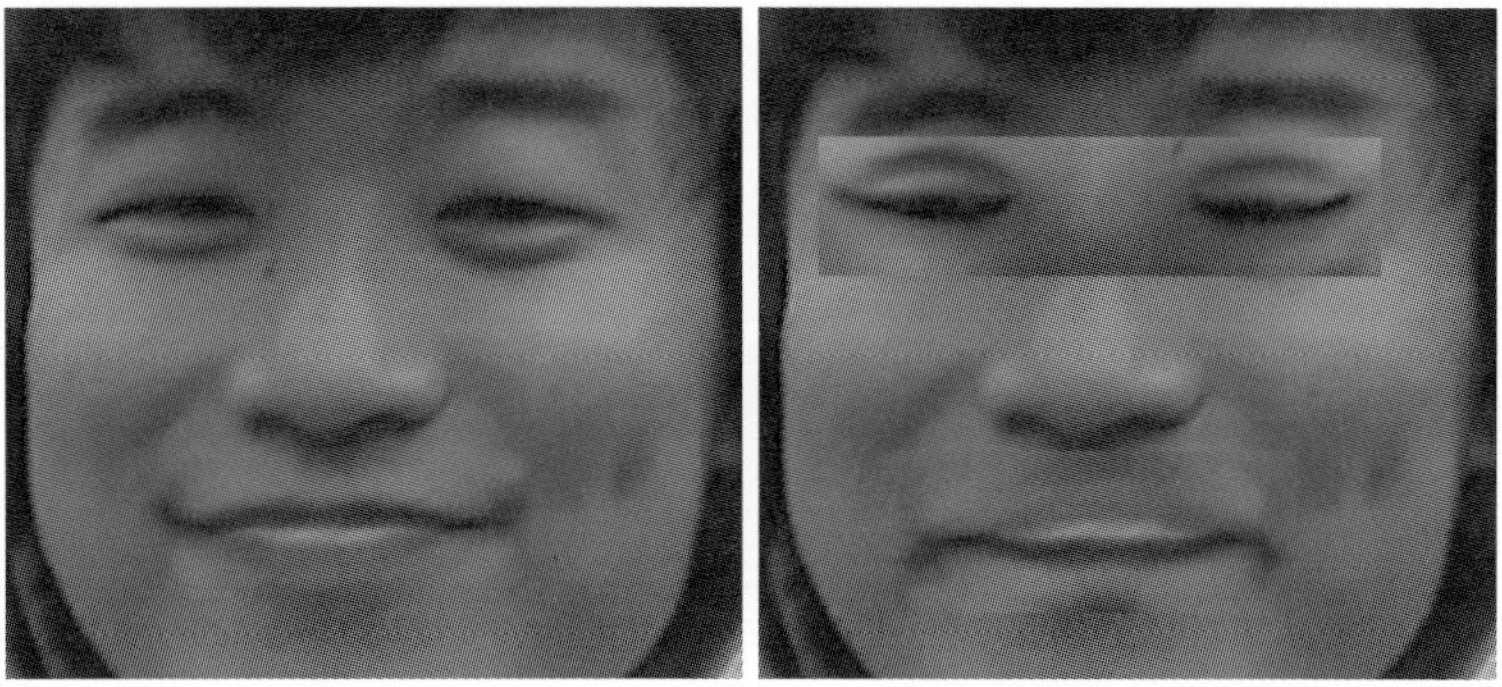

図2・16　「サッチャー錯視」をもとに作成した加工顔画像（反転）
図2・15をさらに反転させたものである。図2・15と同様に、右側の顔は、左側の顔の目と口を反転させたものである。図2・15を見たときよりも「違和感」が大きく感じられないだろうか。

像（左側の写真）の目と口の部分をさらに反転させている。目と口を反転させると、若干、表情に違いが見えるかもしれない。しかし、この時点では、多くの人にとっては、特に、それほど大きな違和感を感じることなく、顔として認識できる。

それでは、これらの上下反転した写真を、もとに戻すとどうなるだろうか。

図2・16は、図2・15を上下反転させたものである。右側の写真の顔画像の目と口に、大きな違和感を感じないだろうか。少なくとも顔であることは認識できるが、一人の顔というよりは、目と口にマスクをしているように見える。

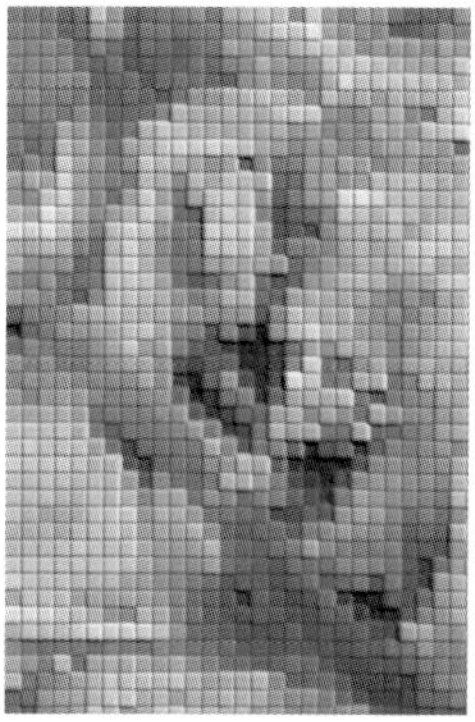

図2・17　「全体」がわからないと認識が難しい図
一見しただけでは、何なのかがわからないかもしれない。しかしながら、目を細めたり、遠ざけたりなどして「全体」をざっくりととらえようとすると、何かが見えてくる。

図2・15を見たときの印象とは、大きく異なるのではないかと感じられる。

しかし、よくよく考えてみると、図2・16は、図2・15を、あくまで上下反転したものにすぎない。それにもかかわらず、図2・16を見ると、図2・15にはない「違和感」がある。これは、図2・15のような、上下反転写真の場合だと、脳が「細かいところよりも全体を見る」ことに集中することによって、「部分」の違いが気にならないということがそのカラクリである。私たちは、普段、上下反転した顔を見る機会はほとんどないので、脳は、「部分」の細かい違いを見ることに気を配る必要がない。一方で、正面を向いた顔に関しては、脳は、一人ひとりを区別する必要があることから、細かい違いにまで注意を向けるのである。

これは、先ほどの、順番をランダムに入れ替えた文章と同じで、時間をかけずに読むと、せいぜい、最初と最後の文字と、途中の文字に何があるか、ということくらいにしか注意を向けることができず、脳は、細かい「部分」よりも「全体」を把握することに関心を向ける。しかし、時間をかけて読むと、徐々に、細かい「部分」の違いが見えてきて、「サッチャー錯視」の上下反転をもとに戻したときのように、違和感が大きくなってくるということだと理解できる。

このように、私たちは、「細かな『部分』を見る前に、『全体』をざっくりと見ているのではないか」と想像できる。それでは、「全体」をざっくりと見るとは、一体どういうことなのだろうか。その疑問の答えを探すために、次の絵（図2・17）をご覧いただきたい。

図2・18 「全体」がわからないと認識が難しい図（縮小版）
図2・17を縮小した図である。「木の枝につかまる一匹のサル」の様子が描かれている。図2・17に比べて、遥かに見えやすくなったのではないだろうか。

この絵をはじめて見た人は、ほとんどの人が、何の絵だかわからないかもしれない。しかしながら、試行錯誤を繰り返していくうちに、突然「見える」瞬間が訪れる。見えるようになるコツは、細部にこだわることなく、全体を、それも目を細めてぼんやりと見ようとすることである。まずは、試行錯誤して見ていただきたい。

さて、この絵を単純に縮小したものが、図2・18である。単純に、縮小しただけで、画像を加工しているわけではないのだが、先ほどの絵と比較して、かなり「見える」ようになったのではないだろうか。ここには、木の枝につかまる一匹のサルが描かれているのである。

この絵を見て、サルの様子がわかるようになるまでにはしばらく時間がかかるかもしれない。しかし、興味深いことに、一度「わかる」ようになると、何度見ても、「サル」であることが瞬時に認識できてしまう。そして、その認識は、図2・17のように拡大して見るよりも、図2・18のように縮小して見るほうが起こりやすいのである。拡大した絵を見ると、細かい「部分」が気になってしまい、全体像をつかむことが難しくなる。一方で、縮小した絵を見ると、「全体俯瞰」ができるようになり、「サル」という全体像がつかみやすくなるのである。そして、一度「サル」という「全体」がわかってしまうと、今度は、「部分」を見ただけでも、それが「サル」という全体の中でのどの「部分」にあたるかという、「部分」の「役割」が想像できるようになるのである。

「全体をざっくりと見る」ということは、まさに、この例のように、「○○ではないか」という全体に対する「仮説」を持った上で俯瞰するということである。こうした「○○ではないか」という全体に対する「仮説」を立てること（仮設すること）は、「みなし情報を生成する」[41]と呼ば

41　文献［20］を参照。

れており、先ほど見てきた読めてしまう不思議な文章である「ケンブリッジジェネレータ」も、両端の文字と、それ以外の文字を、ざっくりと俯瞰することで、「全体」に対する「みなし情報」を作り出して俯瞰するからこそ、少々、文字の順番が入れ替わっていても、「騙されてしまう（読めてしまう）」ということなのではないかと考えられる。

以上の例によって、私たちの脳内で起こっている「騙される」ということ、すなわち、「主観的に世界を作り出す」ということは、「全体」に関する「仮説」を作り出すこと（みなし情報を生成すること）で、「部分」の「全体」の中での「役割」を（主観的に）想像することによって、引き起こされるものであると解釈できる。この「主観的に想像する」ということをさらに理解するために、これから、「色」について見ていきたい。

脳内で作り出している「色」の世界

私たちの見ている世界、すなわち「主観的に作り出した世界」は、「全体」をざっくりと俯瞰することで作り出されるようである。この「全体俯瞰」は、「全体」に関する「仮説」を作り出すと言い換えることができる。そして、「全体」に関する「仮説」があるからこそ、私たちは、たとえ「部分」しか見えていなくても、その「部分」の「全体」の中での「役割」を（主観的に）想像することができるようになる。主観的な世界は、このような仕組みで作られていると考えることができる。ここからは、私たちが見ている世界が「主観的に作り出している世界」であるということを、より深く理解するために、「色」についての理解を深めていきたい。

実生活をしていると、意外に意識されることが少ない事実だが、「色」というものは、そもそも、この世に存在しない。私たちの脳内で作り出されているものなのである。[42]

42　「色」というものは、物理的に取り出すことはできない。たとえば、「赤い光」と「青い光」を観測しても、その二つの光には、「波長の違い」は確認できても、「色の情報」はどこにも発見できない。赤い光を見て、私たちが「赤い」と感じるのは、主観的な感覚と言わざるを得ないのである。

図2・19 プリズムによる分光（イメージ）
光の色によって、波長が変わる。波長が変わると、プリズム内を進む速度が変化する。この結果、色によって、光の曲がる角度が変化し、すべての波長の光を「分光」できるという仕組みで、プリズム分光は起こる。

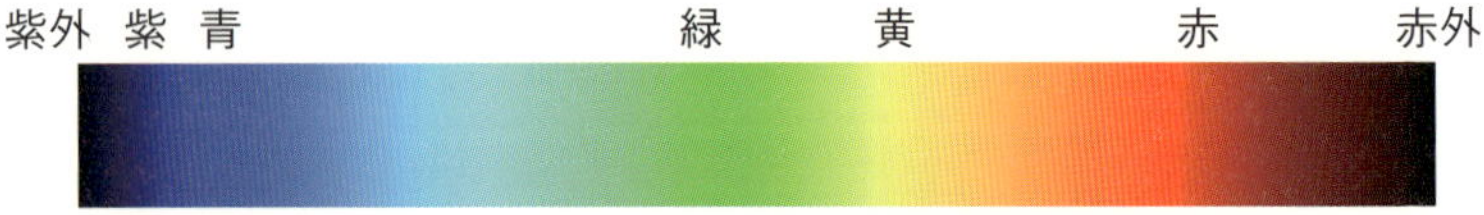

図2・20 周波数と色相との関係
光には色がついているわけではなく、「人間が（脳内で）認識する色は、光の周波数との対応が取れる」ということにすぎない。この関係を示すものが、この周波数と色相との関係である[43]。

では、私たちは「色」というものを、どのようにして作り出しているのだろうか。

色がどのようにして生じるのかを科学的な手法で最初に研究したのは、一七世紀のイギリスの物理学者アイザック・ニュートンである。ニュートンは『光学』という著書の中で、太陽光をプリズムに通すと、光が虹色に分かれる「プリズム分光」という現象を発表した。プリズムは、光の波長によって角度を変える性質を持つ。こうして、波長の違いによって様々な方向に曲げられた光は、それぞれ異なる「色」を持つことがわかった（図2・19）。このことから、波長の違いが色の違いを生み出す、つまり、光はその波長によって色が異なるということがわかってきたのである（図2・20）。

以上のプリズム分光を考察した結果とし

43 光の波長と周波数との関係は、次の式によって一対一に対応している。（波長）＝（光速）／（周波数）

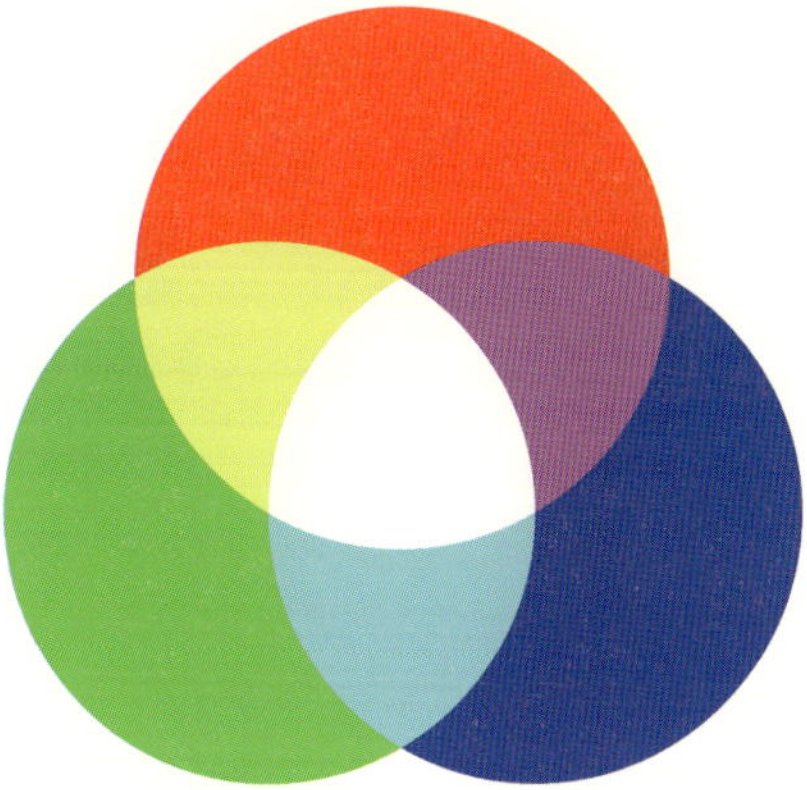

図2・21　色の三原色
赤、青、緑の光を組み合わせれば、ほとんどすべての光の色を作り出すことができる。

て、ニュートンは、光が網膜表面とぶつかることで振動を引き起こし、その振動が、神経を通って感覚領域に伝えられるため、その波長によって色が知覚されるものと考えた。

ニュートンの理論は、色に関するはじめての科学的な考察という意味では画期的ではあったが、これだけでは「なぜ、五八〇ナノメートルの波長を持つ光が『黄色』に見え、六一〇ナノメートルの波長を持つ光が『赤』に見えるのか」に答えることができない。すなわち、ニュートンの理論は、無限にある「色」の違いをどのように認識するのかについての説明が「波長によって色が知覚される」という文言に限られており、波長の違いをどのように認識するのかについての検討がされていなかったのである。

このことから、一八世紀のイギリスの物理学者トマス・ヤングの理論を、一九世紀のドイツの生理学者ヘルマン・フォン・ヘルムホルツが発展させ、ヤング・ヘルムホルツの三色説というものが提案された。三色説は、赤・緑・青の三原色の割合により、色が認識されるという仮説である（図2・21）。

この三色説は、網膜の研究によって、その確かさが裏づけられることとなった。眼球の内側にある「網膜」には、光を受容する神経細胞が存在している。この神経細胞の働きにより、私たちは、光を知覚することができる。この網膜に存在する細胞は、暗い場所にお

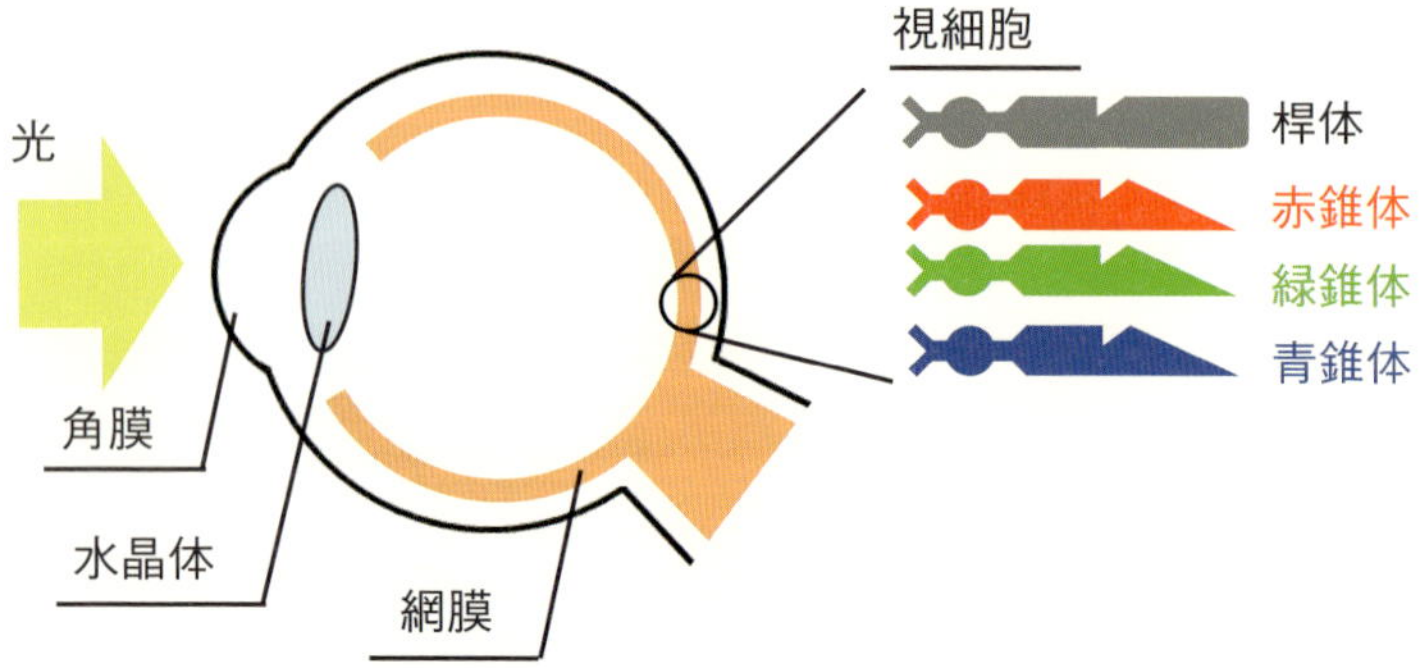

図2・22　網膜と錐体細胞
眼球に入った光は、内側の「網膜」に存在する、光を受容する神経細胞（視細胞）の働きによって、光として知覚される。視細胞には、暗い場所において光を受容する桿体細胞と、明るい場所において光を受容する錐体細胞の二種類が存在する。桿体細胞は一種類であり、錐体細胞は三種類（赤錐体／緑錐体／青錐体）が存在する。このため、明るい場所においては、三種類の錐体細胞の働きによって「色」が知覚される一方で、暗い場所においては、一種類のみの桿体細胞の働きによって、「光の強度」のみが知覚される。

いて光を受容する桿体細胞と、明るい場所において光を受容する錐体細胞の二種類が存在する。そして、暗い場所において光を受容する桿体細胞は、一種類であるが、一方の明るい場所において光を受容する錐体細胞は、受容する光の波長に応じて、三種類存在する。短波長に反応する赤錐体、中波長に反応する緑錐体、長波長に反応する青錐体である（図2・22）。これらの三種類の錐体細胞の働きにより、たとえば「五八〇ナノメートルの波長を持つ光」が網膜にやってくると、赤錐体と緑錐体が同時に反応し、「六一〇ナノメートルの波長を持つ光」が網膜にやってくると、赤錐体のみが反応する。これによって、色を区別することが可能になるのである。このように、明るい場所においては、三種類の錐体細胞の働きによって「色」を知覚することが可能になる一方で、暗い場所において働く桿体細胞は一種類しかないため、暗い場所においては、色の知覚がうまくいかず、モノクロの世界のように見えてしまうのである。

このように、網膜の神経細胞の働きが明らかになったことによって、「ヤング・ヘルムホルツの三色説」の原理がわかり、その確からしさが認められるようになったのである。パソコンやスマートフォンの液晶ディスプレイも、三原色の組

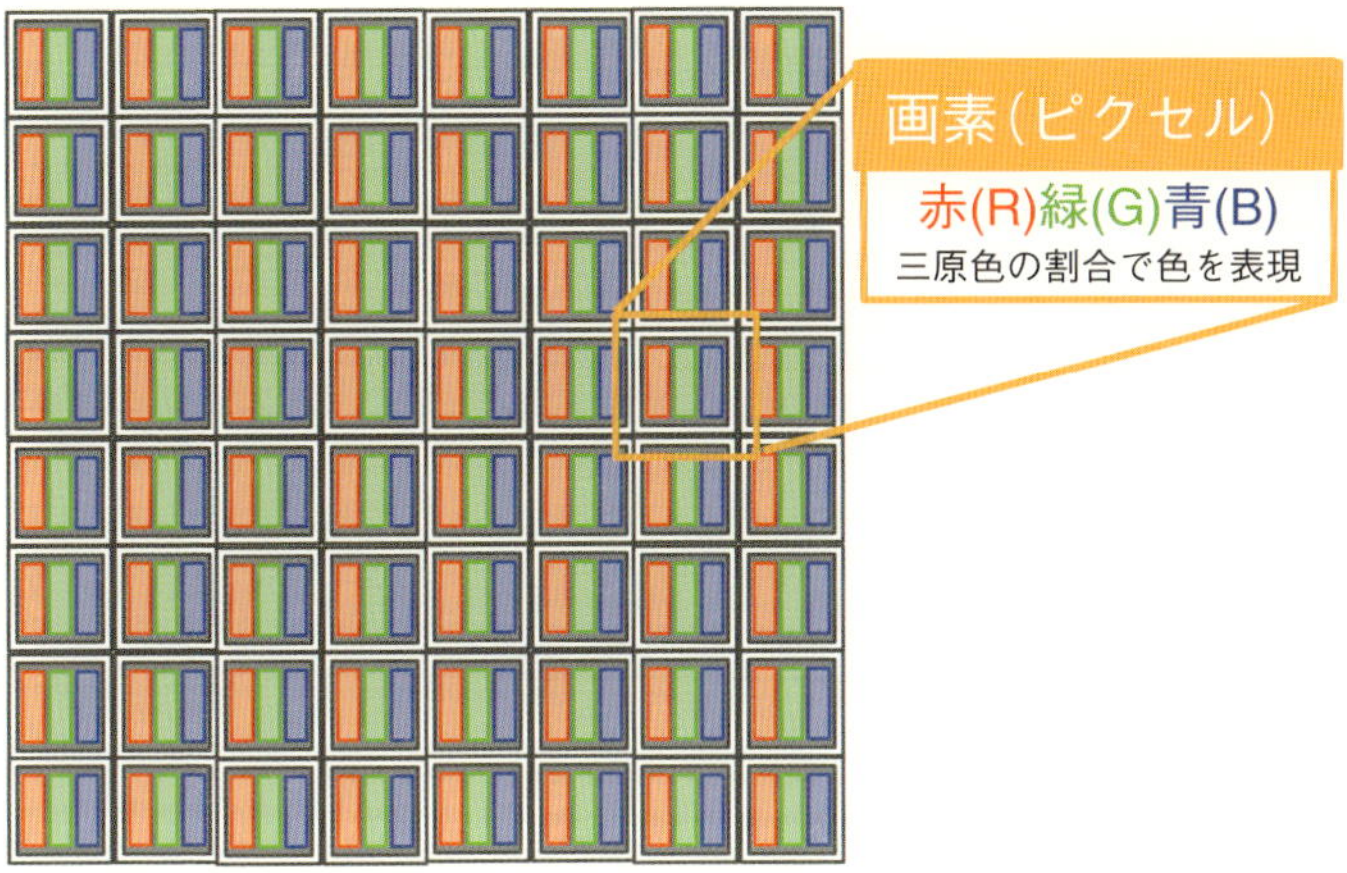

図2・23　ディスプレイの原理
パソコンやスマートフォンの液晶ディスプレイは、三原色の組み合わせによって色が認識されるという原理を利用し、赤・緑・青の輝度の組み合わせにより、すべての色を「表現」しているのである。

み合わせによって色が認識されるという原理を利用している。赤・緑・青の輝度の組み合わせにより、すべての色を「表現」しているのである（図2・23）。

さて、ここで重要なことは、網膜の構造やディスプレイの原理そのものではなく、「光」というものには、「波長の違い」があるだけであり、そこには「色」という「実体」は存在しないということである。

確かに、「六一〇ナノメートルの波長を持つ光」が網膜にやってくると、赤錐体のみが反応するという物理的な「現象」は、「錐体細胞の特性」として物理的に確認されている。しかしながら、それだけでは、「なぜ、私たちには、眼前に『赤い色』を見ることができるのか」の説明にはならない。前述した通り、赤い光も、青い光も、その波長が異なるだけであり、光そのものが色を持っているわけではない。「色」というものは、私たちの脳内で作り出されたものであり、「錯覚」の一種なのである。このように、「色」という馴染み深い現象を通しても、私たちが見ている世界が「錯覚」であり、「主観的に作り出している世界」であるということが裏づけられる。とはいえ、三原色説により、様々な色が、三原色の組み合わせによって認識されるという合理的な説明ができるようになった。その一方で、「黄色が赤と緑の組み合わせである」とは、直観的には考え難い。このことから、一九世紀のドイツの生理学者エヴァルト・ヘリングは、「反対色説」を提唱した。これは、「色」というものが、①赤か緑のどちらに近いか、②黄と青のどちらに近いか、③白と黒のどちらに近いか、に基づいて決定されているという仮説である。「反対色説」の発表後、確かに、それを支持する観測結果も数多く得られている。このことから、現在では、網膜に入った光は、まず三種類の錐体細胞によって受容され（三原色説）、それを反対色によって認識する（反対色説）という、二段階の「段階説」が主に支持されている。

ここで、「色」というものが「主観的に作り出されている」ということを考慮すると、もう一段階、興味深い考察が可能である。それは、光の加減など、その場その場での文脈を考慮して、色の「見え」が変化する、という事実である。このことを理解するために、図2・24を見ていただきたい。

これは、「大阪城」の色を意図的に変化させた写真である。一目すると、装飾の金色部分は、どれも同じ色に見える。しかしながら、一つひとつの「金色」に見えるピクセルを拡大してみると、写真下側の四つの○に示すように、「金色」をしているものは存在せず、水色や灰色のような色をしていることがわかる。これは、私たちの脳が、実際の色がどのような色であっても、周囲との関係によって、色を作り出すことができる「色の恒常性」という性質を持っていることが原因である。「色の恒常性」があるからこそ、私たちは、夕日で赤く染まった風景の中であっても、また暗い風景の中であっても、自分が探したいものを探すことができる。そして、この「色の恒常性」こそが、色というものが、私たちが脳内で主観的に作り出しているものであるという証拠でもあるのである。

さて、ここまで見てきた「色」に関する理解をまとめておきたい。まず、第一に、「色」というもの自体が、光の波長が、脳内での情報処理を通して作り出されたものであるということである。網膜の神経細胞には、長波長・中波長・短波長のそれぞれに反応する三種類の錐体細胞（S／M／L）が存在する。このそれぞれの組み合わせ（三原色説、反対色説）によって、色は脳内で作り出されているようである。「色」が「主観的に作り出された世界」だとい

図2・24　色の恒常性[44]
写真で見ると「金色」に見える色であっても、拡大して見ると、実際の色は「青色」だったり「水色」だったり「緑色」だったりと、「金色」とはほど遠い場合がある。このように、実際の色が何色であれ、周囲の色との関係や文脈から、「金色である」と認識する性質を「色の恒常性」という。（提供：写真AC）

うのは、これだけではない。同じ錐体細胞の反応であっても（すなわち「同じ色」であったとしても）、色の「見え」は異なるということである。これは、先ほど紹介した、「全体」に関する「仮説」を立てることで「部分」の「役割」を明確にしていく、という考え方と同様にとらえていくことができる。「色」における、「全体」に関する色の「仮説」は、たとえば「夕日で赤みがかっている」「逆光で暗くなっている」といったようなものである。色に関しても、このように、シーンに関する「仮説」を立てた上で、「部分」の色を「見なし」てい

44　心理学を研究する立命館大学教授の北岡明佳によるウェブサイト（文献［21］）に、こうした色の恒常性に関する多くの作品が掲載されている。図2・24は、これらの作品に着想を得て、筆者が作成したものである。北岡明佳教授の著書（文献［3］）にも多くの例が掲載されているとともに、その原理についての解説がなされている。

く、という情報処理を行うことによって、「部分」の色が、青みがかっていても、そうでなくても、その文脈から、「金色である」と認識することができると考えられるのである。

こうした「色」の世界を通してみると、私たちの脳によって「主観的に作り出されている世界」というものがどのようなものであるかが、より深く理解できる。主観的な世界というものは、「全体」に関する「仮説」を（主観的に）作り出すことで生じる。そして、その「仮説」に基づいて、「部分」の「全体」の中での「役割」が（主観的に）想像できるようになるものと考えられる。私たちの脳が作り出す世界は、このように、主観的な世界ではあるが、だからこそ、夕日で赤みがかったシーンであろうと、薄暗い明け方であろうと、金色を常に「金色」として安定して認識できるのである。主観的だからこそ安定した認識を行うことができるというのは逆説的ではあるが、興味深い考察ではないだろうか。

「騙される」ことで「創り出す」世界

私たちの脳は騙されている。しかし、騙される（錯覚する）ということは、「主観的に世界を作り出す」ということでもある。そして、主観的に世界を作り出すからこそ、私たちは、世界がどんな状況であっても、安定した認識を行うことができると考えられる。

もしも、騙されること（錯覚すること）がなかったら、この世界はどのように見えるのだろうか。

この疑問を解決するために、開眼手術を受けてはじめて「視力を得る」ようになった先天性の白内障患者の例について紹介したい。白内障とは、目の「レンズ」の部分に当たる水晶体が混濁することで、目に光が入らず、視覚情報が奪われてしまう病気である。水晶体の混濁さえ除去すれば、目に光が届く可能性があるため、古代インドの時代から、手術が行われていたという。現在は、水晶体を人工レンズに代替する外科手術（開眼手術）が行われている。

こうした白内障患者は、開眼手術を受けると、どのような光景を目にするのだろうか。

開眼手術後、包帯を取ったと同時に、周りに集まった人びとと目を合わせあい、感動の抱擁をする……というような、映画のような光景は、残念ながら、実際は起こらないようである。

開眼手術後、目にするのは、光が目に飛び込んでくる様子であり、ただただ「まぶしい」ということにつきるという。目に飛び込んでくるものは「光」であり、「光」から「色」や「形」や「動き」を認識できるということなど、光をはじめて見る人にとっては知る由もないのである。そうした人にとっては、遠くのものが小さくなる、というような法則もわからないので、地平線に向かって伸びていく一本の道路を見れば、「先が尖っている三角形」に見えるだろう。目の前に猫がいてもわからず、さわってみてはじめて、「猫だ！」と感動する、という例も報告されているほどである。[45]

このような開眼手術を受けた白内障患者の例は、私たちが、「視力を得る」だけでは、世界を見ることができないということを示す有力な例であるといえる。すなわち、目から「光」を得るだけでは、私たちは、「世界を（主観的に）作り出す」ことができず、この世界の情報を得ることはできない。そうだとすると、私たちは、いつから、どのようにして、「世界を作り出す」ことができるようになったのであろうか。生まれたばかりの頃に見ていた世界はどのようなものであり、それは、成長の過程で、どのように変化していったのであろうか。

目から入った光から世界を知ることができるようになるプロセスを解き明かす方法として、生まれたばかりの赤ちゃんが見る世界を知ることは、有力な方法の一つとして注目されている。

赤ちゃんは、どのようにして、世界を見ることができるようになるのだろうか。

生まれたばかりの新生児であっても、胎児のときから音を聞き、生まれた直後でも目が見えるといわれている。しかしながら、成人の大人と比べ、赤ちゃんは視力が悪い。図2・25に示すように、新生児の視力は〇・〇一程度と

45　文献［22］参照。

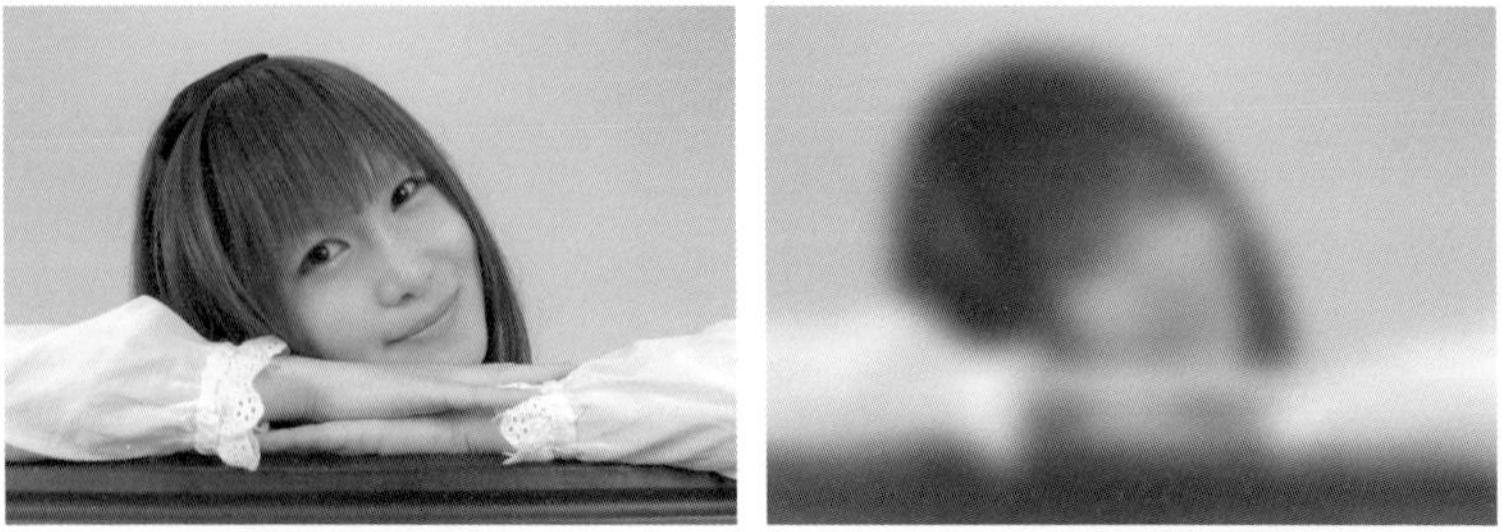

(a) 実際の「お母さん」　(b) 赤ちゃんから見た「お母さん」

図2・25　赤ちゃんの視力
新生児の視力は0.001程度といわれており、赤ちゃんの視力はきわめて悪い。このため、実際は (a) のような景色であっても、赤ちゃんの目には (b) のように見えるのである。(提供：写真AC)

いわれている。これは、網膜の神経細胞である網膜神経節細胞をはじめとする神経が十分に発達していないためであると考えられる。

こうした視界を持つ赤ちゃんが、視力を発達させるために、どのようなプロセスを踏むのであろうか。

大人の網膜には、視野の中心部分（中心窩と呼ばれる）に視細胞（特に、明るい場所で色を認識する錐体細胞）が集中している。すなわち、視覚情報は、本当は中心付近のみが「高解像度」で、周辺視野はきわめて「低解像度」なのである。しかしながら、周辺部分も解像度良く見えているように（都合良く）錯覚する。このことが、「盲点」などを作り出しているのである。そうした大人の網膜に比較し、赤ちゃんの視野には、中心窩での視細胞の発達が未発達であり、このために、図2・25のように、像全体がぼやけて見えているのである。

赤ちゃんの視細胞は、このように未発達であり、生後数カ月で急激に成長（新生児の視力が〇・〇〇一程度であるのに対し、生後半年を超えると、〇・一程度に成長）するため、複雑化する細胞群を適応させようと、より複雑な図形や、コントラストの強い縞模様などに積極的に注目する。これによって「視力」を向上させるだけでなく、「見え」が成長する。特に、「動き」から「空間」を認識していく能力を成長させる。たとえば、物体に対して自分から「近づく」ことで、像が「大きくなる」ということは、生後三カ月の赤ちゃんでもわかるようになるという。こうした「動き」に

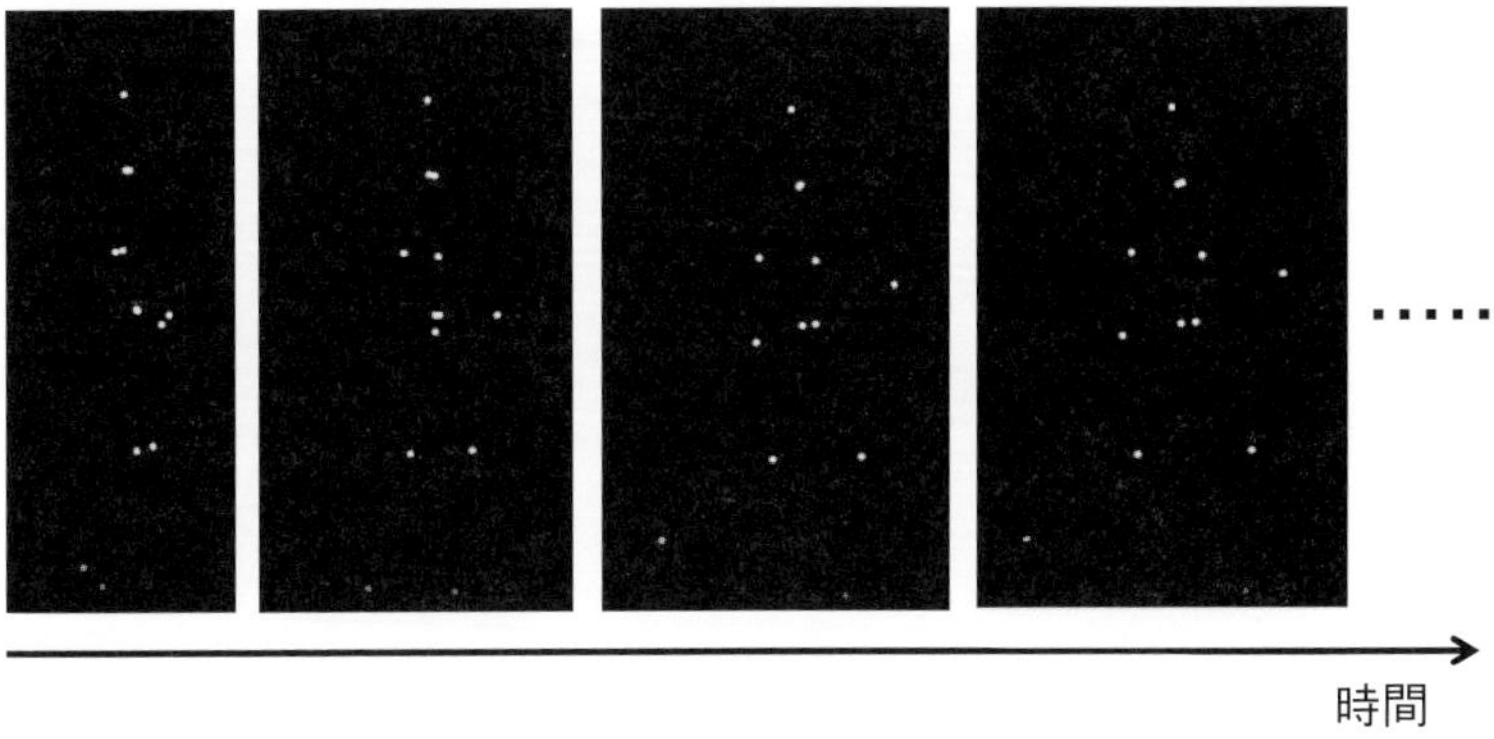

図2・26　バイオロジカルモーション
バイオロジカルモーションとは、このように、ばらばらに点在する多くの点が一斉に動くことで、まるで「人間が歩いている」様子や、「人間が走っている」様子、「男性のような動き」や「女性のような動き」といった、繊細な動きの違いが認識できるというものである。この図では、直立している人が、徐々に歩幅を拡げて歩きはじめる様子をバイオロジカルモーションとして描いたものが描かれている(動画で確認するとさらに動きがはっきりと見える)。

対する「反応」が最初に起こり、次第に、動きの「方向」を見ることがわかるようになる。そして、「形」を見ることがわかるようになり、「構造」「奥行き」といった、「空間の把握」が徐々にできるようになっていくのである。

特に興味深い点が、「動き」から「構造」が見えるようになるという点である。この例として、「バイオロジカルモーション」という「錯視」について紹介したい。本章の最初にいくつかの「錯視」を見てきたが、それらはすべて「静止画」による錯視であった。「バイオロジカルモーション」は、「映像」による錯視である。このため、紙面ではその「効果」をお見せすることは難しく、ここでは、その概念だけの紹介にとどめたい。[46]

バイオロジカルモーションは、黒い背景の画面に多くの点がばらばらに点在しており、その点が、一斉に動くことで、まるで「人間が歩いている」様子や、「人間が走っている」様子、「男性のような動き」や「女性のような動き」といった、繊細な動きの違いが認識できるというものである。

これも、事実としては「点が動いている」だけであり、そ

46　動画投稿サイトで「バイオロジカルモーション」と検索すると、多くの錯視映像を見られるので、ご覧いただきたい。

こに、人間がいるわけではない。にもかかわらず、私たちは、そこに「人間が動いている」ように錯覚するのである。前述の通り、この錯覚は、生まれたばかりの赤ちゃんができるわけではないが、「動き」に対する「反応」ができ、それが発達するにしたがって、「構造」が理解できるようになることで、起こるようになるといわれている。バイオロジカルモーションを見ていると、私たちの目は「騙される」ことで「世界を認識している」ということが実感できる。これはまさに、「動き」から「構造」を発見できるように、脳が成長した証だといえるのである。

このように、私たちが見ている世界というものは、目に光が入ってくるだけでは「見る」ことができず、成長とともに、徐々に「見える」ようになってくる。その成長は、積極的に「動き」に着目し、動きから「空間」を、そして、「構造」を発見できるように、という段階を踏んで起こっていくようである。積極的に世界に働きかけることで、「騙される」ことができるようになり、それによって、世界を見る（作り出す）ことができるようになるということは、非常に興味深い結論なのではないだろうか。[47]

なぜ「騙される」ことが必要なのか

「騙される」ということは、「主観的に世界を作り出す」ということ。世界を作り出すために、私たちは、積極的に世界に働きかけを行い、世界の構造を発見できるように成長してきたようである。世界の構造を発見できることで、

47　ここで紹介した開眼手術を行った先天性の白内障患者の詳細な分析は、東京大学名誉教授の鳥居修晃の分析が非常に詳しい（文献［22］）。また、赤ちゃんから見た世界に関しては、中央大学教授の山口真美をはじめとする多くの著名な研究者の分析がある（文献［23］［24］）。さらに、人間が「顔」をどのように認識しているのかという点に関しては、「似顔絵の描き方」という点が参考になるかもしれない（文献［25］）。さらに、赤ちゃん（乳幼児）がどのように世界を認識し、知能を発達させていくのかという点を理解する上でピアジェの認知心理学（文献［26］）や、その他、認知発達に関する文献（文献［27］～［33］）が参考になるのではないかと考えられる。最後に、認知心理学という観点も参考になるので、シリーズの書籍を一通り俯瞰することで、全体観をつかむことができるのではないだろうか（文献［34］～［38］）。

私たちは、この世界を「全体俯瞰」することができるようになる。「全体俯瞰」とは、「全体」に関する「仮説」を作り出すことである。「全体」に関する「仮説」を作り出すことによって、私たちは、たとえ「部分」しか見えていなくても、その「部分」の「全体」の中での「役割」を（主観的に）想像することができるようになる。このような成長のプロセスを通して、私たちは、「世界を主観的に作り出す（騙される）」ことができるようになったと考えられる。

ここからは、「世界を主観的に作り出す（騙される）」ということが、私たち人間にとってなぜ必要であったかということを考察することで、私たちの「知能」に関する理解を深めていきたい。

私たち人間は、「生物」の一種族にすぎない。そうした、人間をはじめとする「生物」にとって、「世界」は、形の定まったものではなく、時々刻々と変化する、変幻自在の空間である。生物は、そうした変幻自在に変化する「無限定空間」の中で、生きていかなければならないものと考えられる。

こうした「無限定空間」を生きていくということは、厳密に記述されたアルゴリズムがなければ動作を開始することができないコンピュータの世界（論理演算の世界）とは根本的に異なるものであり、厳密に記述できるものは何もない不確実な世界において、確たるものは何なのかを、自分自身で見つけ出していかなければならないと考えらえる。[48]

それでは、不確実な世界の中で、頼りにできるものというのは一体何だろうか。

すなわち、暗闇の中から飛び出し、はじめてこの世界と対峙することになる赤ちゃんが、この世界を知るために、頼りにできるものは一体何なのだろうか。

この情景を思い浮かべるために、私たちが、暗闇の中に放り込まれた視力が働かない状態を、想像していただきたい。まずすべきことは、手探りで、自分にとっての脅威となるもの（危ないもの）を探すのではないだろうか。実際、赤ちゃんは、手足をばたつかせることで、自分にとっての「手足（を含む身体）」というものがどういったもので、

48　文献［39］参照。

どのような動きが可能なのかということ理解している。身体を動かし、周囲の環境と相互作用させることを通して、自分自身の身体を理解するのである。[49]この考え方は、環境との相互作用を通して、自分自身の身体というものがどのようであるか（すなわち「自己」）を脳内で作り出すという意味で「身体地図（ボディマップ）」を作り出す、という表現がされることもある。[50]

すなわち、不確実な世界において、「世界を知る」ということは、環境との相互作用を通して、「自己」を作り出していく、と言い換えることも可能である。こうして作り出された「自己」は、身体を通して、環境と相互作用することによってはじめて得られるものであり、「環境との調和的な関係」[51]を作り出すとも表現される。

本章でこれまで見てきた「全体」に関する「仮説」を立てるということは、まさに、部分と部分との相互作用、それらと自己との相互作用を通して、「調和的な関係」というものを見出すことによって作り出されるものであると解釈できる。

以上を総合して考えると、「知能」というものは、そうした環境との相互作用により、「自己」を見出し、環境との調和的な関係を作り出していくことによって、この不確実な世界を生きていくことを可能にするものであると考えられるのではないだろうか。

本章の振り返り

本章では、「知能とは何なのか」を理解する手掛かりとして「錯視」を見ながら、私たちの目が、いかに「騙されているか」を理解した。すなわち、私たちの見ている世界は、私たち一人ひとりが、「主観的に作り出した世界」で

49　文献［40］参照。
50　文献［41］参照。
51　文献［42］参照。

あるということを見てきた。

この「主観的に作り出した世界」というものは、「全体」に関する「仮説」を作り出すことで、「部分」の「全体」の中での「役割」を（主観的に）想像することによって起こるものである。「ケンブリッジジェネレータ」や「色」に関するいくつかの例を見ると、この考え方がよく実感できる。

また、開眼手術を受けた白内障患者の事例や、赤ちゃんの目に関する研究事例を見ると、そうした脳内で「主観的に作り出している世界」というものは、目に光が入ってくるようになるだけでは作り出すことができず、自分の身体を動かしながら、「動き」に反応できるようになってくることで、徐々に、作り出すことができるように「発達」していくものであるということがわかる。

そうした、世界を「主観的に作り出す」ということは、私たち人間にとってなぜ必要であったのだろうか。この疑問を解き明かす鍵は、人間が「生物」であり、生物は、時々刻々と変幻自在に変化する「実空間」を生きているということである。

「実空間」は、厳密に記述されたアルゴリズムがなければ動作を開始することができないコンピュータの世界（論理演算の世界）とは根本的に異なるものであり、厳密に記述できるものは何もない不確実な世界において、確たるものを、自分自身の「身体」を通して探していかなければならない。そうした身体を通しての環境との相互作用によって、「環境との調和的な関係」を作り出し、「世界」を知り、「自己」を作り出していくことが可能になる。「知能」とは、そうした環境との相互作用により、「自己」を見出し、環境との調和的な関係を作り出していくことによって、この不確実な世界を生きていくことを可能にするものであると考えられる。

次章では、不確実な世界を生きていくための働きとしての「知能」を実現する器官としての「脳」の仕組みについての探究を行っていきたい。

不幸な事故が進めた脳研究

戦争が科学技術を推し進めることと同じように、不幸な事故から科学的な知見が得られるというのは実に皮肉な話である。

一八四八年の夏。脳研究者にとっては象徴的な、不幸な出来事が起こった。[52]

二五歳の建設工事現場監督であるフェアネス・ゲージは、鉄道拡張のためのレールの敷設を行う労働者を取りまとめていた。岩石を爆破しながら、平坦な直線の道をつくる監督を行うのがゲージの役割である。

常に俊敏で正確な仕事を行うゲージは、仲間の信頼も厚く、「その道で最も敏腕、有能な男だ」と評判であった。

さて、その日、ゲージは、岩石を爆破するという危険な作業のため、決まった手順を順序良く遂行していた。まずは岩に穴を掘る。その穴に半分くらいまで火薬を充填した後、点火のための導火線を挿入する。そして、火薬が外に向かって飛んでこないように、砂を詰め込む作業を行うのである。この作業には、鉄棒を必要とする。詰め込んだ砂を鉄棒で押し込むのである。この作業を怠ると、火薬が外に飛び散ってしまい、大惨事となる。入念に砂を鉄棒で詰め込み、うまく、火薬が岩石を爆破するように作業を行う。ゲージらは、手慣れた手つきで、しかしながら注意深くそれを行おうとしていた。

ゲージは、部下に火薬を砂で覆うように命じた。その際、ちょうどゲージは別の部下に呼び止められ、一瞬、穴から目を逸らしてしまう。一瞬の油断があった……。

そのときである。

ゲージは、まだ砂で覆われていない火薬を、じかに鉄棒で叩きはじめてしまった。

瞬く間に大爆発が起こり、鉄棒は、ゲージをめがけて真っ直ぐに発射され、左頬にめり込み、大脳を貫通して高速で突き抜けていった。

52 文献［43］参照。

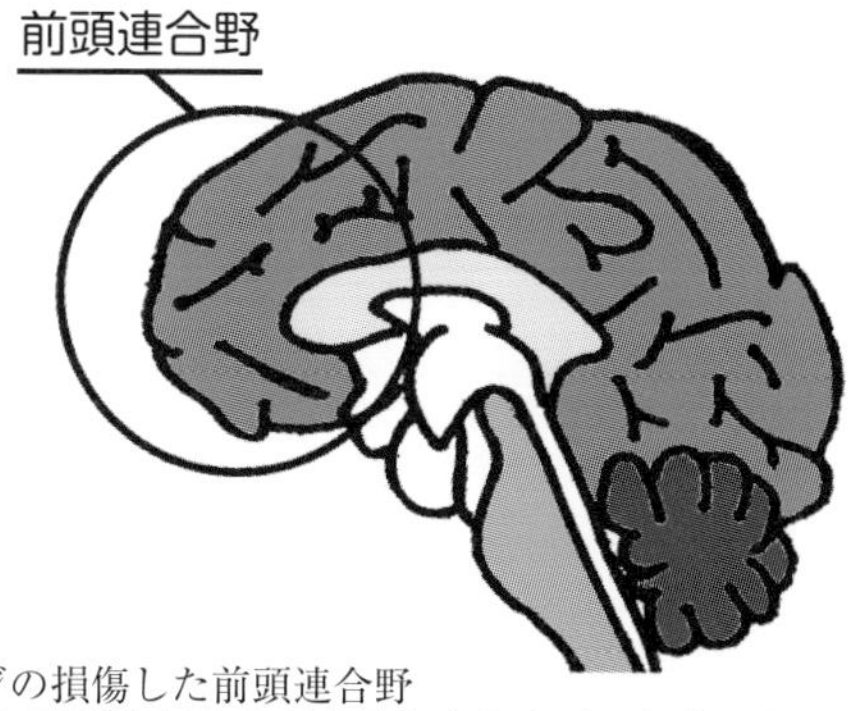

図2・27　ゲージの損傷した前頭連合野
ゲージが損傷した前頭連合野は「意思決定」を司る部位であるとされ、「理性」的なものを司ると考えられがちであるが、ゲージが遺してくれた教訓は、その「理性」と「感性」というものは表裏一体であり、どちらが欠けても、「健全」な状態を保つことができないということである。

地面に叩きつけられたゲージを見て、誰もがゲージの死を覚悟した。

ゲージは、しかし、幸運なことに、死を免れたどころか、見物人に対して状況を説明できるほど、理性的な状態を保っていた。そう。そのときは、幸運だったと誰もが思っていた。

事故後も、ゲージは、見ること、聴くこと、ふれることに関して何の問題もなく、手足の痺れもなかったという。左目の視力を失った一方で、右目への影響はなかった。しっかりと歩くことができ、両手を器用に使い、会話にも問題は見当たらなかったということである。

しかしながら、その後、彼に起きた変化は、驚くべきものであった。いうなれば、知的能力と動物的傾向との釣り合い（バランス）が破壊されてしまった。事故前は、多くの仲間から信頼を集める彼であったが、事故を経験してからというもの、気まぐれで、無礼で、ひどくばちあたりな行為に耽り、同僚への敬意を払わず、どうしようもなく頑固になったかと思うと、移り気で、優柔不断で、段取りを取ることができない性格になってしまったのである。

最早、工事現場監督として働くことができなくなってしまった彼は、まともな職につく事ができず、職を転々として、サーカスの見世物になったりといった状態だった。そして、最後は、痙攣をきっかけにし、三八歳の若さで亡くなってしまった。

彼の末期を考えると、実に痛ましい事故であった。

しかしながら、彼の事故が、脳研究の観点から、私たちにとって非常に多くのものを遺してくれたというのは、本当に皮肉な話である。

彼の損傷した部位である大脳皮質前頭連合野は、それまで、あまり重要な部位であるとは考えられていなかった。実際に、彼は、前頭連合野を損傷した後も、前述の通り、見ること、聴くこと、ふれることに関して何の問題もなく、しっかりと歩くことができ、両手を器用に使い、会話にも問題は見当たらなかった。

しかしながら、彼が損傷してしまったのは、「理性」と「感性」、そして、両者のバランスというものであったと考えられる。現在では、前頭連合野は「意思決定」を司る部位であるとされ、「理性」的なものを司ると考えられがちであるが、ゲージが遺してくれた教訓は、その「理性」と「感性」というものは表裏一体であり、どちらが欠けても、「健全」な状態を保つことができないということなのではないだろうか。

忙しい現代社会では、「理性」が重視され、効率的に生きることが求められがちではあるが、その「理性」をうまく働かせるためにも、「感性」を豊かにしていくことが必要だということなのかもしれない。

参考文献

[1] Roger N. Shepard (Author). Mind Sights: Original Visual Illusions, Ambiguities, and other Anomalies. New York: WH Freeman and Company. 1990.
[2] 後藤倬男 他（編集）。錯視の科学ハンドブック。東京大学出版会。二〇〇五。
[3] 北岡明佳（著）。だまされる視覚：錯視の楽しみ方。化学同人。二〇〇七。
[4] 藤田一郎（著）。「見る」とはどういうことか：脳と心の関係をさぐる。ＤＯＪＩＮ選書。二〇〇七。
[5] 藤田一郎（著）。脳はなにを見ているのか。角川ソフィア文庫。二〇一三。
[6] 藤田一郎（著）。脳がつくる３Ｄ世界：立体視のなぞとしくみ。ＤＯＪＩＮ選書。二〇一五。
[7] 佐伯　胖（著）。コレクション認知科学１　認知心理学の方法。東京大学出版会。二〇〇八。
[8] 佐伯　胖 他（編集）。コレクション認知科学２　理解とは何か。東京大学出版会。二〇〇八。
[9] 宮崎清孝 他（著）。コレクション認知科学３　視点。東京大学出版会。二〇〇八。
[10] 坂原　茂（著）。コレクション認知科学４　日常言語の推論。東京大学出版会。二〇〇八。
[11] 山梨正明（著）。コレクション認知科学５　比喩と理解。東京大学出版会。二〇〇八。
[12] 生田久美子（著）。コレクション認知科学６　「わざ」から知る。
[13] 佐々木正人（著）。コレクション認知科学７　からだ：認識の原点。東京大学出版会。二〇〇八。
[14] 波多野誼余夫（著）。コレクション認知科学８　音楽と認知。東京大学出版会。二〇〇八。
[15] 戸田正直（著）。コレクション認知科学９　感情。東京大学出版会。二〇〇八。
[16] 往住彰文（著）。コレクション認知科学10　心の計算理論。東京大学出版会。二〇〇八。
[17] 甘利　俊一（著）。コレクション認知科学11　神経回路網モデルとコネクショニズム。東京大学出版会。二〇〇八。
[18] 松沢哲郎（著）。コレクション認知科学12　チンパンジーからみた世界。東京大学出版会。二〇〇八。
[19] Graham Rawlinson. The significance of letter position in word recognition. IEEE Aerospace and Electronic Systems Magazine. 22(1). pp.26-27. 2007.
[20] 伊藤宏司 他（編集）。シリーズ移動知　第三巻　環境適応：内部表現と予測のメカニズム。オーム社。二〇一〇。
[21] 北岡明佳ホームページ。北岡明佳。2008.10.06. http://www.psy.ritsumei.ac.jp/~akitaoka/CVe.html
[22] 鳥居修晃 他（著）。知覚と認知の心理学２　視知覚の形成２。培風館。一九九七。
[23] 山口真美（著）。赤ちゃんは世界をどう見ているのか。平凡社新書。二〇〇六。
[24] 山口真美 他（著）。赤ちゃんの視覚と心の発達。東京大学出版会。二〇〇八。
[25] 小河原智子（著）。かんたん似顔絵教室。ベストセラーズ。二〇〇八。

[26] 波多野完治（編集）。ピアジェの認識心理学。風土社。一九六五。
[27] 和久洋三（著）。遊びの創造共育法① 子どもはみんなアーティスト。玉川大学出版部。二〇〇六。
[28] 和久洋三（著）。遊びの創造共育法② ボール遊びと造形。玉川大学出版部。二〇〇六。
[29] 和久洋三（著）。遊びの創造共育法③ 円柱の遊びと造形。玉川大学出版部。二〇〇六。
[30] 和久洋三（著）。遊びの創造共育法④ 積木遊び。玉川大学出版部。二〇〇六。
[31] 和久洋三（著）。遊びの創造共育法⑤ 積木遊びと造形。玉川大学出版部。二〇〇六。
[32] 和久洋三（著）。遊びの創造共育法⑥ 色面の遊びと造形。玉川大学出版部。二〇〇六。
[33] 和久洋三（著）。遊びの創造共育法⑦ 点線面の遊びと造形。玉川大学出版部。二〇〇六。
[34] 乾　敏郎 他（著）。認知心理学1 知覚と運動。東京大学出版会。一九九五。
[35] 高野陽太郎（編集）。認知心理学2 記憶。東京大学出版会。一九九五。
[36] 大津由紀雄（編集）。認知心理学3 言語。東京大学出版会。一九九五。
[37] 市川伸一 他（著）。認知心理学4 思考。東京大学出版会。一九九六。
[38] 波多野誼余夫（編集）。認知心理学5 発達と学習。東京大学出版会。一九九六。
[39] 浅間 一 他（編集）。シリーズ移動知 第一巻 移動知：適応行動生成のメカニズム。オーム社。二〇一〇。
[40] 多賀厳太郎（著）。脳と身体の動的デザイン：運動・知覚の非線形力学と発達（身体とシステム）。金子書房。二〇〇二。
[41] サンドラブレイクスリー 他（著）、小松淳子（翻訳）。脳のなかの身体地図：ボディ・マップのおかげで、たいていのことがうまくいくわけ。インターシフト。二〇〇九。
[42] 矢野雅文（著）。日本を変える。分離の科学技術から非分離の科学技術へ。文化科学高等研究院出版社。二〇一二。
[43] アントニオ・R・ダマシオ（著）。生存する脳：心と脳と身体の神秘。講談社。二〇〇〇。

第三章　「脳」から紐解く「知能」の仕組み

脳研究と脳の進化を探ることで見えてくる「知能」の正体

「脳とは宇宙である」という人がいる。

数千億ともいわれる細胞からなる「脳」という器官は複雑怪奇であり、その全体像を理解することは容易ではない。

しかしながら、物事には必ず「はじまり」がある。

ここでは、脳の研究の歴史を黎明期からたどっていくことで、また、脳の進化の歴史を知ることで、複雑怪奇な人間の脳の全体像を知る試みを行っていきたい。

私たちは、「騙される」ことで世界を見ている。

前章を通して、私たちは、「錯視」をはじめとする多くのエピソードにふれながら、脳が「騙される」とはどういうことかについての理解を深めてきた。私たちの脳は、「騙される（錯覚する）」ことで、世界を主観的に作り出す。私たちは、生まれた頃から、世界を作り出すために、積極的に世界に働きかけを行い、世界の構造を発見できるように成長してきたようである。世界の構造を発見できるということは、世界に関する「仮説」を作り出すことでもある。私たちは、主観的に「仮説」を作り出すことによって、世界から得られる不確実な情報を頼りに、生きていくことができるのだと考えられる。

こうした解釈に基づいて考えると、「知能」とは、この不確実な世界を生きていくことを可能にするために、環境と相互作用することによって、「自己」を見出し、環境との調和的な関係を作り出していくものであると解釈できる。「脳」は、そうした不確実な世界を生きていくための「知能」を実現するものであると考えられる。

本章では、そうした不確実な世界を生きていくための働きとしての「知能」を実現する器官としての「脳」の仕組みについての理解を行う。脳に関する研究は多岐に渡り、どういった視点で研究しているかによって「解釈」が分かれることが、その理解を難しくしている。本章では、そうした脳の仕組みについて、「起源からたどっていくことで理解する」という一貫した視点に立つことで、少しでも、脳の仕組みに関する理解を容易にしていくことに努める。

まず、最初のトピックとして、「脳研究」について起源から探究するため、「脳研究の歴史」を見ていく。それに続くトピックとして、「脳の構造」を探求するために、「生物の進化」を通して、脳の進化をその起源から探究していく。最後に、これらの探究を踏まえ、さらに理解を深めるために、「主体性と自己」や、「脳と人工知能の違い」についての理解を深めていきたい。

脳の全体像を巡る研究の歴史

「脳とは何なのか」

脳を知ることは、すなわち、自分を知ることでもある。そうした興味から、脳の研究は、歴史的に多くの人びとを魅了してきた。しかしながら、物質としての「脳」がどのようなものであるのかが研究されはじめたのは、意外にも、近年になってからである。ここでは、脳研究のはじまりとして、まず、一八世紀の二人の解剖学者を紹介したい[53]。

脳研究のはじまりの一つは、一八世紀のイタリアの解剖学者ルイージ・カルバーニ（一七三七～九八）による、静電気を使ったカエルの神経実験である。この実験では、カエルの脚につながる脊髄の神経に静電気を流すことによって、カエルの脚が収縮することが発見された。これにより、身体は「神経」というものによって動かされており、この「神経」は電気を媒介にしている、ということがわかったのである。

次に重要なのが、ドイツの解剖学者フランツ・ガル（一七五八～一八二八）が提唱した「骨相学」というものである。これは、「頭の形を見ればその人の頭脳の特徴をうかがい知ることができる」という、ある種の「占い」のようなものであり、当時、一世を風靡した「疑似科学」のはしりのようなものといわれている。ガルは、「大脳の各部位がそれぞれに特定の機能を有している」という「脳機能局在論」を頼りに、また、自身の視神経に関する解剖学的な知見を頼りに、想像をたくましくし、「頭蓋骨を見れば、脳のどの部位が発達しているのかがわかる」などと仮説を立てたと考えられている。この仮説を頼りにして、ガルは「頭蓋骨を見れば、頭脳の特徴をうかがい知ることができる」という大胆な仮説を思い立ったものと考えられている。この考え方自体は、確かに「疑似科学」的ではある。しかし、これが後に「脳地図」へと発展していったことを考えると、単なる「疑似科学」として無視できるものではない。

53　文献［1］参照。

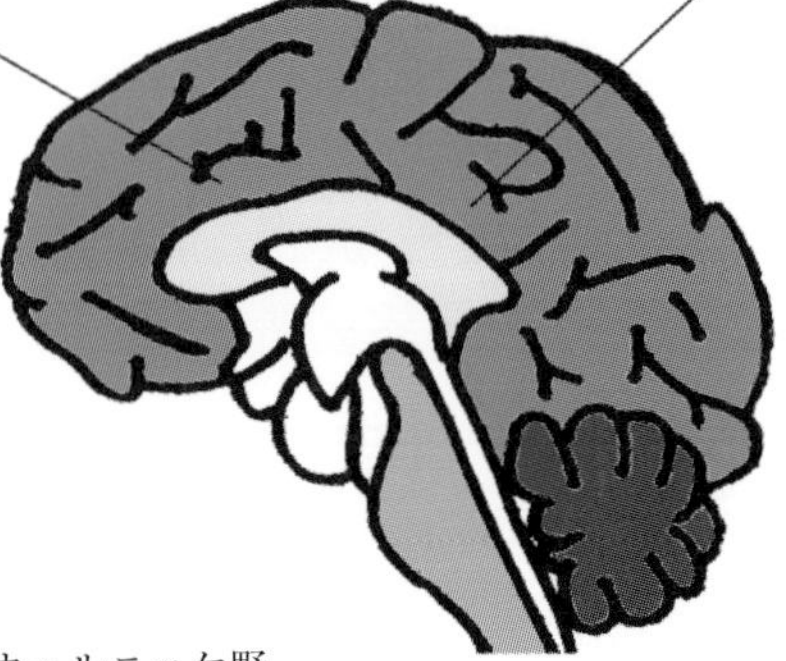

図3・1　ブローカ野とウェルニッケ野
言語を司る二つの領野である。まず、発話を司る領野がブローカ野であり、運動野の一部である。言語の意味理解を司る領野がウェルニッケ野であり、聴覚野の一部である。このように、領域の離れた運動野と聴覚野の働きにより、私たちは言語を扱うことができる。

さて、こうした二人の解剖学者による研究成果をはじめとする多くの知見により、神経と脳に関する理解が深まり、「脳地図」が作られた。「脳地図」は、脳のどの部位が、どういった機能を担当するのかを示した地図であり、最初の脳地図は、一八七八年のイギリスの神経学者デーヴィッド・フェリエの「サルの脳地図」である。このサルの脳地図を頼りに、人間の脳に関しても多くの地図が作られた。その中で特に詳細に描かれた脳地図として有名なものが、一九五〇年にカナダの脳神経外科医ワイルダー・ペンフィールドが出版した「ホムンクルス」である。こうした脳地図は、脳機能に何らかの障害を持つとされる患者が亡くなった後に、脳を解剖することによって損傷部を調べるという方法が基本であった。

ここで、当時、脳地図というものがどのようなプロセスによって作られたかについて、理解を深めるために、言語に関する二つの症例を紹介する。言語は、人間特有のコミュニケーションであるということもあり、これらの症例は、脳研究史の中でも重要なものとして位置づけられている。

まず、一八六一年に、フランスの神経科学者ピエール・ポール・ブローカが発表した「タン」と呼ばれる患者について紹介したい。この患者は、話せる（発話できる）単語が「タン」のみであり、それ以外の言葉を発することができなかった。一方、タンの知能テストの結果は正常であり、他者が発話する言葉を理解することも可能であった。タンの死後、その脳をブローカが解剖した結果、左脳の前頭連合野の一部に損傷があることがわかった。このことから言語機能は、左脳の前頭連合野の一部に局在することが理解された（図3・1）。

この発見がなされる以前は、脳は全体で機能するという「全体論」が、脳をとらえる考え方として主流であった。しかしながら、この発見以降、脳の各部位が特定の機能を有しているとする「機能局在論」が、脳のとらえ方としての主流となっていった。[54] この発話を司る領野は、「ブローカ野」と呼ばれ、興味深いことに、運動性言語中枢と呼ばれる運動を司る運動野の一部である。発話のためには身体を動かす必要があることから、運動野に発話の中枢があることは当然ではあるが、言語コミュニケーションの中枢が身体の運動を司る運動野にあるということは、コミュニケーションと身体は表裏一体であるという裏づけとも解釈でき、非常に興味深い。

発話の中枢が運動野の一部であるブローカ野にあることが発見されてから一三年後の一八七四年に、ドイツの神経科学者カール・ウェルニッケが、言語理解に障害のある患者について発表した。この患者は、言語は流暢に話すのだが、意味がわかるような話し方をせず、単語も文法もできていなかった。会話の受け答えに関しても、まったく見当はずれであった。しかしながら、言語以外の振る舞いは、至って健常者と変わらなかった。この患者を死後解剖した結果、聴覚を司る聴覚野の一部である、左脳の側頭連合野に損傷が見つかった。この結果、この聴覚野の一部である「ウェルニッケ野」が、言語の意味理解を行う部位であるとわかったのである。発話が運動野の一部であり、意味理解が聴覚野（感覚野）の一部であるということは非常に興味深い。この発見により、脳は単純に「機能局在」してい

54 現在は、機能の局在自体は起こっているものの、それぞれがネットワークでつながることによって、役割分担をしていると考えられている。さらに、脳をより全体俯瞰して見ると、全身に張り巡らされた神経ネットワーク、すなわち「身体」との関係も切り離せないとする考え方（身体性認知科学）も一般的になりつつある。

るというわけでなく、それぞれの領野が関連しあって、言語コミュニケーションを実現しているということが理解されはじめたのである。

以上のような発見を通して、「脳地図」に関する理解が深まり、さらに、近年の「脳画像イメージング法」をはじめとする様々な技術の開発により、脳を解剖することなく、心理実験を行う間の脳の応答が観察できるようになり、「脳の機能局在」に関する理解はさらに深まっていった。[55] しかしながら、脳の機能局在が理解されるほどに、「結合問題」と呼ばれる問題が浮き彫りになった。これは、たとえば、「四角形の形状が動いている」ということを認識する際、形状を認識する部位（腹側視覚経路）と、動きを認識する部位（背側視覚経路）が、どのように関連しあって、一つの「四角い動く物体」を認識するのかという問題である。すなわち、脳の機能局在を知るだけでは、脳という一つの「生命体」が、全体としてどのように動いているのかという、「脳の生命体としての動作原理」については、明らかにされていないということである。[56]

以上が、あくまで脳の研究の歴史に関する大雑把な振り返りである。こうした歴史を大雑把に見るだけでは、「脳の生命体としての動作原理」についての研究の歴史をつかむことは難しい。もちろん、第二章を通して見てきたように、「脳は『騙される』ことで世界を見ている」という仮説、「騙される」ことによって脳内で「主観的に作り出している世界」は、身体による「運動」を通して行われているという仮説を支持する研究事例は少なくない。

ここからは、こうした観点から、身体の「運動」によって世界が「認識」されているということが理解できる、象

55 「脳機能イメージング法」には、fMRI, NIRS, MEG などがあり、活動にともなう神経電流を測定するものと、局所の血流変化を測定するものがあり、それぞれ、時間分解能や空間分解能、脳の測定可能深度に特徴があり、用途によって使い分けられている。しかしながら、一般的に、脳の深い部位である大脳辺縁系や脳幹といった部位の観察は、脳の表面近い部分である大脳皮質を観察することと比べて容易ではないなど、（技術的な改良が重ねられてはいるのだが）脳全体の包括的な理解は、いまだ容易であるとはいえない。

56 結合問題については、本書一四三ページ（「生命」の根本原理であるリズム）を参照。

徴的な研究事例を紹介する。

ゴンドラ猫に見る「認識」と「身体」

私たちは、第二章を通して、脳内で「主観的に世界を作り出している」いう仮説を得てきた。しかしながら、脳研究の歴史を概観しても、そうした仮説に基づいた研究というものは、あまり注目されているとはいえない。では、そうした研究は、これまでに行われてこなかったのだろうか。

もちろん、脳は「世界を主観的に作り出している」という仮説は、多くの分野で提唱されている。しかしながら、脳を客観的に分析する方法では、そうした仮説に基づいた研究を行うことは難しい。したがって、脳そのものの客観的な分析では、「世界を主観的に作り出す」ということがどういうことであるかを理解するのはどうしても難しくなってしまうのである。

ここでは、「認知発達心理学」の分野において非常に有名な、「世界を認識する」ということが、「自らの身体を通して運動する」ことなしには起こらない、ということを裏づける、子猫を用いた歴史的な実験を紹介したい。

一九六三年、アメリカで、二匹の子猫を使った有名な実験が、ヘルドとハイン（Held & Hein）という二人の学者によって行われた。[57] 歩けるようになったばかりの二匹の子猫（生後八〜一二週）が、一日三時間、図のような装置の中に入れられ、互いにつながれている状態にある。片方の猫は自分で動き回ることができ、一方、もう片方の猫はゴンドラの中に入れられていて、自分で動き回ることができない。ゴンドラは、自分で動けるほうのネコの動きと連動し、点対称の動きをするような仕掛けになっている（図3・2）。

二匹の猫が得る視覚情報はまったく同じものであるが、ゴンドラに入れられた猫のほうは、自らの意思で動くこと

57　文献［2］参照。

図3・2　ゴンドラ猫の実験イメージ
自らの意思で運動するということが、認識に対してどのような影響を与えるのかを確かめるための実験である。歩けるようになったばかりの二匹の子猫が、1日3時間、図のような装置の中に入れられ、互いにつながれる。片方の猫は自分で動き回ることができ、一方、もう片方の猫はゴンドラの中に入れられていて、自分で動き回ることができない。実験では、これら二匹の猫の視覚による認識に、どのような変化が見られるのかを確認する。

ができない。このことだけを考慮すると、二匹の猫の視覚的な認識の発達は、何も影響も受けないように考えられる。

しかしながら、この装置から解放された二匹の猫に一連の視覚テストを行ってみると、驚くべき事実が明らかになった。自らの意思で動き回ることのできる「能動的な」猫は、この装置から解放された後であっても、視覚が正常に機能した。一方、ゴンドラに入れられ、自らの意思で動くことを禁じられた「受動的な」猫は、「見る」という行為自体を行うことはできたものの、視覚刺激に対する反応ができなかった。受動的な「ゴンドラ猫」は、空間認識能力が正常に機能せず、モノにぶつかったり、障害物を避けることができなかったり、リーチも不適切であったり、という状態だったのである。

以上の実験結果により、私たち生物が、視覚情報によって空間を認識する能力（どこにものがあるかを判断する能力）を身につけるには、視覚情報だけでは不十分であり、能動的な運動を必要とする、という結論が得られる。さらに考察を深めるならば、視覚と運動

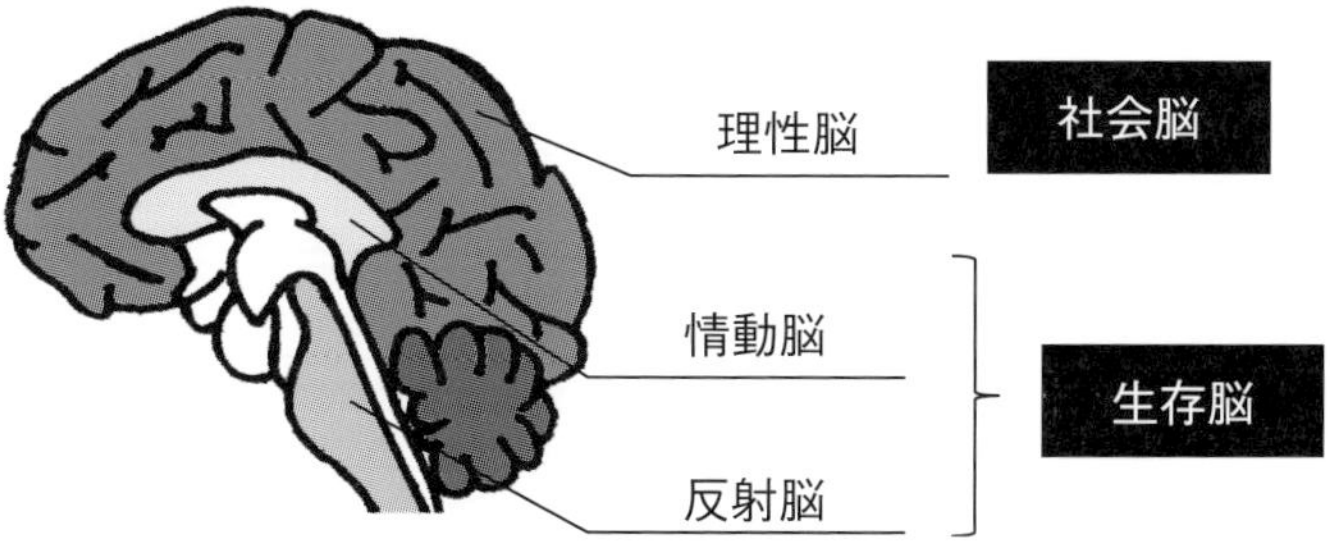

図3・3　三位一体の脳仮説
人間の脳を、反射脳(延髄・脳幹)、情動脳(大脳辺縁系)、理性脳(大脳新皮質)の順番で進化してきたとする仮説である。古い二つの部位である反射脳と情動脳は「生存脳」と呼ばれ、生命の生存にとってはなくてはならない器官とされる。最も新しい理性は「社会脳」と呼ばれ、外界と自己との関係を表現することで、豊かな社会性を作り出していると考えらえる。

という、独立しているように見える二つの機能は、互いに切り離すことができず、「世界は動くことによってはじめて認識できる」ものと考えられるのである。

ここからは、こうした、自らの身体を通しての「運動」によって、世界を作り出す(認識する)脳が、どのような仕組みによって動いているのかを理解していく。

「身体」を中心とした脳の全体像

脳は、一二〇億の神経細胞によって構成されるといわれる複雑怪奇な器官であり、その全体像を理解することは容易ではない。ここからは、脳の全体像の理解を少しでも容易にするため、「三位一体の脳仮説」というものを軸にしながら、脳とはどのように動作する器官なのか(脳の動作原理)についての説明を行いたい。

「三位一体の脳仮説」[58]とは、一九六八年に、アメリカの神経科学者ポール・D・マクリーンによって提案された、脳の動作原理に関する仮説である。この「三位一体の脳仮説」によると、脳は(大雑把に見て)三層構造になっており、進化の過程で古い脳の上に新しい脳が被さるようにして発達してきたとされる。

58　文献[3]参照。

ここから、第一のトピックとして、この仮説に基づく脳の構造を説明する。そして、それに続くトピックとして、脳の構造の理解を深めるため、生物の進化の過程で、脳がどのように発達してきたのかを説明する。さらに、第三のトピックとして、最も古い脳とされる「生存脳」に関して、動物行動学の立場からの補足を行うことで、さらに理解を深めていきたい。

マクリーンの「三位一体の脳仮説」

「三位一体の脳仮説」では、人間の脳は、進化的に最も古い反射脳（延髄・脳幹）、次に古い情動脳（大脳辺縁系）、最も新しい理性脳（大脳新皮質）に分類される（図3・3）。

古い二つの部位である反射脳と情動脳は、「生存脳」と呼ばれ、生命の生存にとってはなくてはならない器官とされている。外界からの刺激に対する何らかの反射（反応）と、情動（感性）による外界からの刺激の認識が、生存には欠かせない。つまり、外からの刺激を受けて、感性豊かに育たないと、生存本能すらも危うくなるということである。加えて、最も新しい理性脳（大脳新皮質）は「社会脳」とも呼ばれており、外界と自己との関係を表現することで、豊かな社会性を作り出していると考えらえる。

実際の生物の脳というものは、本来は、「三位一体の脳仮説」が教えるような単純なものではない。進化的に古いとされる魚類・両生類・爬虫類であっても、最も新しいとされる大脳新皮質が（大きさの大小はあれ）観察できるなど、古い脳と新しい脳は、実際の生物の脳の中では、混在している。このため、進化の過程で「反射脳」→「情動脳」→「理性脳」を順番に獲得していったようにも解釈できてしまう「三位一体の脳仮説」は、必ずしも正確な説明であるとはいえない。しかしながら、複雑怪奇な脳の構造を大雑把に把握するためには、いったん、単純化した理解をしておくということはきわめて有効である。「三位一体の脳仮説」を読み解く上では、そういった点に留意しながら、大雑把な理解を行う必要がある。

まず、最も古い脳である「反射脳」は、「爬虫類脳」ともいわれ、反射系（脳幹・脊髄）と大脳基底核によって構成される。爬虫類脳は、外部からの刺激に対して、大脳基底核が選択した反応を反射系（脳幹・脊髄）が実行する。大脳基底核の働きは「報酬系」ともいわれ、「目標」となる行動を実施できた際に、ドーパミンを強く投射する。

次に、「情動脳」は、「哺乳類原脳」といわれ、ネズミなどの原始哺乳類の脳であるとされる。これは、反射脳と大脳辺縁系（主に扁桃体と海馬）によって構成される。扁桃体は快・不快といった「心の状態」を左右する神経伝達物質の働きを司ることで、外部刺激に対して意味づけを行う。特に、「快」情動を表現するドーパミンと、「不快」情動を表現するノルアドレナリンと、「心の安定」を表現するセロトニンの、三つの神経伝達物質が、特に「心の状態」に大きく寄与することから、これらが「心の三原色」[59]としての働きを持ち、これらの分泌量を調整することで、外部刺激が、自己にとってどのような「意味」を持つのかを表現する。

海馬は、「記憶」や「空間学習」を担当する部位であると考えられている。海馬の役割として、「時間パターン」や「空間パターン」を整理すると解釈すると理解しやすい。外部刺激がどのような「順番」によって起こったかという、刺激の「時間パターン」を整理することで「エピソード」を記憶することが可能になり、どのような「空間関係」があったかを整理することで「空間」を記憶することが可能になる。記憶は、海馬のみで行っているのではなく、海馬が整理する「時空間パターン」に対して、扁桃体が「意味」づけを行っている、という関係が重要であると考えられる。

こうした理解をさらに進めるならば、「大脳辺縁系」において、視覚、聴覚、触覚といった、身体を通して得られる情報は、「海馬」の中ですでに作られている「時空間パターン」の中で位置づけられることを通し、「海馬」の中で作られている「物語（ドラマ）」の中での「位置づけ」が明らかにされていく。さらに、そうした情報を通して、「物

59 文献［4］［5］参照。

語（ドラマ）」はリアルタイムに創出されていく。まさに、身体を通して得られる様々な情報が「役者」となって、「即興劇」を演じることと同じ状態が、脳内でも起こっていると解釈できる。[60]

最後に、「理性脳」は、「新哺乳類脳」ともいわれ、霊長類の脳であるとされる。情動脳に大脳新皮質を加えた構造を持つ。理性脳は、入力刺激に対して情動脳による意味づけを介して、理性的な意思決定を行い、反射脳による行動を実行する。理性脳は「社会脳」とも呼ばれており、外界と自己との関係を表現することで、豊かな社会性を作り出す。たとえば、社会脳において「運動」を司る部位である運動野において「ミラーニューロン」[61]が見つかっている。これは、たとえば、自分が手を動かす場合に反応するニューロン（神経細胞）が、他人が手を動かしているのを見ただけで反応する、という現象である。すなわち、自分の行動と、他人の行動を、同じこと（あるいは違うこと）であると認識することによって、他人への共感や、自己と他人との区別を行っていると考えられる。

以上の「反射脳」「情動脳」「理性脳」の三つの脳が、相互に一体となって作用しあうことによって「三位一体」の脳を作っているとする考え方が、「三位一体の脳仮説」である。この仮説による脳の働きの最も根本に当たる部分が「反射脳」であるということを考えても、脳にとって「身体」の役割が、いかに重要であるかということが推測できる。

脳と神経系の進化の歴史

「三位一体の脳仮説」は、あくまで、脊椎動物の脳の進化を説明する仮説であった。それでは、私たち脊椎動物の脳は、どこから進化してきたのだろうか。

脳の進化は、動物の進化とともにあった。ここからは、動物の「はじまり」から、物語をはじめることとしたい。

動物の脳の歴史は、動物性単細胞生物からはじまったといえる。動物性単細胞生物は、いうまでもなく単細胞生物

60　文献［6］参照。
61　文献［7］参照。

であるため、脳の最小単位である神経細胞を持つわけではない。しかしながら、たとえ単細胞生物であっても、外部の刺激に対して反応を起こすことができるという意味では、最も原始的な脳であるといえる。単細胞生物は、一個体が神経細胞そのものであり、最小の脳と考えることもできるのである。

動物性単細胞生物の一つであるゾウリムシは、原始的な「記憶」「学習」の能力を持つことが知られている。ゾウリムシは、飼育されている容器の形状を記憶できることが確かめられているのである。[62] ゾウリムシを、円形や正三角形など、形の異なる容器に入れ、一定時間後に別の容器に移す。すると、ゾウリムシは、移される前の容器の形状を記憶しており、その形の動きをするということである。このことから、動物性単細胞生物であるゾウリムシは、刺激に対して反応するだけでなく、経験によって行動を変えることができる、最も原始的な意味での「記憶・学習」の能力を持っているといえる。

さらに、この動物性単細胞生物は、外敵の出現などの緊急時（「淘汰圧」がかかった際）には群生することが知られている。そして、各個体は群れの中で機能を特化させる。すなわち、単細胞生物によって形成された群れが「一個体」として振る舞うのである。さらに面白いことに、この群れの性質は、外敵などの淘汰圧がなくなってからも保存されることが知られている。つまり、単細胞生物は、各個体が機能分化を行った群れ、すなわち最も単純な多細胞生物を形成する能力を、本能として持っていると解釈できるのである。

このように、動物性単細胞生物が、群生することによって一つの個体のように振る舞っている状態は「群体」とよばれており、多くの「群体」として振る舞う生物種が確認されている。その代表的なものは、ユードリナやボルボックスである（図3・4）。ユードリナは、多くの場合は三二の細胞からなり、一つひとつの細胞は、クラミドモナスという、鞭毛と葉緑体を持つ単細胞生物によく似た形状を持つ。ユードリナは、それぞれの細胞は同じ形をしており、

62　原著は文献［8］を参照。追実験の結果が文献［9］に報告されている。

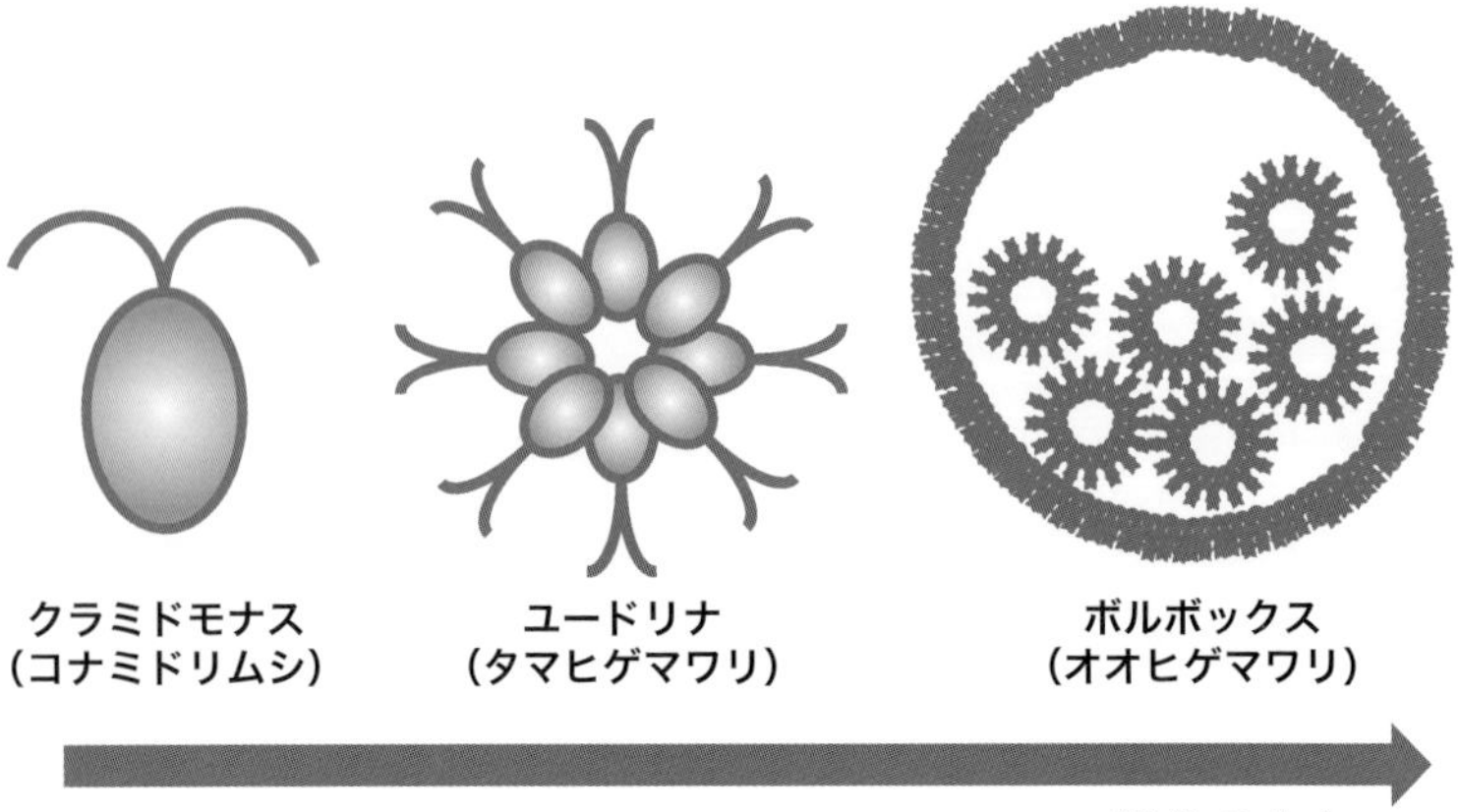

図3・4　群体の例
動物性単細胞生物が群生することによって一つの個体のように振る舞う「群体」には、ユードリナやボルボックスなどがある。ユードリナは、多くの場合は32の細胞からなり、クラミドモナスという、鞭毛と葉緑体を持つ単細胞生物によく似た形状を持つ。ボルボックスは、数千の細胞からなり、「機能分化」が見られ、生殖細胞など、特化した働きを持つ細胞が見られる。

同じ働きを持つ一方で、数千の細胞からなるボルボックスの細胞には「機能分化」が見られ、生殖細胞など、特化した働きを持つ細胞が見られる。このように、群体を観察していくと、単細胞生物が多細胞生物に進化していく過程を垣間見ることができ、その中で、「機能分化」というものが発達していく過程を見ることができるのである。

動物性単細胞生物は、このような過程を経て、原始的な多細胞動物への進化をとげたと考えられている。このようにして出現した最も原始的な多細胞動物が、海綿動物(スポンジ)であると考えられている。海綿動物は、その内部で鞭毛を持つ細胞が鞭毛を動かすことで体内の水の循環を起こしている。これらは「神経細胞」として振る舞っているわけではないが、外部からの刺激(水の流れ)に対して適切な出力を返している(水循環を作り出す運動を行っている)という点で、神経細胞の前身と考えられる。

海綿動物の持つこれらの「神経細胞の前身」が進化して「神経細胞」となり、体全体を動かすようになったものがクラゲに代表される刺胞動物である。刺胞動物は、

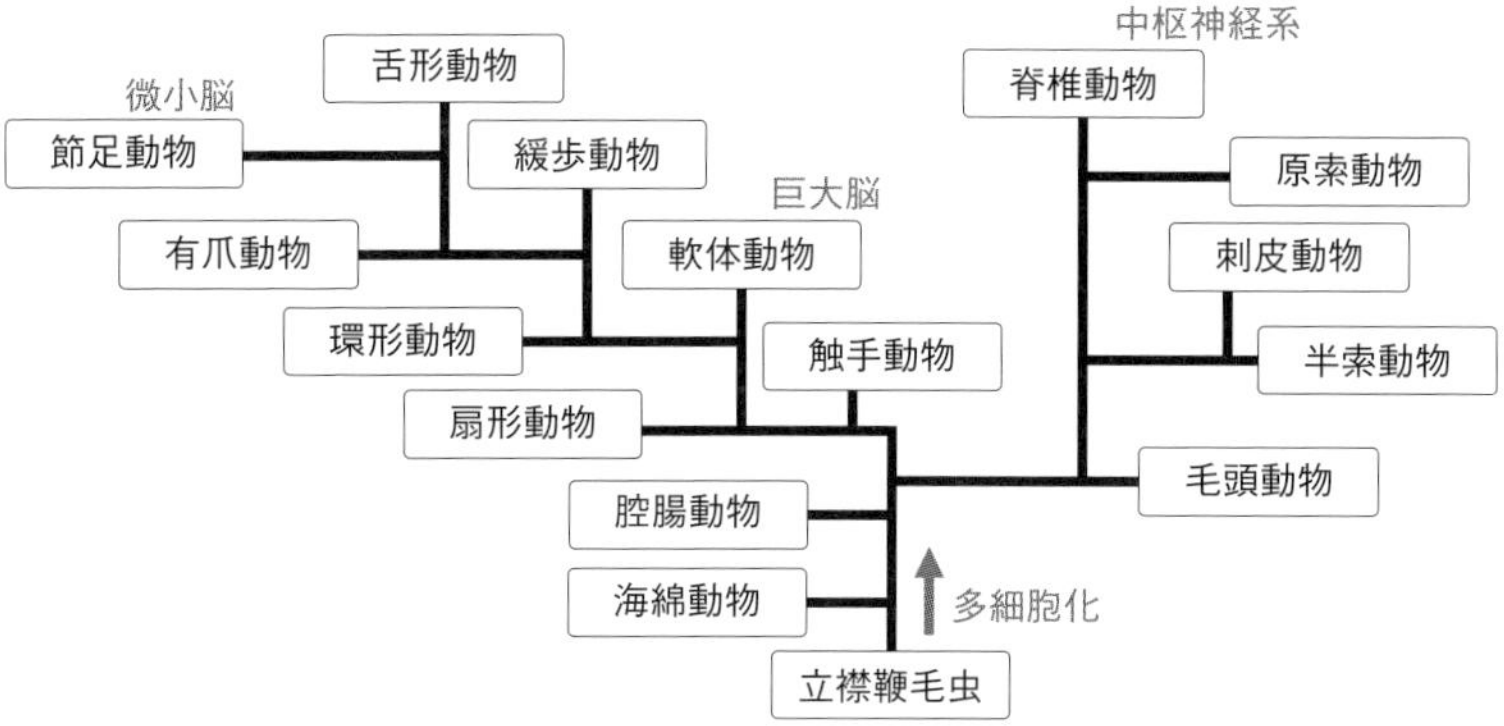

図3・5　動物の進化の歴史[54]
ミドリムシのような動物性単細胞生物の立襟鞭毛虫は、やがて多細胞化して脳を持つようになり、昆虫の微小脳や、イカやタコなどの巨大脳や、脊椎動物の中枢神経系へと進化していった。

光受容体を持ち、これによって外部からの光を情報として受け取ることができるようになった。こうした外部情報を、体内の神経細胞が伝達し、運動を出力する。したがって、最も原始的な意味での「視覚情報処理」と「運動制御」ができたといえる。しかしながら、ここでの光受容体はあくまで光強度を把握するためのものであり、私たちの認識での「視覚」にはほど遠いものであった。

刺胞動物の神経細胞はこの後、様々な進化の過程を経て中枢神経系となり、やがて「脳」へと進化をとげる。脳は、その形状から、イカやタコなど軟体動物の巨大脳（一つの大きなカタマリとしての脳）、節足動物（昆虫）などの微小脳（身体の各部に中枢神経系が分散する脳）、脊椎動物の管状神経系からなる脳と進化の道筋を分かつ（図3・5）。脊椎動物の脳と、それ以外の種が持つ巨大脳や微小脳は、構造としては大きく異なるが、機能としての類似性（相似性）が多く確認されているため、ナメクジなどを用いての脳の解明も行われている。[63] これらそれぞれの脳の仕組みを追っていくと、

63　たとえば、ナメクジなどの脳は、前脳・中脳・後脳など、大きく三つの部位に分けられるが、これはまさに人間の脳の原型であると考えられる。たとえば（大雑把に対応させると）前脳は大脳皮質に、後脳は脳幹、延髄に進化していったなどと対応づけることができる（文献[10][11]を参照）。

64　文献[25]を参考に作成。

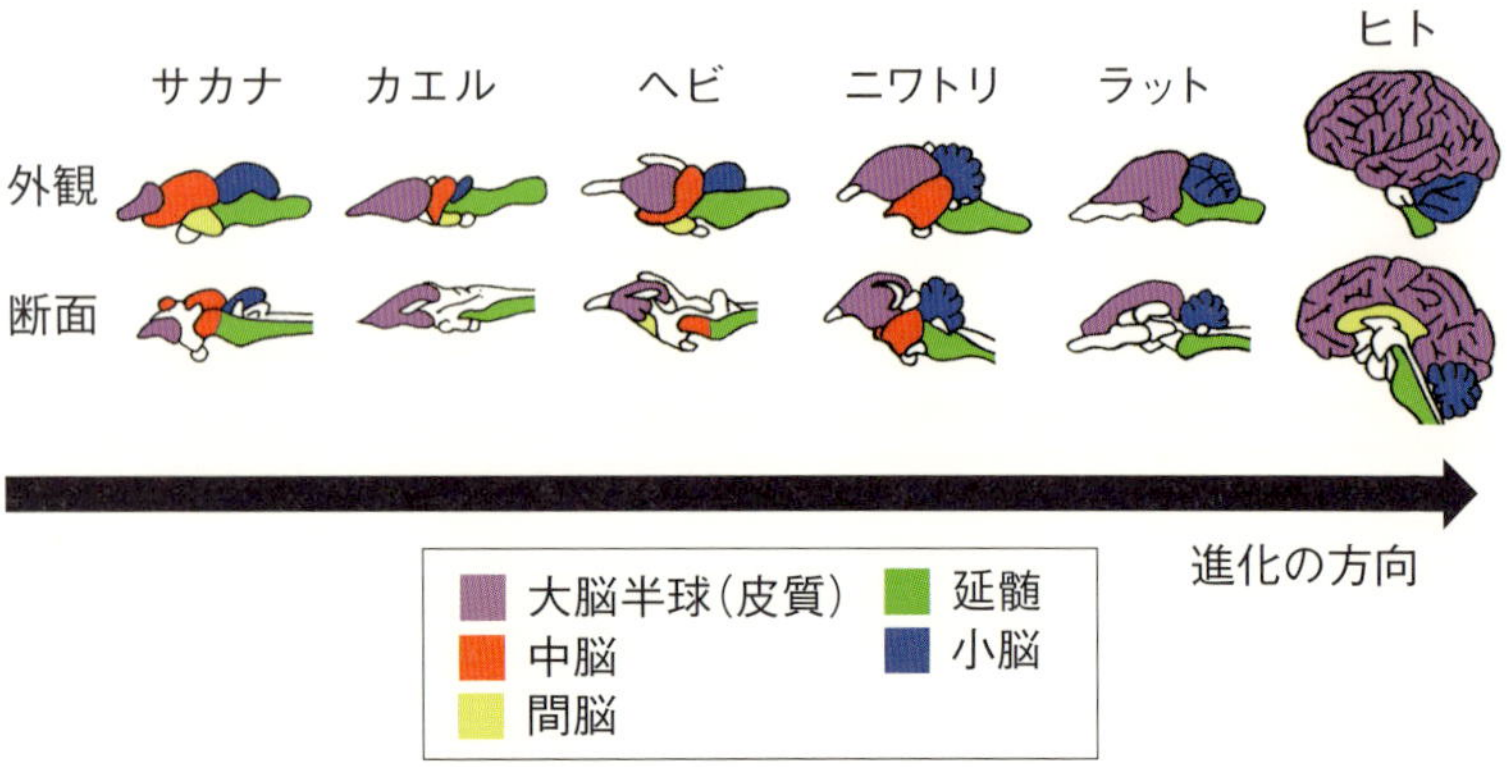

図3・6　脊椎動物の脳の進化[65]
脊椎動物は、共通して中枢神経系（脊索）を持ち、魚類（サカナ他）として進化した際に、脳幹・脊髄、大脳基底核、小脳を形成した。この構造は、魚類が進化した両生類（カエル他）や爬虫類（ヘビ他）においても受け継がれている。爬虫類は、哺乳類型爬虫類を経由して哺乳類（ラット他）へと進化する。この哺乳類の脳は、大脳辺縁系が大きな特徴である。哺乳類は、霊長類（ヒト他）へと進化し、大脳を発達させた。

脳を多面的に見ることができ、興味深い。その代表として、ここからは、脊椎動物の脳の進化の歴史を追っていくこととしたい（図3・6）。

脊椎動物の管状の中枢神経系（これを脊索と呼ぶ）は、魚類として進化した際に、やがて運動（反射）を行う脳幹・脊髄と、それを制御する大脳基底核、運動を学習する小脳へと進化をとげる。このときすでに、光受容体は網膜を形成し、周囲の様子を把握することができる視覚を獲得している。すなわち、このとき生物は、視覚情報処理を用いて、自律的に運動を制御し、また運動を学習することができるのである。この構造は、魚類が進化した両生類や爬虫類においても受け継がれている。このような脳の性質（視覚情報処理による運動（反射）の制御・学習）は、脳幹を基軸とする「反射脳」と呼ばれ、また、爬虫類の脳の基本的な性質であることから「爬虫類脳」と呼ばれることは前述の通りである。

爬虫類はこの後、哺乳類型爬虫類を経由して哺乳類へと進化する。この哺乳類（前期哺乳類と呼ばれ、ネズミや猫

65　文献［12］を参考に作成。

などを指す）の脳は、大脳辺縁系による情動が大きな特徴であることから「情動脳」と呼ばれ、また、「哺乳類原脳」などと呼ばれる。最後に、前期哺乳類は、霊長類へと進化し、大脳を大きく発達させた。前述の通り、この脳は「理性脳」や「新哺乳類脳」と呼ばれる。[66]

「生存脳」の動物行動学

ここまでに、神経系の進化の歴史を紹介し、動物が、動物性単細胞生物からどのように進化し、その過程の中で、どのように脳が形成されてきたかを説明してきた。ここからは、これまでの内容を踏まえて、進化のそれぞれの段階で、動物がどのように行動するのかを説明する。これまでは、視覚や脳幹が形成される前の動物を中心に見てきたが、ここからは、「行動」の差異がより明確になる「爬虫類脳」「哺乳類原脳」そして「新哺乳類脳」を追っていきたい。動物の行動の進化を追っていく中で、動物の「社会性」がどのように進化してきたかに、特に注目していただきたい。

脳幹および大脳基底核を中心とする爬虫類脳は、心拍、呼吸、血圧、体温などを調整する基本的な生命維持の機能を担い、爬虫類に特徴的な自分のテリトリー（縄張り）の防衛意識などを発生させる。テリトリーの防衛に関連して、爬虫類は、社会グループの形成もまた特徴として挙げられ、服従などの儀礼的身体表現による社会の階層化が見られることも特徴である。また、行動を学習する能力も見られ、模倣・再演・反復化・擬動作・習慣化・定向選好といった特徴を持つ。爬虫類脳は、種の保存というよりも自己保全の目的のために機能する脳の構造部位であるといえる。

爬虫類脳に海馬や扁桃体などを発達させた哺乳類原脳は、個体の生存維持と種の保存に役立つ快・不快の刺激と結びついた本能的情動や感情、行動につながる動機を生起させる機能を担い、危険や脅威から逃避する反応、外敵を攻撃する反応を取る原始的な防衛本能を司る脳の構造部位である。本能的情動や感情の発達によって、子育てを行うこ

66　こうした脳の構造と生態との対応に関しては、やはり文献［3］に詳しい。

とが特徴として観察される。また、子育ての際には母子間の音声交信も確認される（爬虫類においてはこの現象は見られない）。さらに、前期哺乳類の行動の特徴として、アソビが挙げられる。すなわち、兄弟などの同種間での「なわばり争い遊び」など、本当の争いではないアソビの争いなどを行う行為である。これにより、社会グループ内での調整行動が行われ、より高度な社会行動が行えるものと考えられる。このように、大脳辺縁系は、本能的に遂行される種の保存の目的、すなわち生殖行為を司る部位であり、自己の遺伝子を継承するための情動的評価に基づく社会的活動や集団行動を行い、無力な子の育児や保護を行う母性的な欲動・本能の源泉でもあるとされる。

新哺乳類脳は、最も新しい年代に発生した脳器官であり、大脳新皮質の両半球（右脳・左脳）から成り立つ。言語機能と記憶・学習能力、創造的思考能力、空間把握機能などを中軸とする高次脳機能の中枢であり、ヒトと高等哺乳類において特に発達した知性・知能の源泉でもある。「三位一体の脳仮説」では、新哺乳類脳は、最も高次の階層構造として最も高度で複雑な情報処理を行う部位であるとされるが、大脳新皮質単独では高度な情報処理を行うことはできず[67]、大脳辺縁系や脳幹、小脳などと相補的に協調し連動しながら高度な精神機能を実現していると考えられる。

以上の事実をまとめると、脳の発達は、「社会性」の発達ともいえると解釈できる。

脳幹および大脳基底核を中心とする爬虫類脳（反射脳）を持つ動物は、「反射」という自己保全を目的とした行動をとり、縄張りの防衛を行う一方で、社会グループの形成も見られ、「服従」や「模倣」といった、「社会性」の基礎のようなものが見られるようである。また、海馬や扁桃体などを発達させた哺乳類原脳（情動脳）を持つ動物は、快・不快の刺激と結びついた本能的情動や感情の発達によって、より進化した「社会性」である子育てを行う特徴が見られる。これにより、「母子間の音声交信」「アソビ」「なわばり争い遊び」といった、社会に対しての自己表現の多様化が起こり、高度な社会行動が可能になるようである。さらに、大脳新皮質を発達させた新哺乳類脳（理性脳・

67　大脳新皮質は三つの脳の中で唯一「不完全な脳」とされており、それ単独では動作しないと指摘されている。

社会脳）を持つ動物は、言語機能と記憶・学習能力、創造的思考能力、空間把握機能といった、高次の脳機能を発達させ、これにより、さらに「社会性」を発達させているようである。[68] こうした大脳新皮質が発達させた「社会性」に関して、ここからは、「社会脳とコミュニケーション」に注目し、さらに検討していきたい。

ここまでのまとめ

ここまでに、脳の全体像を把握するために、ポール・D・マクリーンによって提案された「三位一体の脳仮説」を紹介し、脳の成り立ちについての説明を行った。

「三位一体の脳仮説」によると、人間の脳は、進化的に最も古い反射脳（延髄・脳幹）、次に古い情動脳（大脳辺縁系）、最も新しい理性脳（大脳新皮質）に分類される。古い二つの部位である反射脳と情動脳は、「生存脳」と呼ばれ、外界からの刺激に対する何らかの反射（反応）と、情動（感性）による外界からの刺激の認識を司るとされる。加えて、最も新しい理性脳（大脳新皮質）は「社会脳」とも呼ばれており、外界と自己との関係を表現することで、豊かな社会性を作り出しているとされる。

生物の進化の歴史を見ても、「社会性」の発達はキーワードであるといえる。

反射脳を持つ動物は、「反射」という自己保全を目的とした行動だけでなく、「服従」や「模倣」といった、「社会性」の基礎を身につけている。情動脳を持つ動物は、本能的情動や感情の発達によって、より進化した「社会性」で

---

68 「脳」や「動物行動」に関しては、扱われる分野が多岐にわたるので、優れたシリーズ物を俯瞰して全体観をつかむのが良い。「シリーズ脳科学」は、理化学研究所を中心とした著名な研究者によって書かれたものである（文献［13］～［18］）。また、「シリーズ21世紀の動物科学」は、脳や進化に至るまで、幅広い研究分野を扱っており、読み応えがある（文献［19］～［29］）。さらに、「動物の多様な生き方」シリーズは、多彩なイラストを用いており、わかりやすい（文献［30］～［34］）その他、関連する項目として、偏りはあるが、微小脳の研究（文献［10］［11］）や、目などの特定の器官の進化に注目した研究（文献［35］）や、人類の進化史（文献［36］）を参照することも興味深い。

ある子育てを行うことにより、「母子間の音声交信」「アソビ」「なわばり争い遊び」といった、高度な社会行動を行う。理性脳（社会脳）を持つ動物は、言語機能をはじめ、高次の脳機能を発達させ、さらに高度な社会行動を行う。

ここからは、「社会性」についての検討をさらに深めていきたい。

「社会性」と「コミュニケーション」

「社会性」とは何なのか。

生物は、脳を三段階に進化させていくことによって、「社会性」を高度に進化させてきたということが、ここまでの結論であった。

「反射脳」による「服従」や「模倣」といった「社会性」の基礎は、「情動脳」によって「子育て」「母子間の音声交信」「アソビ」「なわばり争い遊び」といった、高度な社会行動に進化した。さらに、理性脳（社会脳）の登場によって、「社会性」は、言語機能をはじめとする高次の脳機能によって、さらに高度化していったという。

それでは、高次の脳機能を持つ「社会脳」を持つ私たち人間の脳は、どのような「社会性」を実現しているのだろうか。

ここからは、「社会性」に関する二つのキーワードである「ミラーニューロン」と「コミュニケーション」についての理解を深めることで、「社会性とは何なのか」についての検討を行っていきたい。

ミラーニューロンとは何か

「ミラーニューロン」は、一九九六年に、イタリアの脳科学者であるジャコモ・リゾラッティによって発見された神経細胞であり、はじめはサルの腹側運動前野（以下Ｆ５と表記）で発見されたものである。

Ｆ５は運動野の一部であり、対象物を手で握ったり、口に近づけたりする「運動」を司る部位であると考えられてきた。しかしながら、F5において発見された「ミラーニューロン」と呼ばれるニューロンは、自分自身の「運動」だけではなく、他者が行う同様の「運動」を観察した場合にも反応するという。つまり、ミラーニューロンは、他者の行為を「見ているだけ」でも反応するニューロンであり、たとえば、自分がものを握る場合にも、他者がものを握るのを見ている場合にも、同様に反応するニューロンだといえる。

すなわち、ミラーニューロンの特徴は、他者の「運動」に反応するという働きなのである。

ミラーニューロンの働きによって、私たちの脳は、運動に対して「反応」するだけでなく、「行為の意味理解」を行うことが可能である。ここからは、リゾラッティらの著書『ミラーニューロン』[69]を参照することで、こうしたミラーニューロンの働きについての考察を深めていきたい。

リゾラッティは、ミラーニューロンの働きを、他者の行為に対して、運動系（運動ニューロンを含む神経回路）が「共鳴」を起こすということであると説明する。他者のある行為に対して運動系が「共鳴」を起こすということは、すなわち、他者が起こした行為を、「自分の運動」と照らし合わせて理解するということである。

たとえば、私たち人間は、赤ん坊の頃、「ほしい物を手に入れる」際に、それを「じっと見つめる」という行為が最善の方法であることを学ぶ。これが、過去に自分がものをじっと見つめていた際にそれが手に入ったという経験から得たものなのか、他人を観察していて、ものをじっと見つめていたらそれが手に入っていたという一連の行為を目にした経験から得たものなのかは別にして（おそらくどちらの可能性もあるだろう）、「じっと見つめる」という行為が、「ほしい物を手に入れる」という目的に対する「成功につながった戦略」であることを何らかの形で体得したのであろう。この際、赤ん坊にとっては、「じっと見つめる」という行為が、「ほしい物を手に入れる」という「行為の語彙」の一部になっているのではないかと解釈できる。誰かが「じっと見つめる」という行為を行っているのを目の

69　文献［7］参照。

当たりにすると、私たちの運動系は「共鳴モード」に入る。すると私たちは、その行為に対しての「ほしい物を手に入れる」という動きの意図を認識し、行動のタイプを理解するのである。

他者の行為を目の当たりにする際に反応が起こるということは、他者の行為に対して、運動系（運動ニューロンを含む神経回路）が「共鳴」を起こすということである。上記の例において説明される通り、「ほしい物を手に入れる」という行為の中に、「じっと見つめる」という動きが含まれるということを（赤ん坊のうちに）学んでいるからこそ、他者が「じっと見つめる」という動きを行うのを目の当たりにすると、「ほしい物を手に入れる」という行為に関する神経回路が「共鳴」を起こし、「ほしい物を手に入れる」という意図を認識する、と解釈できるということである。

リゾラッティは、これを裏づけるミラーニューロンに関する報告を行っている。

リゾラッティによると、実験者が口に運ぶために食べ物をつかむのをサルが見たときに反応したニューロンの多くは、器に入れるために食べ物をつかむのをサルが見たときにも、弱くではあったが、反応したという。さらに驚くべきことに、つかむ対象が食べ物ではなく、ただの立体のときにはこの限りではなかったということである。さらに観察を進めると、食べ物があり、それに向かって手が伸びるのが見えただけでも、ミラーニューロンの反応が見えたという。食べ物と、それに向かって手が伸びるという行為だけでも、食べ物を口に運ぶ行為の連鎖を連想させるには十分だということであろう。

この報告を通して見ると、ミラーニューロンは、単に他者の「運動」に対して反応するのではなく、行為の意味に対して「共鳴」を起こすものであるという性質が推測できる。ミラーニューロンが、単に他者の「運動」に反応しているのであれば、食べ物をつかむ際反応するミラーニューロンは、つかむ対象がただの立体であっても、同様に反応するはずである。しかしながら、ミラーニューロンは、行為の意味である「食べる」ということに対して「共鳴」を起こしているからこそ、立体をつかむ際には反応を起こさないのであろう。

ミラーニューロンは、さらに興味深いことに、情動においても「共鳴」を起こすことが発見されている（「情動のミラーニューロン系」といわれる）。これにより、「行為の意味理解」だけではない「他者理解」を行うことが可能であると考えられる。

情動のミラーニューロン系は、他者の情動を一瞬で理解することを可能にすると、リゾラッティは解説する。私たちは、他者の情動を一瞬で理解することができるからこそ、複雑な対人関係を円滑にする「共感」というものを行うことが可能になるのであろう。

もちろん、他者の情動の状態を、内蔵運動レベルに至るまで共有できたからといって、その人に対する「共感」が生まれる理由にはならない。情動の理解と共感とは、まったく違う次元の話だとリゾラッティは解説する。たとえば、誰かが苦しんでいる様子を目にしたからといって、反射的にその人に同情するとは限らない。確かに、誰かが苦しんでいる様子を見ることなしに、その人に対する同情は生まれない。しかしながら、誰かが苦しんでいる様子を見れば、その人に対する同情が必ず生まれるかというと、決してそういうわけではない。すなわち、苦しんでいる人を見ることは、同情を引き起こすための前提（必要条件）ではあるが、十分条件とはいえないのである。その点で、二つのプロセスはまったく異なるといえる。

同情には様々な要因が必要となる。痛みを認識することはもちろんのこと、相手が誰なのか、相手は自分にとってどういう人物なのか、相手の立場になったところを想像できるが、相手の情動の状態や願望や期待といったものに対して責任を引き受ける気があるかなどである。すなわち、相手と自分との「関係」によって、同情の度合いは自在に変わりうるものである。たとえば、相手が知人や愛する人ならば、その窮状を目にして起きる情動の「ミラーリング」によって哀れみや同情が喚起されるかもしれない。逆に、相手が敵であったり、自分たちにとって危害を加える存在であったとすれば、状況は一変する。このように、私たちは、他者の苦痛を理解はしても、それに対しての共感が起こるとは限らないのである。

「情動のミラーニューロン系」により、他者の情動の状態を「共有」することができる。これは、必ずしも「同情」や「共感」を行うことを意味するわけではないが、いずれにしても、「情動のミラーニューロン系」によって、「他者理解」が可能になり、これにより、「同情」や「共感」を行う能力を得たということである。

こうした、ミラーニューロンの働きによる「行為の意味理解」や「他者理解」は、他者の「模倣」を行うための必要条件でもあるという。「模倣」すなわち、他者の動きを見て、自らの身体がそれと同じ動きをする、ということは、他者の情動の状態を共有するのと同様、他者の身体の状態を共有する行為である。もちろん、模倣を行うためには、ミラーニューロン系に加えて他の大脳皮質をはじめとする関連部位の活性化も必要である。しかしながら、ミラーニューロンの働きなしに、模倣（他者の身体の状態を共有する行為）や、共感（他者の情動の状態を共有した上での他者理解）を行うことはきわめて難しい。ミラーニューロンは、行為あるいは行為の連鎖に関する感覚情報と運動情報を、共通の神経フォーマットにコードするメカニズムであり、このメカニズムがあるからこそ、私たちは、容易に模倣や共感といったことを行うことができるのである。

こうしたミラーニューロンの働きは、他者との「コミュニケーション」と言い換えることも可能である。言葉を用いるかどうかはさておき、コミュニケーションというものが行われる際、そこには、信号の送り手と受け手が必ず存在する。そして、その送り手と受け手は、何が重要かについての「共通の理解」が得られている必要がある。もし送り手にとって重要なことが受け手にとっては意味がなければ、もし「生成と知覚のプロセス」が「何らかの方法で結びついて」おらず「双方の表象」が「ある時点で同じ」でなかったら、コミュニケーションは成り立たないであろう。ミラーニューロンの働きによって、模倣（身体の状態の共有）や、共感（情動の状態を共有した上での他者理解）が成り立ち、それによって、コミュニケーションが成立すると、リゾラッティは解説する。

ミラーニューロンの働きによって達成される、自らの身体を使って行う模倣は、他者の行為の「意味」を理解することを可能にする。模倣によって、「行為の意味理解」が可能になるということは、「行為の意味」を「送り手」から

「受け手」に伝達することが可能になるということである。こうした「行為の意味」というものが、コミュニケーションにおいての「共通の理解」となり、コミュニケーションが成立するということであろう。

以上、見てきたように、ミラーニューロンは、他者の「行為の意味」に対して「共鳴」する神経回路を成り立たせるニューロンであると考えられ、これによって、「他者理解」が可能になるとともに、コミュニケーション成立のための「共通の理解」となっているのではないかと考えられる。[70]

コミュニケーションと言語獲得

ミラーニューロンの働きによって、私たちの脳は「行為の意味理解」が可能になり、これがコミュニケーション成立のための「共通の理解」となっているようである。「コミュニケーション」に関し、特に私たち人間の脳の働きとして重要なことは「言語」能力である。この「言語」の獲得に関し、ここからは、コミュニケーションの観点からの理解を深めていきたい。

コミュニケーションと言語獲得との関係は、動物行動学の分野において特によく調べられている。言語のような、人間特有の能力がどのようにして獲得されたのかを知るには、脳の進化をたどったのと同様に、生物の進化の過程をたどるのがわかりやすい。

言語は、進化の過程の中で、いつ、どのように獲得されたのだろうか。

生物の進化は、最も古い脳である「反射脳」を基本にして、すなわち、「身体」に基づく環境との相互作用を根本にして、環境（社会）と自己との調和的な関係を作り出す方向に進化してきた。特に、最も新しい脳である「理性脳（社会脳）」の発達により、言語能力をはじめ、社会と自己とを関係づけるための多様な手段を生み出すことが可能に

70　ミラーニューロンは、その興味深い性質から、多くの研究者に注目され、様々な解釈がなされている（文献［7］［37］〜［39］）。

なった。
こうした社会と自己とを関係づける代表的な手段が言語コミュニケーションである。言語コミュニケーションにおいて、重要な役割を果たす「発声」を、自由に作り出せる（新しい音を作り出せる）種は、鳥とクジラと人間だけだといわれている。この中で、鳥とクジラは、群れの中でのコミュニケーションを発達させるために、「発声」が進化したのであろうということは想像に難くない。興味深いことは、霊長類の中で「発声」を発達させた種は、人間だけだということである。動物行動学者の岡ノ谷一夫は、著書『言葉の誕生を科学する』[71]の中で、自身の仮説である「産声起源説」を説明している。

岡ノ谷によると、「発声」を学習する動物は、鳥とクジラと人間に限られるという。この三種の動物の中で、鳥とクジラに関しては、「発声の学習」を必要とする理由が明確である。鳥は空を飛び、クジラは水の中に潜る。そうした環境下で生きていくためには、呼吸の仕方を意図的に制御できるようになる必要がある。こうした背景から、鳥やクジラは、呼吸を制御し、発生の学習が行えるように進化してきたのである。一方で、私たち人間は、呼吸の仕方を意図的に制御する必要がある環境下で生きているわけではない。他の動物と同様に、呼吸の仕方を意図的に制御せずとも、必要な酸素を手に入れられる。そうした環境下で、私たち人間は、なぜ「発声の学習」ができるように進化したのだろうか。これを説明する仮説が「産声起源説」である。

人間の赤ん坊は、他の霊長類の赤ん坊と同じく、群れの中で育てられる（これを共同繁殖社会と呼ぶ）。その際、赤ん坊は、常に母親にしがみつく。この母親にしがみつくという行為は、霊長類の中でもニホンザル、チンパンジー、人間の三種に限られるという。[72]それら三種の中で、人間以外は、ほとんど「鳴く」ということをしないという。人間の赤ん坊は、一方で、「泣くのが仕事」といわれるくらい、常に泣いている印象がある。この理由として、岡ノ谷は、

71　文献［40］参照。
72　文献［41］参照。

「毛」の存在を指摘する。ニホンザルやチンパンジーの身体は毛で覆われており、赤ん坊は、母親の毛にしがみつくことができる。一方で、人間の身体には、赤ん坊が滑り落ちないようにつかんでいられるような毛は存在しない。そこで、母親にかまってもらうために、注意を引きつけるように、泣くようになったという。これが、私たち人間が、呼吸の仕方を意図的に制御して発声を学習できるようになった理由だとするのが「産声起源説」である。

赤ちゃんの泣き声を実際に調べてみると、生後二週間ほどで変化が生じ、泣き声の長さや大きさを自在に調整できるようになり、母親は、自分の子供がなぜ泣いているのかがわかるようになるという。

もちろん、発声の学習の起源として、こうした「産声起源説」が正しいかどうかには議論がある。ここで注目すべき事実は、「発声の学習」ができる動物は、「呼吸の仕方を意図的に制御できる」ということである。こうした動物の脳の回路は特徴的な構造をしている。「発声の学習」をしない動物であっても、「発声」をする動物であれば、脳の回路の中で、呼吸と咽頭を制御する「古脳」に位置する延髄の「呼吸発生中枢」は、「情動脳」とつながっている。このため、「発声」をする動物は、「怖い」「嬉しい」といった情動に応じて、鳴き方を変化させることが可能である。「発声の学習」は、これらの回路が、さらに「社会脳」である大脳皮質の「運動野」につながっている。これにより、自分の意志で、呼吸と発声を制御することが可能になると解釈できる。

さらに興味深いことに、「発声の学習」ができる動物は、「歌」の学習も可能であり、学んだ歌から、新しい歌を作り出すこともできるということである。ここに、「言語獲得」「コミュニケーション」の重要なポイントが隠されていると考えらえる。

親鳥をはじめ、歌の「師匠」となるべき鳥の鳴き声を学習した小鳥は、それらの歌を切り分けて組み合わせることによって、新しい歌を作り出す。こうしたプロセスによって、小鳥は、自ら作り出す歌によって、自ら、情動を表現することが可能になるのである。このプロセスの中で、学習した歌を「切り分ける」という作業が、「言語獲得」「コミュニケーション」の重要な点であり、「分節化」と呼ばれる。「分節化」は、既知の歌を切り分け、作り出す中で、

「意味」のある「かたまり」を見出す作業である。

「意味」のある「かたまり」を見出す「分節化」は、どのように起こっているのだろうか。それを理解するためには、まず、「意味」というものが生まれる背景を知る必要がある。[73]

意味は、究極的には、ある刺激に対してどのような行動が生じやすくなるか、ということからはじまったのではないかと岡ノ谷は考察する。たとえば、「雨」には空から降る小さな水滴という物質的な意味がある一方で、実際に雨が降ってきた際には、「体がぬれない場所に移動する」であるとか、「暑くて喉が渇いていたら上を向きたくなる」、などの行動を私たちは行う。そういった行動の集まりが、「雨」の意味を決めているのではないかと岡ノ谷は指摘する。

このような背景によって、「意味」がとらえられる。こうしてとらえられた「意味」を持つ「かたまり」を見出す「分節化」に関しても、掘り下げて考えてみたい。

私たちが何か行動を行うとき、とれる行動というものは無限に考えられる。その無限にある行動の中から、私たちは、文脈や状況に応じて、今とるべき行動を切り分けて選んでいると考えられる。これは、音楽を聴く際に、音の流れを切り分ける行為と同様に考えることができるという。

文脈の切り分けには色々な要素があり、その一つに「空間」という要素が考えられる。たとえば、自分が部屋にいる状況を想像すると、「今、ここにいる」という状況は、「部屋の中にいる」という状況を指すが、自分が部屋の外に出て行った際、状況は当然変化する。部屋の中では不適切でない行動が、部屋を出た途端に「不適切な行動」となってしまう場合は往々にしてある。たとえば、靴を履かずに部屋の外に出る場合などがそれである。このように、空間というものは文脈を切り分ける（分節化する）要素の一つとして重要であると考えられる。

73 文献［42］参照。

こうした「分節化」の考え方を拡張すると、空気が読めるということも「分節化」によって説明することが可能であり、私たちがすべき行動の集合を切り分けていると考えてよく、私たちが取りうる無限の行動のうち、どこが許され、どこが許されないかを切り分けていくこと（分節化）が、意味をわかっていくことと同じではないかと、岡ノ谷は指摘する。

「分節化」を行うことで、現実世界（変幻自在に変化する実空間）の中で、「いかに行動すべきか（行為の意味）」を判断することが、「意味を理解する」ということではないかと考えられる。すなわち、言語獲得のはじまりの段階では、歌をはじめとした発声を交換しあうことで、情動を表現しあい、その中で、「いかに行動すべきか（行為の意味）」の意思決定を行いあう中で、言語としての発声が、発達していったのではないかと考えられるのである。

このように、「歌」を起源にして、「分節化」ができるようになり、「いかに行動すべきか（行為の意味）」の意思決定を行いあう中で言語が発達したとする「言語の歌起源説」は、学者の間ではあまり支持されておらず、赤ちゃんの観察から得られた、まず短い単語を学び、徐々に表現の幅が増えてくる「単語起源説」が主流であるという。しかしながら、次章で紹介する、生命の根本をなすとされる「リズム」という観点からも、「歌」という考え方は理にかなっており、「情動」「行動」「意味」とのつながりも理解しやすいことから、「言語の歌起源説」は受け入れやすいのではないかと筆者は考える。蛇足ではあるが、チャールズ・ダーウィンもまた、言語は人間しか持たない一方で、歌は多くの動物が持つという観点から「歌起源説」を提唱していた。

以上、動物行動学の観点から「言語」を考察すると、言語獲得は、進化の過程において、「発声の学習」ができることになったタイミングで起こり、「歌の発声」を学習する際に、師匠の歌を「分節化」してアレンジする中で、歌を媒介にして情動の表現が行われ、これが、「行為の意味」の交換につながっていったと考えられる。[74]

74　文献［40］［42］［43］などに、岡ノ谷の仮説がわかりやすく解説されている。

ここまでのまとめ

社会性とは何なのか。

この疑問を解く鍵として「ミラーニューロン」と「コミュニケーション」に関する探究を行ってきた。

「ミラーニューロン」は、他者の「行為の意味」に対して「共鳴」する神経回路を成り立たせるニューロンであると考えられる。ミラーニューロンの働きによって、「他者理解」が可能になる。そして、ミラーニューロンの存在が、コミュニケーション成立のための「共通の理解」となっていると考えられる。

人間に特有の「言語コミュニケーション」もまた、「行為の意味」理解を目的としたものであろう。動物行動学の観点から言語コミュニケーションを考察すると、進化の過程において、「発声の学習」ができることになったタイミングで起こると推測される。特に、「歌の発声」を学習する際に、既知の歌をアレンジする中で、「意味」のある「かたまり」見出す「分節化」が起こったのではないかと推測できる。歌を媒介にして情動の表現が行われ、これが、「行為の意味」の交換につながっていったということである。

人間の「コミュニケーション」は、こうした他者の「行為の意味」に対して「共鳴」する神経回路を発達させることによって、「他者理解」を可能とする。これが、コミュニケーションの「共通理解」となることによって、「言語」のやりとりを可能にしている。こうしたコミュニケーションによって人間社会が成り立っているとするならば、「社会性」というものは、こうした「行為の意味」に対する「共鳴」と、それによる「他者理解」を土台としてのコミュニケーションであると解釈できる。

「主体性」と「自己」

「主観的に世界を作り出す」とはどういうことなのか。

この疑問に対して、私たちは、本章を通じて、脳の構造や、進化の歴史を俯瞰しながら、脳の役割や知能に関する考察を行ってきた。私たち生物は、能動的に動く（運動する）ことによって、世界を認識する。特に、私たち人間の脳は、古い部位である「生存脳」と、新しい部位である「社会脳」とが相互作用することにより、社会と自己との関係を能動的に作り出し、豊かな社会性を作り出していると考えられる。

こうした、社会との関係を能動的（主体的）に作り出す「自己」（主体）とは、一体何なのだろうか。「主体」というものに関する研究は、哲学や動物行動学を中心に、様々な分野において行われてきた。まず、「主体」としての生物から見た世界である「環世界」という概念を紹介し、「環世界」ときわめて近い概念として、「アフォーダンス」を紹介したい。次に、「主体」というものを理解するにあたって重要な「自己言及」に関しての説明を行った後、「自己」と「場所」といった考え方を通し、「主体」についての理解を深めていきたい。

ユクスキュルの環世界

「環世界（Umwelt）」とは、一九三〇年代にドイツの動物行動学者ヤーコプ・フォン・ユクスキュルが提唱した概念であり、生物それぞれから見た世界を意味する。[75]「環世界」の概念の理解を助けるため、ユクスキュルは、ダニの環世界を紹介している。

森や藪の茂みの枝を見ると、小さなダニが観察できる。ダニ、は温血動物の生き血を食物としているという。ダニは適当な灌木の枝先によじ登り、そこで獲物をじっと待つ。そして、たまたま下を小さな哺乳類が通ると、ダニは即座に落下して、その動物の体にとりつくというのである。ダニには目がないので、待ち伏せの場所に登っていくには全身の皮膚にそなわった光感覚に頼っている。哺乳類の皮膚から流れてくる酪酸の匂いをキャッチすると、とたんにダニは下に落ちる。酪酸の匂いが獲物の信号となると考えられる。

75　ユクスキュルの提唱した用語そのものはドイツ語で「環境」を意味する"Umwelt"であったが、これを日本に「輸入」した京都大学名誉教授の日高敏隆が、「環世界」という日本語を発明した（文献［44］［45］参照）。

こうしたダニの世界は、私たちが見ている世界とは大きく異なる。この世界の中で、ダニにとって意味のあるものは、哺乳類の体から発する匂いとその体温と皮膚の接触刺激という三つにすぎない。いうなれば、ダニにとっての世界はこの三つのものだけで構成されているのである。これがダニにとってのみすぼらしい世界であると、ユクスキュルはいうのである。そしてダニの世界のこのみすぼらしさこそ、ダニの行動の確実さを約束するものであるという。ダニは、生きていくために、豊かさよりも確実さのほうを優先したのだとユクスキュルは考えたのである。

こうしたダニの環世界を鑑みると、私たちが見ている「環世界」というものは、自らが持つ感覚器官によってのみ「世界」が作られる、「主観的に作り出された世界」だと解釈できる。この、自らが持つ感覚器官によってのみ世界が作られるということは、人間にとっても同じであるということを、ユクスキュルは指摘する。

私たちが目を閉じて手足を自由に動かすとき、その運動の方向も大きさもはっきり認識することができる。たとえば、私たちが、ある空間の中にいる場合、手の届く範囲をたどることができる（手で空間を認識することができる）。この空間を、私たちの運動できる空間、すなわち、私たちが作用を及ぼすことのできる空間という意味で「作用空間」と、ユクスキュルは名づける。私たちが、身体を使ってたどれる道筋は、すべて最小の歩幅を尺度として測ることができる。この歩幅のものさしを「方向歩尺」とユクスキュルは呼ぶ。私たちは、作用空間を、前後左右上下の方向感覚をともなう方向尺度によって、認識できるのである。

私たちは、目で見た世界が「客観的な世界」だと認識してしまう（騙される）クセがあるので、「自らが持つ感覚器官によって作り出す世界」というものが何なのかは直感的には理解しづらい。しかしながら、上記のように、目を閉じて身体を使って世界を認識しようとしてみると、私たちの認識が、いかに身体感覚に頼っているものであるかということが理解できる。

環世界の概念によって、感覚器官によって世界を知覚する「主体」と、その主体にとっての「意味」というものが何であるかが整理できる。

動物にとって意味のあるものは、動物という「主体」の環世界を構築する「動き」であるとか、あるいは「音」であるとか、そうした些細なものであり、そうした些細なものに基づいて、環世界は作られているとユクスキュルは指摘する。人間が、世界を見たときに存在していると感じられるものは、他の動物にとって、存在している(環世界に含まれる)とは限らないのである。ある動物の環世界に含まれないものは、その動物にとって、存在しないに等しいのである。私たちが見ていると感じる世界(私たち人間の環世界)は、他の動物それぞれから見たときには、まったく違う世界として構築されていることになる。環世界というものは、非常に主観的な世界であり、客観的なものではないのである。環世界とは、主体としての動物にとってのみ存在する、動物それぞれが構築したきわめて主観的なものであり、それぞれの動物が作り出しているある種のイリュージョンの世界であるといってよいとユクスキュルは指摘する。

さらに興味深いことに、「環世界」は、個としての主体から見た主観世界を表現するだけでなく、多くの個による主観世界の共通項としての「文化」を表現しているともいえる。以下の引用文によって解説がなされている、万葉集に関する理解を深めることで、平安時代の人びとの「環世界」を垣間見ることが可能である。

たとえば、『万葉集』の中に「イサナ」という単語が頻繁に登場する。イサナとは、本来は、クジラの意味である。しかし、興味深いことに、万葉集の中に「イサナ」という単語を含む歌を見ていくと、それが、クジラの現実の姿を表しているものは一つもないのである。クジラを狩る様子を述べた歌もない。万葉集の中で、全部で一二回登場する「イサナ」という言葉は、実際は、すべて、「イサナとり(クジラ取り)」という言葉として現れている。さらに、万葉集の研究を通じてわかったこととして、この「イサナとり」という言葉は、「海」の枕詞になっていて、「イサナ」という言葉が単独で現れることはないというのである。結局のところ、万葉集の中に描かれている「イサナ」とは、現代の私たちが目にする生きたクジラの姿のことではなく、「クジラという巨大な生き物が存在している、広く恐ろしい海」を描写した表現なのである。当時の人びとは、言い伝えによって、クジラという巨大な恐ろしい生き物を想像し、そこから、そうした巨大な恐ろしい生き物が棲む恐ろしい世界を、想像の中で構築したのである。このように、万葉集に登場する「イサナ」という単語の使われ方一つを見ても、私たちの認識している「世界」というものが、いかに、「主観的に作り出した世界」なのかということがよくわかる。私たちの脳内では、ある種のイリュージョンが起きているといっても過言ではない。

「環世界」というものが、私たちが「主観的に作り出した世界（イリュージョン）」だとすると、私たちの見ている世界というものは、どうも頼りないように感じてしまう。しかしながら、そうした「主観的に作り出した世界」というものこそが重要であるということを、ユクスキュルは強調する。

重要なのは、「その時々に必ずなんらかの認識があった」ということなのである。その認識はその後改められ、変化する。その意味では、私たちが信じていた「世界」は、一つのイリュージョンにすぎなかったということになろう。しかしながら、そうしたイリュージョンなしに、世界は構築され得ないという。この世界の認識は、すべて、ある意味でのイリュージョンの上に立っており、何らかのイリュージョンによる現実の主観化がなければ世界の認識は起こり得ないということなのである。

以上のように、生物それぞれから見た世界である「環世界」は、「主体」を持つ私たち生物の身体感覚をはじめとする感覚器官を通して、私たち生物の脳内で作り出す世界であり、私たちが「世界を認識する」ということは、脳内で「イリュージョン」を起こしていると解釈できるのである。そして、「イリュージョン」なしに、世界の認識というものは、起こり得ないのである。

アフォーダンス

「環世界」にきわめて近い概念のひとつとして「アフォーダンス」というものがある。

「アフォーダンス」は、一九六〇年代に、アメリカの知覚心理学者ジェームス・ギブソンが提唱した概念であり、環境が動物に対して与える「意味」である。アフォーダンス理論は「ギブソニアン」と呼ばれる後継者たちによって引き継がれ、一九八〇年代から人工知能の分野においても盛んに取り入れられるようになってきている。

ギブソンによると、私たちは「眼で像を見ている」のでもなく「耳で音を聞いている」のでもなく、「アフォーダンス」という感覚を知覚することによって外部環境を認識しているのだという。ユクスキュルの、生物から見た「環境世界」が、身体感覚に基づいて構築されるとする考え方に共通する概念であると考えられる。

「アフォーダンス」が提唱された背景には、ギブソンが、視覚心理学の研究に着手した際に気づいた、伝統的な視覚心理学の方法に関する「誤り」があるといわれている。当初、ギブソンは、伝統的な視覚心理学の方法と同様に、錯視などのように、普通の見えが歪められた状態を実験的に分析して、そこから「当たり前の見え」について考える、というアプローチを採用していた。しかしながら、ギブソンは研究をしていく中ですぐに、こういった伝統的な視覚心理学のアプローチの誤りに気づいたのである。

たとえば、伝統的な方法で空間認識を行う際には主に「両眼視差」による方法がとられると考えられていた。しかしながら、こういった方法では、対象が数十メートル先にあるときには、両眼視差がほとんどなくなってしまい、立体視ができなくなってしまうはずである。ところが、実際の脳は、両眼視差に頼ることなく遠方の対象物の空間位置を把握できるのである。すなわち、「私たちは両眼視差によって空間認識を行っている」という伝統的な考え方は誤りであるということになる。

ギブソンは、こうした誤りを次々に指摘していき、やがて「私たちは、三次元空間において像を認識している」とする考え方自体がナンセンスであるという結論にたどり着いた。ギブソンによると、人間は三次元空間において物体を一つひとつ認識するなどという方法はとっておらず、周囲の環境からの光（これを「包囲光」と呼ぶ）から「情報」を獲得するという方法をとるというのである。包囲光から情報を獲得する際には、自分が動いてみることで、動かない情報（これを「不変項」と呼ぶ）を探し、それを知覚する。
たとえば目の前に長方形のテーブルがあったとすると、知覚者の目にはテーブルが長方形から台形へなど、様々な変化をする。しかしながら、知覚者はこの中で「四辺の比」などの変わらない情報（すなわち不変項）を発見し、テーブル面を知覚するということである。

こうした背景から、ギブソンは、「アフォーダンス」を提唱するに至った。ギブソンによると、知覚とは「包囲光」から「不変項」を探すことである。この包囲光においてさらに重要なことは、包囲光は「自己」の情報を含んでいるということである。たとえば、目の前に石段があった場合、知覚者は目で見るだけで「手や膝を使わずに脚だけで登れるかどうか」を推測することができる。これは、視覚の中に自己の情報を含んでいるということである。さて、このような「登れる石段」のように、環境が知覚者に対して提供する価値を「アフォーダンス」と呼び、脳は、身体を使って動くことでアフォーダンスを知覚するのである。このように、情報は「頭の中」にではなく「周囲の環境」の中にあり、脳は、動くことで「アフォーダンス」を発見しているのである。

以上が「アフォーダンス」の基本的な考え方であり[76]、人工知能の分野において、ロボット工学を中心に注目されている考え方である。アフォーダンスと同様に、伝統的な考え方である「私たちは三次元空間において像を認識している」とする考え方を否定することによって成功をおさめたロボット理論（制御理論）が、第一章で紹介した「サブサンプションアーキテクチャ」である。脳内に「認知地図」を持たない「表象なき知能」を前提にするサブサンプションアーキテクチャによって動くロボットは、「物体にぶつかったら避ける」などという単純なメカニズムだけで目的の行動を達成する。こうした、「表象なき知能」が、「主体」を獲得することができれば、この「主体」は、「アフォーダンス」によって世界を認識するようになるかもしれない。現状の人工知能研究では、「主体」や「自己」とい

76　アフォーダンスの解説に関しては、東京大学佐々木教授により多くの名著が出版されている（文献［46］〜［50］）。

うものに着目することなく、「アフォーダンス」を外から定義して与えるなどの方法を採用してしまっているものも少なくない。これには、「主体」や「自己」に対する理解が曖昧であるということが背景にあるのではないかと筆者は考えている。次のトピックでは、この「主体」や「自己」というものが何なのかということを理解するにあたって重要な概念である「自己言及」について紹介する。

自己言及とそのパラドックス

「主体性」がいかにして生まれるかを理解するには、「自己」というものの持つ構造についての理解が不可欠であると考えられる。すなわち「自己」を言及する行為である「自己言及」である。「自己言及」を行うと、容易に「自己矛盾」に陥る構造がある。すなわち、「自己言及のパラドックス」である。ここでは、まず、「自己言及のパラドックス」というものを紹介し、「自己言及」という構造の特殊性についての理解を深めていきたい。さらに、この世界というものについて認識し、言及していく際にも、この「自己言及」というものが重要な働きをするという点についても理解を深めていきたい。

「自己言及のパラドックス」とは何なのかを理解するために、まず、古代ギリシャ時代に作られたといわれる「ワニのパラドックス」という論理クイズを紹介したい。


〈問題〉

ある母子がジャングルを散歩していると、人食いワニがその子供を奪ってしまった。

人食いワニは言う。

「もし俺が今から何をするかを当てることができたら、子供を食べずに返してやろう。だが、当てることができなかったら、子供は食べてしまうぞ。」

この人食いワニに対し、母親があることを言うと、ワニは何もできなくなってしまい、母親は、無事、子供を助け出すことができたという。

さて、母親は何と言ったのだろうか。

この問題への（論理クイズとしての）解答は「あなたは、私の子供を食べるでしょう。」である。母親がこう答えると、ワニは、子供を食べることも、食べないで返すこともできなくなってしまう。その理由は以下の通りである。

母親が「あなたは、私の子供を食べるでしょう」と答えた後に、ワニが子供を食べるとすると、母親は、ワニの行動を当てることができたことになり、ワニは、子供を食べずに返さなければならない。一方で、もし母親の答えが正しくなかったとすると、すなわち、ワニが子供を食べなかったとすると、母親は、ワニの行動を当てることができなかったことになり、ワニは、子供を食べなければならない。こうしてワニは、どちらの行動を取ったとしても、自らの発言に対する矛盾を解消できないのである。

こうした、自分自身の行動に対する言及により、自己矛盾が生じる事象は「自己言及のパラドックス」と呼ばれ、至る所で見られることがわかっている。

特に、「嘘つきのパラドックス」と呼ばれるものが有名である。「嘘つきのパラドックス」の例として、以下の文を読んでいただきたい。

「クレタ人は嘘つき」だとクレタ人は言った

これは、ある一人の人がいて、その人がたまたまクレタ人という人種であって、その人が「クレタ人は嘘つき」という台詞を言った、という状況を説明する文である。この文もまた「自己言及のパラドックス」の構造を持っており、自己矛盾を起こしている。「クレタ人は嘘つき」と言ったクレタ人が本当に嘘つきだったと仮定すると、彼は嘘つきなのだから、彼の言った台詞は嘘である必要がある。すると、「クレタ人は嘘つきではない」ことになる。しかしながら、そうすると、このクレタ人は「クレタ人は嘘つき」という嘘をついたことになり、このクレタ人は嘘つきということになる。つまり、彼は、嘘つきであるとしても、嘘つきでないとしても、矛盾が生じてしまうということになる。

「嘘つきのパラドックス」には他にも無数の例があることが知られており、たとえば、「この文は誤りである」と書かれた文であったり、「落書きするな」と書かれた落書きであったり、「ステッカー禁止」と書かれたステッカーであったり、といったものは、すべて、自己を否定的に言及することで、自己矛盾を生じさせる「自己言及のパラドックス」を引き起こすものである。

ここまでの「自己言及のパラドックス」の話題は、言葉遊びのような印象を受けなくもない。しかし、より重要なことは、「世界」を認識して言及するということが、そのまま自己を言及することにつながり、自己言及の構造から逃れられないということである。

たとえば、今、ある部屋の中に私が居て、その部屋の様子を完全に描くことを考える。単純に考えるため、床に広げた模造紙に、天井から見た部屋の見取り図を描くことを考える。この作業を、完全に遂行しようとすると、何が起こるだろうか。見取り図の中には、見取り図を描いている私自身が描かれるのは当然のこと、その中には、床に広げた模造紙が描かれ、その模造紙には、今、描いた見取り図が描かれる。その見取り図の中には、床に広げた模造紙が描かれ、その模造紙には、今、描いた見取り図が、やはり描かれることとなる。そして、その見取り図を見ると、同様の現象が、無限に進行していくこととなる。鏡の中に鏡を写すのと同じ現象が起こるのである。

この現象を、一九世紀のアメリカの哲学者サイア・ロイスは、self-representative system（自己写像的体系）と表現し、哲学者である西田幾多郎は、自己が自己を写す「自覚」として分析した。西田はさらに、「場所」の概念を検討していくことにより、「自己」に関する分析を進めていった[77]。次のトピックでは、「自己」と「場所」の関わりに関し、「生命」という概念をとらえなおすことによって再構築してきた、清水博による分析を紹介したい。

清水博の「場所」と「自己」

「生きているとはどういうことなのだろうか」

分子の世界を紐解いてみても、生命の本質はとらえきれない。東京大学名誉教授の清水博（現NPO法人場の研究所所長）は、こうした問題意識から、「生命」の概念をとらえなおし、私たちが日常で用いる言葉である「即興劇」などのわかりやすい比喩を用いた説明を与えている。

清水は、「生命」の本質を取り扱う「生命科学」が、物質的な基礎から見た物質的な生命像のみを取り扱っているものであり、物質科学の枠組みだけでは、私たちが生きている「無限定」な自然環境で生きる生命像を説明できないと考えた。

自然環境というものは、私たちの知識を超える不確定な「無限定環境」であり、こうした時々刻々と変化する環境の中で、常に、環境と自己との「関係」を創り出す「知」を、生命は持っている。こうした、生命の持つ、常に新しい関係を創出する「知」を、清水は「リアルタイムの創出知」と呼ぶ。

生命の持つ「リアルタイムの創出知」とは、どのようなものなのだろうか。

私たち人間を含む生命は、細胞という「要素」によって成り立っており、それぞれの「要素」もまた、お互いの関係の中で、常に新しい関係を創出している。生命は、「要素」である細胞そのものが、リアルタイムに知を創出しているからこそ、それらによって成り立つ多細胞の「生命体」もまた、リアルタイムに知を創出することができると考え

77　文献［51］～［53］参照。

られる。清水は、著書『生命知としての場の論理』[78]の中で、こうしたリアルタイムの知を創出する生命の要素を「生命的要素」とし、それらは以下のような特徴を持つと指摘する。

[生命的要素に共通する特徴]

一、生き物の要素もまた生き物
二、自己を外へ表現する性質（表出性）がある
三、人間の感情の表出のように、表出される表現は一定ではない
四、一定の「自己」を保持し続ける
五、それぞれの主体性を保持した上で、相互に協力して互いに整合的な表現をとることができる関係（コヒーレントな関係）を生成する傾向を持つ
六、多数の要素の集まりが全体として一つの統合された表現を表出する性質を持つ

それぞれの生命的要素（細胞）は、時々刻々と変化する「無限定環境」の中で、それぞれの主体性（自己）を保持しながら、互いに協力して整合的な関係（コヒーレントな関係）を作り出しながら、その関係にしたがって自律的に自己を決めていくという性質を持つということである。こうした、お互いの関係に基づいて自己を決めていく性質から、清水は、生命的要素を「関係子」と称しており、関係にしたがって自己を自律的に決めることを「自己を表現する」と称している。

清水は、関係子が「自己を表現する」ということは、正確にいえば関係子が自己を「自己言及的」に表現するとい

78　文献［6］参照。

うことだという。「自己言及的」とは、外から与えられたルールを使って自己を表現するのではなく、自己の内部で作ったルールにしたがって自己を表現していくということを表す。新しいルールを作るときの基準（評価法）が関係子自身の内部に存在しているということである。

「関係子」の持つこのような性質を、清水は、以下のような例を用いて表現している。

人間にも、ご機嫌の顔をしているときと、仏頂面をしているときがあるように、関係子の内部の基準も一定ではなく、「虫の居所」（内部の状態）によって変化をする。機嫌の良い人が、話をしている間にますます機嫌が良くなったり、また仏頂面の人が、その仏頂面を続けているうちにますます機嫌が悪くなったりすることはよくある。これは、笑顔であったり、仏頂面であったりといった、自分自身の「表現」による影響を、自分自身が受けているものと考えられる。こうした自分自身の影響を受けて、自分自身の「ルール」が変化していくと解釈できる。一般に、関係子が自己を表現すれば、その表現をしている身体が関係子に含まれることになるので、その前後で状態が変化する。すなわち、自己の表現したものの影響を受けてルールが変わってしまうのである。

生命の構成要素である（細胞などの）「関係子」は、このように、自己自身の影響も受けながら、自己を変えていくことである。関係子の持つこのような「リアルタイムの創出知」を、清水は、「即興劇」の「役者」にたとえて説明をし直している。

関係子を意味する別称として、「役者」というあだ名がある。役者の役表現（演技）ははじめから決まっているわけではないという。その表現は、互いの間の関係によって決まるものであり、その関係が少しでも変わればその表現も変わっていく。正確にいえば「役者」の状態は関係に依存して変わり、そして役者はその状態に立脚してそれぞれ自己を表現していくのである。このように、「関係子」というものを、「即興劇」を演じる「役者」であるととらえると、生命的要素（細胞）というものは、固定されたものではなく、変化していくものであるというイメージがつきやすいのではないかと清水は考えている。

清水は、生き物は、それ自体一つの世界であるという。生き物は、一つの内的世界すなわち自己を持っている。自己とは自己言及する世界のことであり、その内的世界が自己言及活動をしていることが、生き物が生きているということなのである。自己言及活動とは、その世界で多くの関係子によって即興劇的なドラマが演じられているということである。生きているということは、その世界を物語るドラマなのだと清水はいう。

清水は、さらに、こうした「即興劇」を演じていくためには、「役者（関係子）」の「自己」が、二重構造を持つ必要があると指摘する。この「自己の二重構造」は、自分自身を自分の立場から自己中心的に見る「自己中心的自己」と、自分自身を、場全体の中で客観的に見つめる「場所中心的自己」の二重の自己によって成り立つという。清水は、「家庭」という例を用いて、二重の自己について説明する。

家族は、家庭という場所で即興的な「ドラマ」を演じていると解釈できる。そう考えると、家庭というドラマを即興的に創出するためには、それぞれが自分の殻に閉じこもっているだけでは不可能である。家族のメンバーのそれぞれが、家庭という場所を全体的に見渡すことができる観点から、自己をとらえることができなければならない。自分の意志で行動をしている（自己中心的自己）場合であっても、家庭の状況の中でその自分を見ている自分（場所中心的自己）がいる。この超越的な観点に立っている自分（場所中心的自己）がストーリー作りに関与しているのである。このように解釈すると、家族と一緒に生活をしている犬や猫であっても、それなりにこの自己を超越する能力（場所中心的自己）を持っていると清水は考える。それなくしては、共同生活をすることは不可能であり、共同をすることは、その場所のストーリー作りに参加することだと清水はとらえている。

これは、西田哲学が問題にした「主観」と「客観」に該当すると考えられる。こうした主観的な「自己中心的自己」と、客観的な「場所中心的自己」との両者が、「同一」のものとなって振る舞うことが、まさに、時々刻々と変化する「無限定環境」の中で、関係を創り出して生きていくことであると考えられる。

即興劇を演じる役者であれば、自己が自己を表現することは、場所の中で行われている即興的なドラマの中に自己を置いて（場所中心的自己）、そのシナリオに合わせて自己表現をする（自己中心的自己）ことであると解釈できる。こうした即興的なドラマの中で、「自己中心的自己」と「場所中心的自己」が関わりあって、リアルタイムの創出を行っていく役者の性質を「自己同一性」と呼ぶ。

「自己同一性」が希薄になると「私は誰、どこから来たの」ということが曖昧になってしまうという。自己同一性を持って、「自己を自己の歴史的世界の中に位置づけながら、その自己を歴史的世界の中に組み込んでいく」ということが自己の基本的な働きであり、こうした自己の「歴史」を自分自身の中で「生まれた頃から続いてきたもの」として持っているからこそ、「私は私である」ということが疑いなく認識できるということである。こうした自己自身の歴史という「場」を、自己自身で持つことが「自己」を自己たらしめるものであり、「主体」という考え方に通じるものではないかと考えられる。

清水はさらに、著書『〈いのち〉の自己組織』の中で、「生命」の概念から〈いのち〉という概念をとらえなおし、「主体性」がいかにして生じるのかを論じている。

〈いのち〉とは、その「存在を持続しようとする能動的な活き（はたらき）」であり、この活きは、〈いのち〉の「与贈循環」によって生じるという。清水によると、たとえば、家庭という一つの〈いのち〉は、家族の一人ひとりが、自分の〈いのち〉を居場所に「与贈（名前をつけずに差し出すこと）」することによって、その居場所に、「何ものかの活き」として、自己組織的に生成されるものであり、家族それぞれの、個々の〈いのち〉を包み込むものであるという。こうして、家族の家庭生活など、同じ居場所においてそれぞれの〈いのち〉が一緒に行う「〈いのち〉のドラマ」が生じ、互いの内在的世界の間につながりができるという。こうした構造により、それぞれの個体には、存在を持続しようとする能動的な活きであり、主体性を持つ〈いのち〉というものが生じると考えられる。

このように、清水の思想は、「生命」という現象をとらえなおすことによって、自己の主体性というものをとらえなおすことができるというものである。[79]

ここまでのまとめ

私たち人間の脳は、古い部位である「生存脳」と、新しい部位である「社会脳」とが相互作用することにより、社会と自己との関係を能動的に作り出し、豊かな社会性を作り出していると考えられる。

こうした、社会との関係を能動的（主体的）に作り出す「自己」（主体）とは、一体何なのだろうか。「主体」としての生物から見た世界を意味する「環世界」という概念を提唱したユクスキュルによると、私たち生物は、私たちの身体感覚をはじめとする感覚器官を通して、脳内で「環世界」を作り出しているということである。そして、私たちが「世界を認識する」ということは、脳内で「環世界」という「イリュージョン」を起こしているということであると考えられる。

また、「環世界」にきわめて近い概念である「アフォーダンス」を提唱したギブソンによると、私たちは「眼で像を見ている」のでもなく「耳で音を聞いている」のでもなく、「アフォーダンス」という感覚（自分自身にとっての「行為の意味」）を知覚することによって外部環境を認識しているのだという。これは、ユクスキュルが、生物から見た「環世界」は、身体感覚に基づいて構築されるとした考え方に共通する概念であると考えられる。

こうした、世界を認識する「主体」というものがいかにして生まれるかを理解するには、「自己」というものの持つ構造についての理解が不可欠である。すなわち「自己」を言及する行為である「自己言及」である。世界を認識するることを考えると、その世界には「自己」自身が含まれる。そして、その「自己」が「自己」を含む世界を認識する

79　清水の著書としては文献［6］［55］〜［64］などがある。その中でも、二〇一二年に出版された『コペルニクスの鏡』（文献［60］）以降は、「生命」という観点から「〈いのち〉」という観点に見方を転換し、「共に生きていく」ということを論点の中心に据えた思想を展開している。

ということは、鏡の中に鏡を写すような行為であり、パラドックスを生じうる。こうした「自己」というものをとらえるには、「生命」の概念をとらえなおすことによって、「自己」と「場所」との関わりを清水は再構築してきた。

清水は、「生命」の知というものを、時々刻々と変化する「無限定環境」の中で、常に、自己と環境との調和的な関係を創り出す「リアルタイムの創出知」であるととらえなおした。「リアルタイムの創出知」は、細胞のような、お互いの関係に基づいて自己を決めていく性質を持つ「関係子」によって実現されると考える。すると、こうした「関係子」は、互いの関係によって演技を変化させていく「即興劇」の中での「役者」にたとえることができる。役者は、即興劇の「ドラマ」という「場所」の中で、自己を主観的に見る「自己中心的自己」と、場所の中において見る「場所中心的自己」を、即興劇を演じる中で、お互いがお互いの状態を導きあうように変化する（相互誘導合致）。こうした場所と自己との関わりの中で、自己の「歴史」を持ち続けることができ、「自己同一性」を担保できる。自らの〈いのち〉を居場所に与贈する（差し出す）ことによって、「〈いのち〉のドラマ」が生じるということである。このように、「生命」をとらえなおすことによって、自己の主体性というものが、場所というものの概念を包み込んでとらえなおすことができるということである。

脳と人工知能はどのように異なるのか

本章では、私たちは、脳の構造を、古い部位である「生存脳」と、新しい部位である「社会脳」とが関わりあう中で、豊かな社会性を作り出すと理解してきた。その上で、社会性についての理解を深めるために、「ミラーニューロン」と「コミュニケーション」に関する探究を行ってきた。

その結果、「ミラーニューロン」の発見は、他者の「行為の意味」に対して「共鳴」する神経回路の存在を示唆するものであり、この回路の存在によって、「他者理解」が可能になるとともに、これが、「コミュニケーション」成立のための「共通の理解」となっているという解釈が得られた。

さらに私たちは、社会との関係を能動的（主体的）に作り出す「自己」（主体）に関する探究を行ってきた。

まず、「環世界」や「アフォーダンス」という概念を俯瞰することで、「主体」としての私たち生物から見た世界というものは、私たち生物の身体感覚をはじめとする感覚器官を通して作り出された「イリュージョン」であるという理解を得た。このイリュージョンを認識するということは、「アフォーダンス」という感覚（自分自身にとっての「行為の意味」）を知覚することであると解釈できる。

こうした、世界を認識する「主体」の理解にあたっては、「自己」というものの持つ構造、すなわち、パラドックスを生じうる「自己言及」に関する理解が必要である。清水は、こうした「自己」というものをとらえるにあたって、「生命」の概念をとらえなおすことによって、「自己」と「場所」との関わりを再構築した。生命とは、時々刻々と変化する「無限定環境」の中で、常に、自己と環境との調和的な関係を創り出す「リアルタイムの創出知」を持つものである。「リアルタイムの創出知」は、細胞のような、お互いの関係に基づいて自己を決めていく性質を持つ「関係子」によって実現される。こうした「関係子」は、互いの関係によって演技を変化させていく「即興劇」の中での「役者」にたとえることができる。

役者は、即興劇の「ドラマ」という「場所」の中で、自己を主観的に見る「自己中心的自己」と、場所の中において見る「場所中心的自己」を、即興劇を演じる中で、同一のものとしていく。こうした場所と自己との関わりの中で、自己の「歴史」を持ち続けることができ、「自己同一性」を担保できるのである。

さて、こうした、「社会性」にとって不可欠な「行為の意味理解」や、その基礎となる「自己」というものを、現在の「人工知能」はどの程度実現できているのだろうか。

清水は、著書『生命に情報をよむ』[80]の中で、現在の「人工知能」が土台とする「情報理論」を構築した「情報理論

80 文献［56］参照。

の父」と呼ばれるアメリカの電気工学者クロード・シャノンの「コミュニケーション」に関する理論を分析している。清水は、シャノンの理論を、コミュニケーションを、「三つのレベル」によって成り立つとした上で、シャノンの「情報理論」は、そのうちの第一のレベルである「シンボル」の伝達のみを扱うものであり、コミュニケーションとしては不十分であると指摘する。

これまで工学で扱われてきた情報は、意味と価値とが切り離された信号としての情報である。このような信号としての情報についてはシャノンが理論的に体系化しているが、そこで扱われているのは主に文字とか音声とかいうシンボル、つまり情報を符号化したものにすぎない。一方で、シャノンの指摘するコミュニケーションの三つのレベルは、言語であれば、文字や音声といった「シンボル」をいかに正しく伝えるかというレベル、次にそのシンボルがいかに意図した「意味」を伝えるかというレベル、そしてどのような通信をすれば送り手の意図にしたがって受け手の「振る舞い」を変えうるのかというレベルの三段階からなる。そして、彼の提案した情報理論で扱うことのできるのは、「シンボル」がいかに正しく伝えられるかという最初のレベルに限られる。すなわち情報理論は、「意味」と「振る舞い」を扱うことができないのである。

ここでの「シンボル」とは、たとえば、第一章で説明した「ニューラルネットワーク」で、画像を「分類」する際に、画像を「ピクセルの羅列」として記述するということである。画像には、たとえば人間の顔や身体や、果物や、動物といった、様々なものが含まれる。しかしながら、機械にとっては、「どこに何があるのか」という情報は、人間が教えるまでは理解できない。なぜなら、機械にとって、画像は、色（RGBそれぞれの値）のついたピクセルが順番に並んでいるだけの、単なる「ピクセルの羅列」であり、そこに「情報」は含まれない、単なる「ピクセル」という「シンボル（記号）」でしかないということなのである。

こうした「シンボル」から「情報」を読み取るためには、伝えられた「シンボル」の中から相手の「意図」を読み取り、その上で、自分自身の「振る舞い」を変えなければならない。まさに、「シンボル」を通した「行為の意味理解」を行っていく必要がある、ということであり、「コミュニケーション」を行う上では、それ単体で切り取られた「シンボル」だけでは「意味」をなさないのである。

現在、「人工知能を搭載したコミュニケーションロボット」というものが盛んに研究されている一方で、こうしたシャノンの「三つのレベル」を行うことのできる「コミュニケーションロボット」というものは、ほとんど考えられていないというのが現実である。「コミュニケーションロボット」と銘打っているものも、その多くは、たとえば、ボタン操作の代わりに音声認識を行うことで操作を楽にする、適切なタイミングでうなずくことで癒しを与える、といった単純なものがほとんどである。主体的なコミュニケーションによって、「まず、自分自身が行動を変化させ、それによって場が変化し、ようやく相手が変化し、それによってさらに場が……」といったような（人間くさい）循環的な全体システムを構築できてようやく、「コミュニケーション」というものは実現できるのではないだろうか。次章では、こうした「人間くさい」コミュニケーションを実現するという観点で欠かすことのできない考え方である「振動とリズム」というところを中心に解説する。

本章の振り返り

私たちは、「騙される」ことで世界を見ている。

私たちは、生まれた頃から、世界を作り出すために、積極的に世界に働きかけを行い、世界の構造を発見できるように成長してきた。世界の構造を発見できるということは、世界に関する「仮説」を作り出すことでもある。私たちは、主観的に「仮説」を作り出すことによって、世界から得られる不確実な情報を頼りに、生きていくことができるのだと考えられるのである。

本章では、まず、そうした不確実な世界を生きていくための働きとしての「知能」を実現する器官としての「脳」の仕組みについての理解を行った。特に、猫の認識と運動に関する研究を通して、私たち生物は、視覚情報によって空間を認識する能力（どこにものがあり、どのように変化しているのかを判断する能力）を身につけるには、視覚情報だけでは不十分であり、能動的な運動を必要とする、という理解を得た。

こうした、自らの身体を通しての「運動」によって、世界を作り出す（認識する）脳は、どのような仕組みによって動いているのだろうか。

脳の全体像を把握するために、マクリーンによって提案された「三位一体の脳仮説」がわかりやすい。「三位一体の脳仮説」によると、人間の脳は、進化的に最も古い反射脳（延髄・脳幹）、次に古い情動脳（大脳辺縁系）、最も新しい理性脳（大脳新皮質）に分類される。古い二つの部位である反射脳と情動脳は、「生存脳」と呼ばれ、外界からの刺激に対する何らかの反射（反応）と、情動（感性）による外界からの刺激の認識を司るとされる。加えて、最も新しい理性脳（大脳新皮質）は「社会脳」とも呼ばれており、外界と自己との関係を表現することで、豊かな社会性を作り出していると考えられる。

生物の進化の歴史の中でも、「社会性」の発達は重要なキーワードであるといえる。反射脳を持つ動物は、「反射」という自己保全を目的とした行動だけでなく、「服従」や「模倣」といった、「社会性」の基礎を身につけている。情動脳を持つ動物は、本能的情動や感情の発達によって、より進化した「社会性」である子育てを行うことにより、「母子間の音声交信」「アソビ」「なわばり争い遊び」といった、高度な社会行動を行う。理性脳（社会脳）を持つ動物は、言語機能をはじめ、高次の脳機能を発達させ、さらに高度な社会行動を行う。

知能という観点からも、「社会性」は重要なキーワードである。

「社会性」を理解する上で、重要な概念の一つが「ミラーニューロン」である。「ミラーニューロン」が発見されたことで、他者の「行為の意味」に対して「共鳴」する神経回路の存在が示唆される。この回路の存在によって、「他者理解」が可能になるとともに、これが、「コミュニケーション」成立のための「共通の理解」となっていると解釈できる。

人間の「コミュニケーション」は、こうした他者の「行為の意味」に対して「共鳴」する神経回路を発達させることによって、「他者理解」を可能とする。これが、コミュニケーションの「共通理解」となることによって、「言語」のやりとりを可能にしている。こうしたコミュニケーションによって人間社会が成り立っているとするならば、「社会性」というものは、こうした「行為の意味」に対する「共鳴」と、それによる「他者理解」を土台としてのコミュニケーションであると解釈できる。。

さらに私たちは、社会との関係を能動的（主体的）に作り出す「自己」（主体）に関する探究を行ってきた。まず、「環世界」や「アフォーダンス」という概念を俯瞰することで、「主体」としての私たち生物から見た世界というものは、私たち生物の身体感覚をはじめとする感覚器官を通して作り出された「イリュージョン」であるという理解を得た。このイリュージョンを認識するということは、「アフォーダンス」という感覚（自分自身にとっての「行為の意味」）を知覚することであると解釈できる。

こうした、世界を認識する「主体」の理解にあたっては、「自己」というものの持つ構造、すなわち、パラドックスを生じうる「自己言及」に関する理解が必要である。清水は、こうした「自己」というものをとらえるにあたって、「生命」の概念をとらえなおすことによって、「自己」と「場所」との関わりを再構築した。生命とは、時々刻々と変化する「無限定環境」の中で、常に、自己と環境との調和的な関係を創り出す「リアルタイムの創出知」を持つものである。「リアルタイムの創出知」は、細胞のような、お互いの関係に基づいて自己を決めていく性質を持つ「関係子」によって実現される。「関係子」は、即興劇を演じる役者に喩えられ、即興劇という「場所」の中に自己の歴史を位置づけ続けることで、自己と場所とが鍵と鍵穴のように、相互に誘導合致していくのである。

清水はさらに、現在の「人工知能」の土台である「情報理論」の生みの親であるクロード・シャノンの「コミュニケーション」に関する考え方を引用し、コミュニケーションが、「シンボル」「意図」「振る舞い」という「三つのレベル」によって成り立つ一方で、シャノンの情報理論は「シンボル」のレベルのみを対象とするものであると指摘する。「シンボル」には「意図」や「振る舞い」に関する情報は含まれず、シンボルの伝達だけであれば、コミュニケーションは成立しない。「人工知能」は、シャノンの情報理論の土台の上に立つだけでは、コミュニケーションを行う「主体」とはなり得ないのである。

人工知能にとっては、「無限定環境」の中で、環境との相互作用を行い、環境との調和的な関係を築いていくことのできる、「リアルタイムの創出知」が必要である。次章では、「リアルタイムの創出知」を実現する「関係子」となりうる「リズム」と「振動」について検討していきたい。

性転換する魚たち

生物を見ていると、常に不思議な現象に出会うことができ、実に興味深い。

特に、魚の「性転換」という現象は、本文中で紹介した「群れ」と「機能分化」というトピックにも通じるものがあり、多くの示唆を与えてくれる。

もちろん、（敢えて記す必要もないが）「性転換」といっても、人間のように大がかりな「手術」を行うわけではない。「群れ」の中で、個体間の「関係性」の中で、これまでメスだったものがオスになる、という仕組みを、ある種の魚は持っているのである。[81]

クマノミやホンソメワケベラなどサンゴ礁に棲む魚たちがそれである。

映画「ファインディング・ニモ」のモデル[82]にもなったクマノミは、イソギンチャクと共生していることでよく知られている。クマノミは、「一夫一婦」の婚姻システムを持ち、興味深いことに、大きいほうの個体が必ずメスになり、小さいほうの個体が必ずオスになる。そして、メスが死ぬと、それまでオスであったほうの個体はメスに「性転換」するというのである。

それでは、それまで夫婦であったはずのオスとメスを別れさせ、別の個体と混ぜてしまったらどうなるのだろうか。

驚いたことに、どのようなペアであっても、大きいほうの個体がメスに、小さいほうの個体がオスになるように、「性転換」を起こすのである。個体間の「関係性」というものは、性別まで変えてしまうようである。

もう一方のホンソメワケベラもまた「性転換」を起こす魚ではあるが、クマノミとは若干仕組みが異なるようである。水槽に足を入れると掃除してくれる「ドクターフィッシュ」としてお馴染みのホンソメワケベラは、「一夫多妻」の社会システムを持つ。ホンソメワケベラの場合は、クマノミとは逆に、身体の最も大きい個体がオスになるのである。そして、ホ

81　文献［65］などに詳細に記載されている。
82　模様が異なるため、「ニモ」は「クマノミ」ではなく、「クラウンフィッシュ」ではないかという説もある。

図3・7 性転換するクマノミ
夫婦になったクマノミは、大きいほうの個体が必ずメスになる。

ンソメワケベラのオスは、直径約五〇メートルのナワバリを持ち、その中に、約五匹のメスがいるという「一夫多妻」システムなのである。

では、ナワバリの中でオスが死んでしまったら、どうなるのだろうか。

その際は、残されたメスのうち、最も身体の大きな個体がオスとなり、ナワバリを率いることとなる。個体間の「関係」によって自らの役割が決まるという非常に良くできたシステムである。

このような、「性転換」という現象は、非常にわかりやすい例ではあるが、生物を観察することは、これまで無意識のうちに「常識」と考えてしまっていた思考のクセのようなものを取り払ってくれる非常によい機会である。実際の生物を観察するのもよいだろうし、不思議な現象を多く取り扱った書物を読んでみるのも、視野を広げる意味で、よいのではないだろうか。

生物を観察することは、「人工知能」を探求する上でも、当然役に立つことであると筆者は考えている。

参考文献

[1] 小泉英明（著）。脳の科学史：フロイトから脳地図、ＭＲＩへ。角川マーケティング。二〇一一。
[2] Richard Held, Alan Hein. Movement-Produced Stimulation in the Development of Visually Guided Behavior. Journal of Comparative and Physiological Psychology. 56(5). pp. 872-876. 1963.
[3] ポール・Ｄ・マクリーン（著）、法橋 登（翻訳）。三つの脳の進化：反射脳・情動脳・理性脳と「人生らしさ」の起源。工作舎。一九九四。
[4] 有田秀穂（著）。共感する脳：他人の気持ちが読めなくなった現代人。ＰＨＰ新書。二〇〇九。
[5] 永田勝太郎（著）。脳の革命：成功する人間は「脳幹」が強い。ＰＨＰ文庫。一九九五。
[6] 清水 博（著）。生命知としての場の論理—柳生新陰流に見る共創の理。中公新書。一九九六。
[7] ジャコモ・リゾラッティ 他（著）、茂木健一郎（監修）、柴田裕之（翻訳）。ミラーニューロン。紀伊國屋書店。二〇〇九。
[8] Fritz Bramstedt. Dressurversuche mit Paramecium caudatum und Stylonychia mytilus. (Training experiments with Paramecium caudatum and Stylonychia mytilus.). Zeitschrift fur Vergleichende Physiologie, 22, pp.490-516. 1935.
[9] 小野喜明。動物学雑誌 60巻12号 Ｐ８。日本動物学会。一九五一。
[10] 山口恒夫 他（編集）。もうひとつの脳：微小脳の研究入門。培風館。二〇〇五。
[11] 水波 誠（著）。昆虫：驚異の微小脳。中央公論新社。二〇〇六。
[12] 時実利彦（著）。目でみる脳—その構造と機能。東京大学出版会。一九六九。
[13] 甘利俊一（監修）、深井朋樹（編集）。シリーズ脳科学１ 脳の計算論。東京大学出版会。二〇〇九。
[14] 甘利俊一（監修）、田中啓治（編集）。シリーズ脳科学２ 認識と行動の脳科学。東京大学出版会。二〇〇八。
[15] 甘利俊一（監修）、入來篤史（編集）。シリーズ脳科学３ 言語と思考を生む脳。東京大学出版会。二〇〇八。
[16] 甘利俊一（監修）、岡本 仁（編集）。シリーズ脳科学４ 脳の発生と発達。東京大学出版会。二〇〇八。
[17] 甘利俊一（監修）、古市貞一（編集）。シリーズ脳科学５ 分子・細胞・シナプスからみる脳。東京大学出版会。二〇〇八。
[18] 甘利俊一（監修）、加藤忠史（編集）。シリーズ脳科学６ 精神の脳科学。東京大学出版会。二〇〇八。
[19] 毛利秀雄 他（編集）。シリーズ21世紀の動物科学１ 日本の動物学の歴史。培風館。二〇〇七。
[20] 片倉晴雄 他（編集）。シリーズ21世紀の動物科学２ 動物の多様性。培風館。二〇〇七。
[21] 倉谷 滋 他（編集）。シリーズ21世紀の動物科学３ 動物の形態化とメカニズム。培風館。二〇〇七。
[22] 安部眞一 他（編集）。シリーズ21世紀の動物科学４ 性と生殖。培風館。二〇〇七。
[23] 浅島 誠 他（編集）。シリーズ21世紀の動物科学５ 発生。培風館。二〇〇七。
[24] 鈴木範男 他（編集）。シリーズ21世紀の動物科学６ 細胞の生物学。培風館。二〇〇七。

[25] 阿形清和 他（編集）。シリーズ21世紀の動物科学7　神経系の多様性 その起源と進化。培風館。二〇〇七。
[26] 岡　良隆 他（編集）。シリーズ21世紀の動物科学8　とコミュニケーション。培風館。二〇〇七。
[27] 七田芳則 他（編集）。シリーズ21世紀の動物科学9　動物の感覚とリズム。培風館。二〇〇七。
[28] 井口泰泉 他（編集）。シリーズ21世紀の動物科学10　内分泌と生命現象。培風館。二〇〇七。
[29] 松本忠夫 他（編集）。シリーズ21世紀の動物科学11　生態と環境。培風館。二〇〇七。
[30] 寺北明久 他（編集）。動物の多様な生き方【1】巻　見える光、見えない光：動物と光のかかわり。共立出版。二〇〇九。
[31] 酒井正樹 他（編集）。動物の多様な生き方【2】巻　動物の生き残り術：行動とそのしくみ。共立出版。二〇〇九。
[32] 尾崎浩一 他（編集）。動物の多様な生き方【3】巻　動物の「動き」の秘密にせまる：運動系の比較生物学。共立出版。二〇〇九。
[33] 曽我部正博 他（編集）。動物の多様な生き方【4】巻　動物は何を考えているのか？：学習と記憶の比較生物学。共立出版。二〇〇九。
[34] 小泉　修 他（編集）。動物の多様な生き方【5】巻　さまざまな神経系をもつ動物たち：神経系の比較生物学。共立出版。二〇〇九。
[35] アンドリュー・パーカー（著）、渡辺政隆 他（翻訳）。眼の誕生：カンブリア紀大進化の謎を解く。草思社。二〇〇六。
[36] スティーヴン・オッペンハイマー。人類の足跡10万年全史。草思社。二〇〇七。
[37] 開　一夫 他（編集）。ソーシャルブレインズ：自己と他者を認知する脳。東京大学出版会。二〇〇九。
[38] マルコ・イアコボーニ（著）、塩原通緒（翻訳）。ミラーニューロンの発見：「物まね細胞」が明かす驚きの脳科学。ハヤカワ・ノンフィクション文庫。二〇一一。
[39] クリスチャン・キーザーズ（著）、立木教夫 他（翻訳）。共感脳：ミラーニューロンの発見と人間本性理解の転換。麗澤大学出版会。二〇一六。
[40] 小川洋子 他（著）。言葉の誕生を科学する。河出文庫。二〇一三。
[41] 松沢哲郎（著）。想像するちから：チンパンジーが教えてくれた人間の心。岩波書店。二〇一一。
[42] 岡ノ谷一夫（著）。「つながり」の進化生物学。朝日出版社。二〇一三。
[43] 岡ノ谷一夫 他（著）。言葉はなぜ生まれたのか。文藝春秋。二〇一〇。
[44] ユクスキュル 他（著）、日高敏隆（翻訳）。生物から見た世界。岩波文庫。二〇〇五。
[45] 日高敏隆（著）。動物と人間の世界認識：イリュージョンなしに世界は見えない。ちくま学芸文庫。二〇〇七。
[46] 佐々木正人（著）。アフォーダンス：新しい認知の理論。岩波書店。一九九四。
[47] 佐々木正人（著）。コレクション認知科学7　からだ：認識の原点。東京大学出版会。二〇〇八。
[48] 佐々木正人 他（著）。アフォーダンスの構想：知覚研究の生態心理学的デザイン。東京大学出版会。二〇〇一。
[49] 佐々木正人 他（著）。複雑系の科学と現代思想 アフォーダンス。青土社。一九九七。
[50] 佐々木正人 他（著）。アフォーダンスと行為。金子書房。二〇〇一。

[51] 上田閑照（著）。西田幾多郎を読む。岩波新書。一九九一。
[52] 西田幾多郎（著）、小坂国継（翻訳）。善の研究〈全注釈〉。講談社学術文庫。二〇〇六。
[53] 西田幾多郎（著）。西田幾多郎全集〈第3巻〉芸術と道徳 働くものから見るものへ。岩波書店。二〇〇三。
[54] アンリ・ベルクソン（著）、真方敬道（翻訳）。創造的進化。岩波文庫。一九七九。
[55] 清水 博（著）。生命知としての場の論理：柳生新陰流に見る共創の理。中央公論社。一九九六。
[56] 清水 博（著）。生命に情報をよむ：バイオホロニクスがえがく新しい情報像。三田出版会。一九八六。
[57] 清水 博（著）。生命を捉えなおす：生きている状態とは何か。中央公論社。一九九〇。
[58] 清水 博（著）。生命と場所：意味を創出する関係科学。NTT出版。一九九二。
[59] 清水 博（著）。生命と場所：創造する生命の原理。NTT出版。一九九九。
[60] 清水 博（著）。コペルニクスの鏡。平凡社。二〇一二。
[61] 清水 博 他（著）。〈いのち〉の普遍学。春秋社。二〇一三。
[62] 清水 博 他（著）。シリーズ文明のゆくえ：近代文明を問う 近代文明からの転回。晃洋書房。二〇一三。
[63] 清水 博（著）。新装版 場の思想。東京大学出版会。二〇一四。
[64] 清水 博（著）。〈いのち〉の自己組織：共に生きていく原理に向かって。東京大学出版会。二〇一六。
[65] 桑村哲生（著）。性転換する魚たち：サンゴ礁の海から。岩波書店。二〇〇四。

第四章　「生命」から紐解く「知能」の仕組み

「リズム」という現象を通して知る「生命」と「知能」の原理

まるでオーケストラのように、一斉に一つのリズムを奏でるホタル。

「リズム」という現象は、六〇兆もの細胞が、一つの「生き物」として機能するための根本原理ではないかと考えられている。

ここでは、そうした「リズム」を理解することによって、「生命」そして「知能」がどこまで理解できるのかを探る挑戦を行いたい。

暗闇で光るホタルは、まるでオーケストラのように、群れ全体で、一斉に一つのリズムを奏でるという。このような多くの個体のリズムが同期する「シンクロナイゼーション」は、点滅のリズムのように、リズムを持つ生命にとっては頻繁に見られる現象であり、心臓の鼓動、体内時計、歩行の仕組みなど、私たちの「生命」を維持するのに欠かせない機能を成り立たせる根本原理ではないかともいわれている。

こうした個々のリズムを通して全体が一つの「生命」を奏でる現象は、私たち生物が、進化の過程を経て発達させてきた「社会性」と大きな関係がある。私たち生物がコミュニケーションを行うことは、自らの身体感覚を通して、他者の「行為の意味」に対して「共鳴」し、それによって「他者理解」を行う中で、自分自身の「主観世界」を作り出していくことである。リズムを共有するということは、こうしたコミュニケーションを成り立たせる根本原理なのではないかとも考えられる。

このような生命に関する描像は、第一章で見てきた論理演算によってデータの分類を行う「ニューラルネットワーク」や、「知能の定義」を行うことで「人工知能」を作ろうとするだけでは、容易には見えてこない。

本章では、生命にとっての根本原理を突き止めるべく、「リズム」と「シンクロナイゼーション」という観点から、「生命」というものがどういうものであるかについての理解を深めていきたい。

ホタルに見る「生命」の仕組み

暗闇の中で、一万匹ものホタルの大群が一斉に明滅する。この現象は「同期（シンクロ）」と呼ばれる現象であり、特に「指揮者」がいるわけでもないのに、まるで示し合わせたかのように、それぞれのホタルが明滅のタイミングを合わせ、ホタルの群れが、まるで一つの生命体のように明滅するのである。[83] 明滅を、明るい状態と暗い状態とを繰

83　動画サイトなどで「ホタルの同期」と検索して、その不思議な様子を確認していただきたい。

図4・1　ホタルの同期
暗闇の中で、一万匹ものホタルの大群が一斉に明滅する同期（シンクロ）現象は、パプワニューギニアをはじめとする至るところで観察されている。（提供：イラストAC）

り返す「振動」だとすると、個々のホタルの振動が同期（シンクロ）することで、一つの生命体を作り出しているように見える。

この現象自体を見聞きするだけだと「そのような現象もあるのか」という印象を受けるだけかもしれない。しかし、よく考えてみると、この現象の不思議さに気づかされる。もしも、個々のホタルが、勝手気ままに明滅しているのであれば、どのようにして全体で一つのリズムを奏でることができるのだろうか。また、そのリズムは誰が決めるのだろうか。この現象には、どのようなメカニズムが働いているのだろうか。

個々のホタルの振動は、お互いに影響を受け合い、そのリズムを少しずつ変化させていく。この現象は「引き込み」と呼ばれ、個々のホタルが、周辺のホタルと徐々に歩調を合わせあって同期（シンクロ）していくうちに、全体で、統一された一つのリズムが起こる、という仕組みである。

この仕組みの興味深い点は、群れの中の個体の数が増減しても、また、複数に分裂しても、さらにいえば、群れと群れが合わさっても、引き込みによって、全体で統一された一つのリズムを奏でることができるという点である。「群れ」とはいえ、常に同じ個体が存在するわけではないし、個々のホタルは、周辺の状況によってそのリズムを若干ながら変化させることもある。しかしながら、群れ全体を観察すると、それらは、そうした環境の変化にかかわらず、同期（シンクロ）して統一された一つのリズムを奏でるのである。[84]

こうした、個々のリズムが引き込みあうことで統一された一つのリズムを奏でることを観察できる生物がいる。いわゆる「アメーバ」のような形状をした「真正粘菌」[85]と呼ばれる単細胞生物である。特に「モジホコリ」と呼ばれる種の真正粘菌の変形体は、黄色いアメーバ様の特徴的な形態をしており、単細胞生物とはいえ、「多核単細胞生物」と呼ばれ、一つの細胞の中に、多数の核が同居している状態である（図4・2）。真正粘菌は、その細胞を構成する原形質が流動することで振動を起こし、それぞれが引き込みあうことで、一つの生物個体として動いているのである。

この真正粘菌の同期（シンクロ）が起こす現象は非常に興味深い。はこだて未来大学教授の中垣俊之らの研究チームは、この真正粘菌が、迷路の最短経路を探索するということを発見した。迷路の隅々に真正粘菌を配置し、スタート地点とゴール地点に餌のオートミールを配置すると、餌付近の原形質が、周辺に振動を伝えあうことによって、引き込みを起こし、全体の原形質が、最短経路に集まってくる様子が確認できる。個々の要素は、個別に振動を繰り返しているだけにもかかわらず、それぞれが引き込みあうことで、全体が最短経路を発見するということは、非常に興味深い。こうした、個々の振動のリズムが引き込みあうことで、細胞全体が、まるでひとつの意思を持っているよう

84　文献［1］～［3］参照。
85　真正粘菌は、アメーバ状の「変形体」という動物的性質を持つ状態と、キノコのような子実体を形成し、胞子によって繁殖する植物的な性質をあわせ持つ生物である。

図4・2　真正粘菌モジホコリ[86]
多核単細胞生物の変形菌の一種であるモジホコリは、原生生物でありながら、肉眼で観察することができ、モデル生物として様々な研究に利用されている。

に見える。この様子を見て、これが「知性」の源なのではないかと考える研究者は少なくないのである。[87]

「生命」の根本原理であるリズム

生物を観察すると、振動のリズムの引き込みによる同期（シンクロ）を利用している例は、至るところで発見できる。細胞間の引き込みによって、私たちは、心臓の鼓動や、呼吸、体内時計（サーカディアンリズム）、歩行といった様々な生命活動を、安定して行うことができる。

こうした同期現象により、脳は、「結合問題」を解決しているのではないかとする説がある。「結合問題」とは、特に、脳の視覚情報処理において、別々の部位で処理されている「色」や「形」といった特徴が、どのように「結合」されているのか（すなわち、赤いりんごを見たときに、脳はどうやって

86　国立科学博物館筑波実験植物園きのこ展（二〇一六年十月一日～一〇日開催）にて許可を得て撮影。
87　文献［4］［5］などを参照。

図4・3　月面
月面を見て「顔」や「ウサギ」が見える際、大脳視覚野の様々な部位で「ガンマ振動」が現れ、同期が確認されるかもしれない。（提供：写真AC）

「赤いりんご」という認識を行っているのか）という問題である。この問題が解決すれば、視覚だけでなく、聴覚や触覚といった様々な情報から、いかにして一つの物体に関する「概念」を作り上げているか、ということが理解される可能性があり、脳の根本原理の理解に近づく可能性がある。そして、同期現象は、この問題を解決する鍵を握っているのではないかと考えられているのである。

「結合問題」に関する代表的な研究成果の一つは、一九九〇年にドイツの神経科学者ヴォルフ・ジンガーらが発表した、「動く棒」を用いた実験である。「動く棒」を見せた猫の一次視覚野を観察すると、同じ方向に棒が動く場合にはそれぞれの棒に対して反応するニューロンが同期して発火するのに対して、そうでない場合には、このような同期が起らなかった。

こうした実例を皮切りに、単語を学習する際に、すでに記憶として定着している単語を見ると海馬と鼻腔皮質に同期が確認できたり、「ムーニー・フェイス」（月の表面の影のような顔）と呼ばれる騙し絵のような絵を見た際に（図4・3）、「顔」を認識した瞬間に大脳視覚野の様々な部位で「ガンマ振動」が現れ、同期が確認されたりなど、私たちの脳は、知的処理を行う上で、同期現象を巧みに利用していることがわかってきている。[88]

脳が振動の同期現象を巧みに利用しているのは、こうした「物体認識」に関する情報処理だけではない。人間を含む動物には「中枢パターン生成器（CPG）」というものが備わっており、[89]この内部での振動パターンが、様々な身体の運動パターンを作り出しているといわれている。人間や動物の歩行、魚の遊泳、鳥のはばたきなど、リズミックな繰り返し動作は、基本的にはCPGで創り出された運動パターンによるものと考えられている。そして、この仕組みは、近年、自律的に歩行するロボットに応用されはじめている。

リズムが作り出す「社会性」と「秩序」

リズム現象が、生命の至るところで観察されるという事実は、それ自体、興味深いところではある。しかしながら、真に興味深い点は、リズム現象を数理的に記述することによって、その共通性を見出しうる可能性にある。すなわち、人間や細胞を含むすべての「生命」の「社会性」や「秩序」といったものを、共通する原理で語れる可能性があるということである。リズム現象を数理的に記述することは、「生命の根本原理」を解き明かす鍵になりうると筆者は考えている。

数理的な記述は、自然科学系の研究者あるいは技術者を除いて、日常的に接することが少なく、抵抗があるかもしれない。しかしながら、ここでの数理的な記述は、なるべく最低限にとどめ、かつ、定性的な説明を充実させることに努めた。したがって、ここに記述されている数式を読まずとも、内容の理解は可能なはずである。とはいえ、数式は、複雑な説明を、たった一行の式に集約し、思考を整理するのには役に立つ。すべての数式を理解できなくとも、数式は、適宜、思考の整理に役立てていただきたい（または、図の解説を読みながら、リズム現象の物理的性質を理

88　詳細は文献［1］に紹介されている。
89　人間をはじめとする脊椎動物のCPGは、脊髄に見られる。

解していただきたい）。

さて、まずは、リズムを作り出す「振動」から、物語をはじめてみたい。

振動には、大きく分けて二種類に分類できると筆者は考えている。一つは、「生きている振動」と呼び、もう一つは「死んだ振動」と呼ぶと、イメージしやすいのではないだろうか。

振動を単純に作ろうと思うと、バネなどを用意するとよい。バネに重りをつけ、それを手で引っ張った後に、その手を離すと、バネの振動が起こる。その振動を、放っておくとどうなるだろうか。

容易に想像できることではあるが、バネの振動は、しばらくは続くものの、ある程度時間が経つと、その振幅は減衰していき、やがて止まってしまう。バネの振動は、死んでしまうのである。なぜ、この振動は止まってしまうのだろうか。

バネを引っ張ることによって得たエネルギー（弾性エネルギー）は、空気抵抗（空気との摩擦）などによって、外側に流出してしまい、やがては使い果たされてしまう。これが「エネルギーの散逸」と呼ばれ、バネの振動を、「死んだ振動」としてしまうものの正体なのである。

それでは、生命現象において観察される振動は、この「死んだ振動」と同じなのだろうか。生命現象における振動は、たとえば川の流れの中にできる渦のようなものだと表現されることがある。川の流れの中にできる渦には、絶えず、水の「流入」と「流出」が起こる。そうした、エネルギーの流入が絶えず起こる中で、自己の状態が自己の状態を決めていく「自己組織化」という現象が起こり、それが渦という振動を作り出す。これが、生命現象に見られる「生きている振動」であると考えられている。身の回りで見られる「生きている振動」現象として、「熱対流」というものがある（図4・4）。コンロでお湯を沸かすと、下方の水が熱せられることによって上方に移動する。これによって、上方の冷たい水が下方に移動し、熱せられる。こうした水の移動により、「熱対流」という渦のような現象が自己組織的に起こるのである。

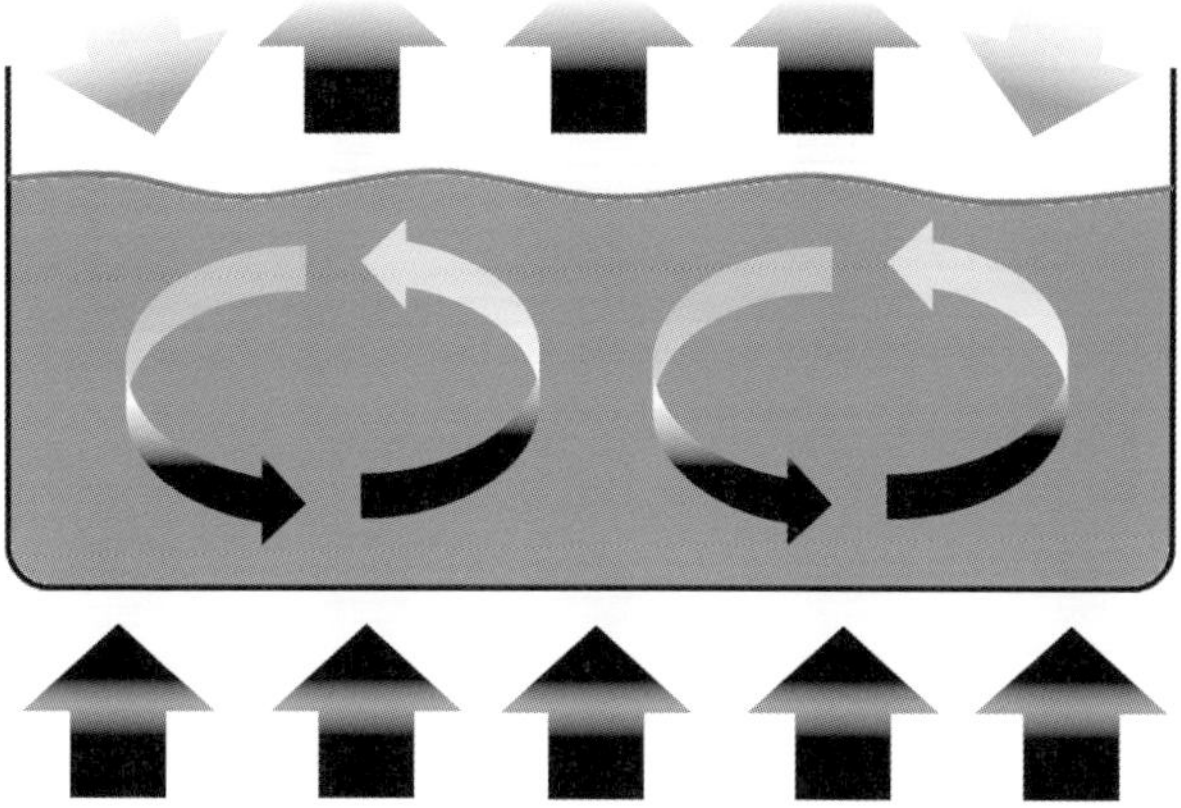

図4・4　熱対流のイメージ
「熱対流」は、「生きている振動」現象の一つである。コンロでお湯を沸かすと、下方の水が熱せられることによって上方に移動する。これによって、上方の冷たい水が下方に移動し、熱せられる。下方を熱することで、こうした水の移動による「渦」が自己組織的に作られるのである。

さて、こうした「生きている振動」というものは、「死んだ振動」と無関係なのだろうか。

どちらの振動であっても、振動である以上、それらには共通の原理が働いている。振動を引き起こすのに最も重要なものは、「復元力」と呼ばれる力である[90]。この「復元力」により、バネのような「単振動」、すなわち、単一の系が「振動」を起こす現象が見られる。では、この「復元力」とはどのようなものなのだろうか。

「復元力」は図4・5のようなバネの運動を考えると理解しやすい。まず、バネを縮めていくと、もとの長さに戻ろうとする力が働く（すなわち下向きの力が働く）。これが、もとの長さに「復元」しようとする「復元力」である。この「復元力」は、縮まれば縮まるほど大きくなり、もとの長さと同じになると、ゼロになる。この「復元力」は、もとの長さと同じになる際にゼロになるが、その勢いはすぐには止まらない（すなわち、速度は大きなままである）。このため、バネがもとの長さと同じになっても、バネはさらに伸び続ける。すると、今度

90　高校物理の「力学」において学習することができる。

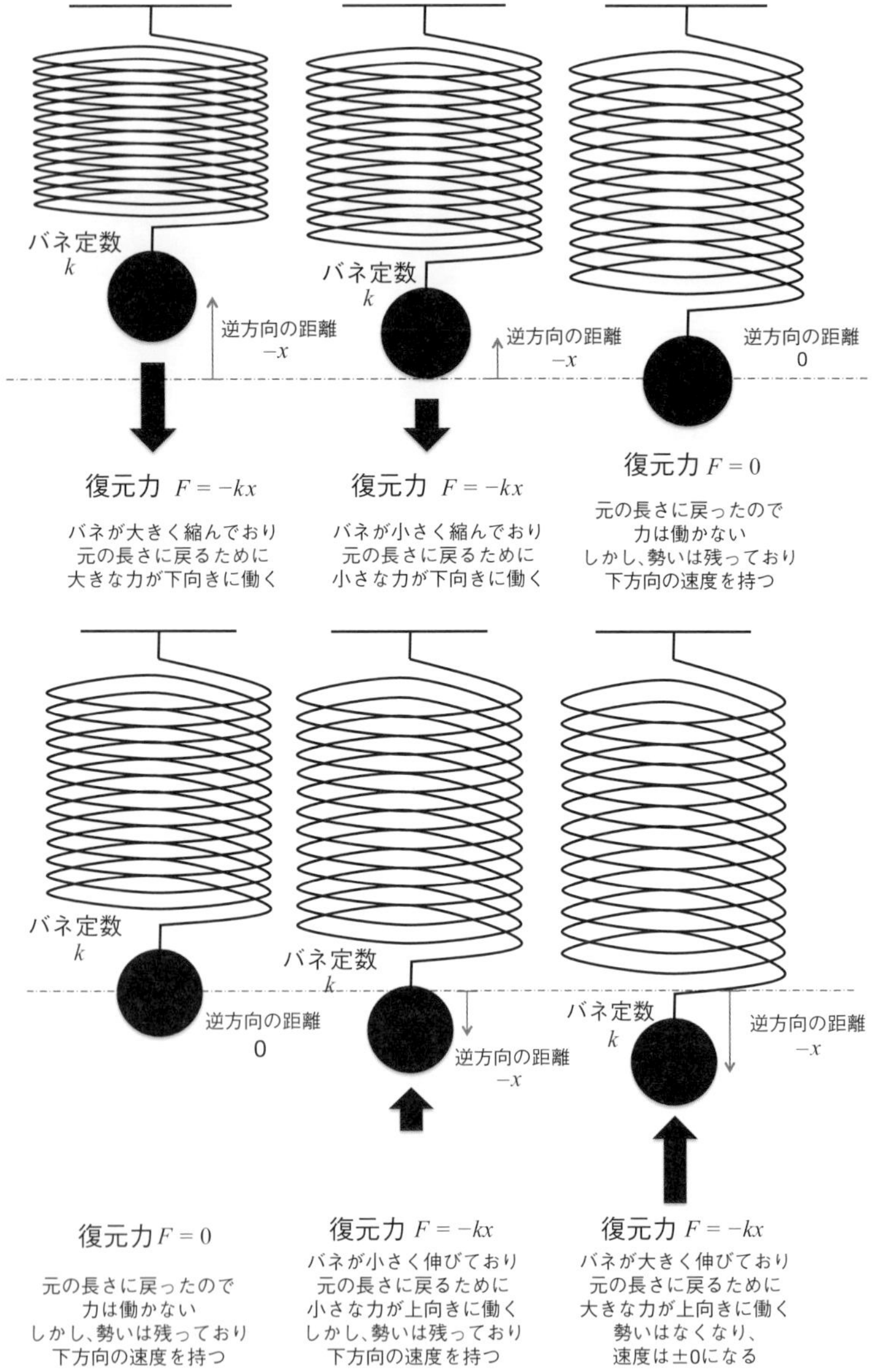

図4・5　復元力
もとの長さに戻ろうとする「復元力」によって、バネは振動を続ける。

は、この「復元力」は、もとの長さに戻ろうとする方向に働く（すなわち上向きの力が働く）。このとき、バネの速度は下向きである一方、力は上向きに働くので、やがて速度はゼロになり、バネの伸びは限界に達し、今度は上向きに進んでいく。バネは、こうした「復元力」の働きにより、何度も振動を繰り返していくことになる。

こうした「復元力」による振動は「調和振動」と呼ばれ、バネだけではなく、至るところで見られる。振り子の振動や、電気回路の中での「電気振動」などがそれである。こうした「振動現象」は、バネなどの人工的な系のみならず、「生き物」の世界でも多く見られる現象である。たとえば、水槽の中で微生物を育成していると、その個体数が増減を繰り返す「振動現象」が見られる。捕食者と被食者が明確な場合は、この「振動現象」は、はっきりと観測することができる。「捕食者が減るほどに天敵のいなくなった被食者の数は増加し、被食者が増加すると、それをエサにする捕食者が増加し、それによって被食者の数は減少をはじめ……」といった具合に、捕食者と被食者の数の増減は、わかりやすい振動現象を描く。[91]

こうした捕食者と被食者との関係のような、二者の関係によって振動が生まれる現象は、「復元力」を表す式を、うまく分解すると、理解が容易になる。まず、図4・5中にも記載した、復元力を表す式は、次の通りである。

$$F = -kx \qquad （式4-1）$$

Fは「復元力」であり、バネなどの振動が、振動中心に戻ろうとする力である。また、kはバネであれば「バネ定数」といわれ、この定数の値が大きければ大きいほど、振動の周波数である「振動数」は大きくなる（振動数はkの平方に比例）。[92] さらに、xは中心からの距離であり、復元力は、中心から離れれば離れるほど、力の大きさは大きく

91　捕食者と被食者との関係は、正確には「ロトカ・ボルテラ方程式」などで記述されるものであるが、「振動」という点については共通している。

92　（式4-3）を解くと、振動数 $\omega = \sqrt{\frac{k}{m}}$ が導出される。

なる。

さて、この「復元力」の式を分解する前に、「復元力」が何を生み出すかを説明する必要がある。たとえば、図4・5のバネであれば、「復元力」によって、バネの先にある黒色の球が押され、「加速」する。この、力が加えられることによって「加速度」が生まれる関係が、次のアイザック・ニュートンの運動方程式である。

$$F = m\ddot{x} \qquad (式4-2)$$

ここで、mは、黒色の球の質量を表し、$\ddot{x}$は加速度を表し、xの時間tによる二階微分$\frac{d^2x}{dt^2}$と記述することもできる。「復元力」が「加速度」を生み出す、すなわち、（式4-1）中の復元力Fと、（式4-2）中の力Fは等しいことから、次の関係が成立する。

$$-kx = m\ddot{x} \qquad (式4-3)$$

この（式4-3）を分解すると、実は、「捕食者」と「被食者」と同様の関係が隠れているということが発見できる。（式4-3）を単純にするために、$k=1$および$m=1$とすると、（式4-3）は、

$$-x = \ddot{x} \qquad (式4-4)$$

のように書き改めることができる。

いま、（式4-4）における登場人物は、x唯一人のように見える。ここに、$\dot{y}=x$という関係を満たす二人目のyを登場させよう。すると、（式4-4）は、$-\dot{y}=\ddot{x}$となることから、両辺を積分すると、$-y=\dot{x}$の関係が成立していることがわかり、もとの、$\dot{y}=x$の関係式と併せて、

$$\dot{x} = -y$$
$$\dot{y} = x$$
（式4-5）

という二つの登場人物xおよびyに対しての二つの関係が成立していることがわかる。この二つの関係は、「yが増えれば増えるほど、xが減少する（yが減れば減るほど、yは増加する）」「xが増えれば増えるほど、yもまた増加する（xが減れば減るほど、yもまた減少する）」という関係を表しており、「捕食者であるライオン(y)が増えれば増えるほど、被食者であるシマウマ(x)が減少する」「被食者であるシマウマ(x)が増えれば増えるほど、捕食者であるライオン(y)が増加する」という、捕食者と被食者との関係に対応づけることが可能である。また、ここでの被食者(x)は、自分自身の増加によって、相手を増加させる（すなわち系全体を活性化させる働きを持つ）ことから、「活性因子（アクチベータ）」と表現され、一方で、捕食者(y)は、自分自身の増加によって、相手を減少させる（すなわち系全体の活性を抑制させる働きを持つ）ことから、「抑制因子（インヒビター）」と表現される。そして、活性因子と抑制因子をともに持つ系は、（後述する）「アトラクター振動」という、ある決まった軌道（アトラクター）を安定して周期振動するという性質を持つのである。

xとyの振動の様子を示したものが図4・6である。「被食者」であり「活性因子」であるxが先に増加し、それを追いかけるようにして、「捕食者」であり「抑制因子」であるyが増加している様子を見ることができる（もちろん、捕食者と被食者の数が図に示されている通り、マイナスの値を取ることはないので、あくまで概念的な説明であるととらえていただきたい）。

こうした、捕食者と被食者との関係による振動現象は至るところで確認されており、[93]このことは、中世における

93　捕食者と被食者との関係は、一般的に「ロトカ・ボルテラ方程式」により記述され、微生物の増減などを中心に、多くの現象を記述する方程式として用いられる。

三〇年から五〇年周期の害虫の大発生による飢饉であったり、疫病であったりといった「周期的な自然現象」とも無関係とはいえない。[94]

さて、（式4-5）で紹介した振動現象は、あくまで、系の外からの影響が何もない、「理想的な振動」であり、「調和振動」といわれる振動である。「調和振動」は、理想的には、無限時間後まで振動を続けていくことになるが、実際には、空気抵抗や、バネ内部での摩擦力などの影響によって、振動は徐々に減衰していく（シマウマも被食者であると同時に捕食者であり、食糧の影響など、様々な影響を受ける）。これは、エネルギーが外から入ってくる「流入」がないと、外に出てしまう（流出する）一方であり、結果としてエネルギーが「散逸」してしまうことによる。こうした、エネルギーの散逸のみが起こる振動を「減衰振動」と呼び、バネであれば、以下の図4・7のように、エネルギーの散逸によって、全体の動きが減衰していく様子がわかる。

さて、これまで二つの振動現象を見てきた。

一つ目は、調和振動であり、エネルギーの流入も流出もない、理想的な（現実にはない）振動である。二つ目は、減衰振動であり、エネルギーの流出（散逸）のみを考慮した振動である。現実において見られる振動（特に生命現象において見られる振動）においては、エネルギーは流出（散逸）するだけでなく、流入が同時に起こっている。このエネルギーの流入によって、振動現象が「自己組織化[95]」される。この、エネルギーの流入のよる振動の「自己組織化」を端的に表現したものが、以下のVan der Pol方程式である。

94 こうした疫病の発生の振動現象に関しては、「数理生物学」などの分野において、「複雑ネットワーク理論」や「パーコレーション理論」などと融合した研究がなされている。

95 「自己組織化」とは、自律的に秩序を持つ構造を作り出す現象と定義されている。自分自身が自分自身の「触媒」となり、自分自身の状態が、自分自身の変化を生み出す構造によって生み出される。

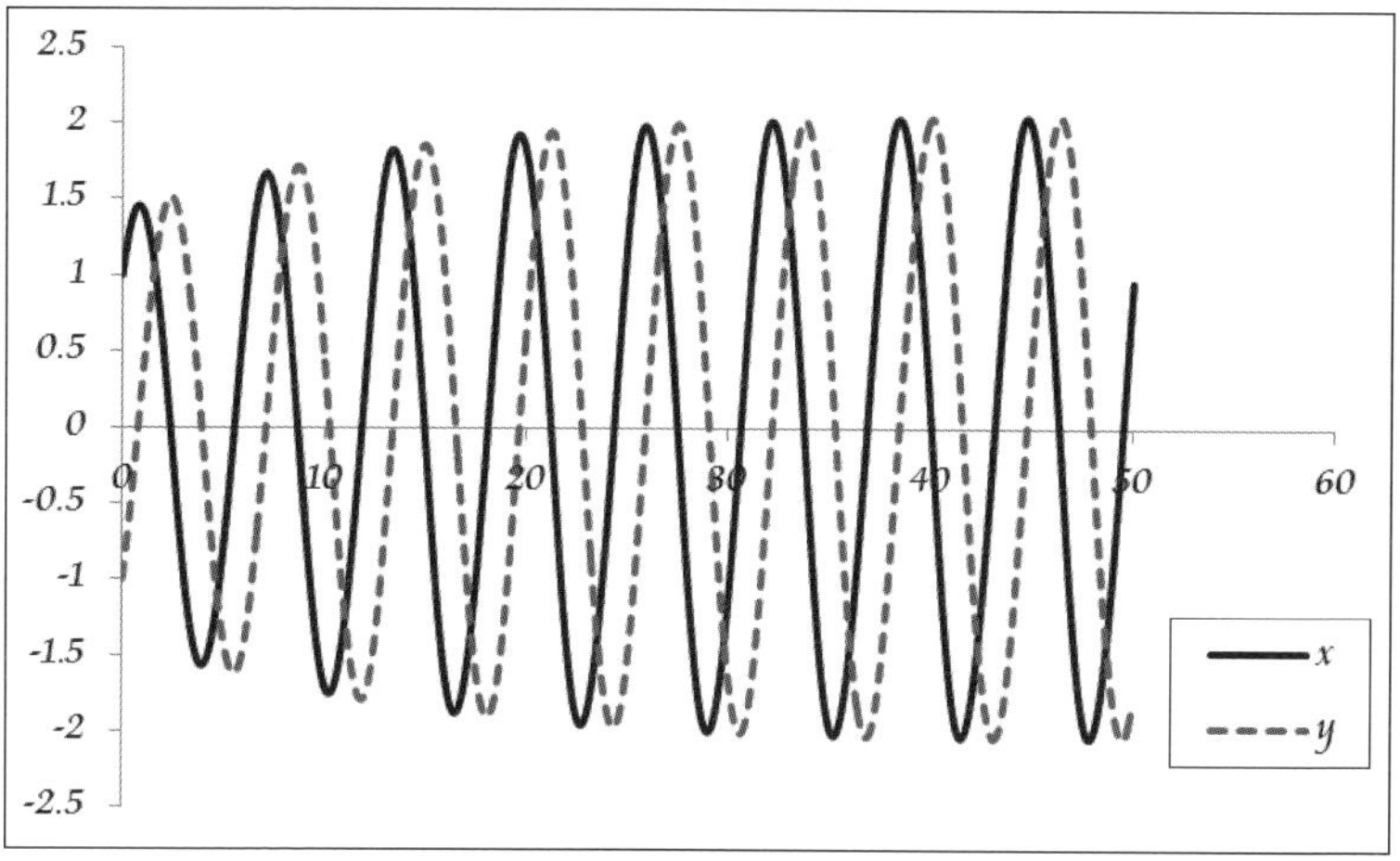

図4・6　被食者 y と捕食者 x との関係
「被食者」であり「活性因子」である x が先に増加し、それを追いかけるようにして、「捕食者」であり「抑制因子」である y が増加している様子が見られる。

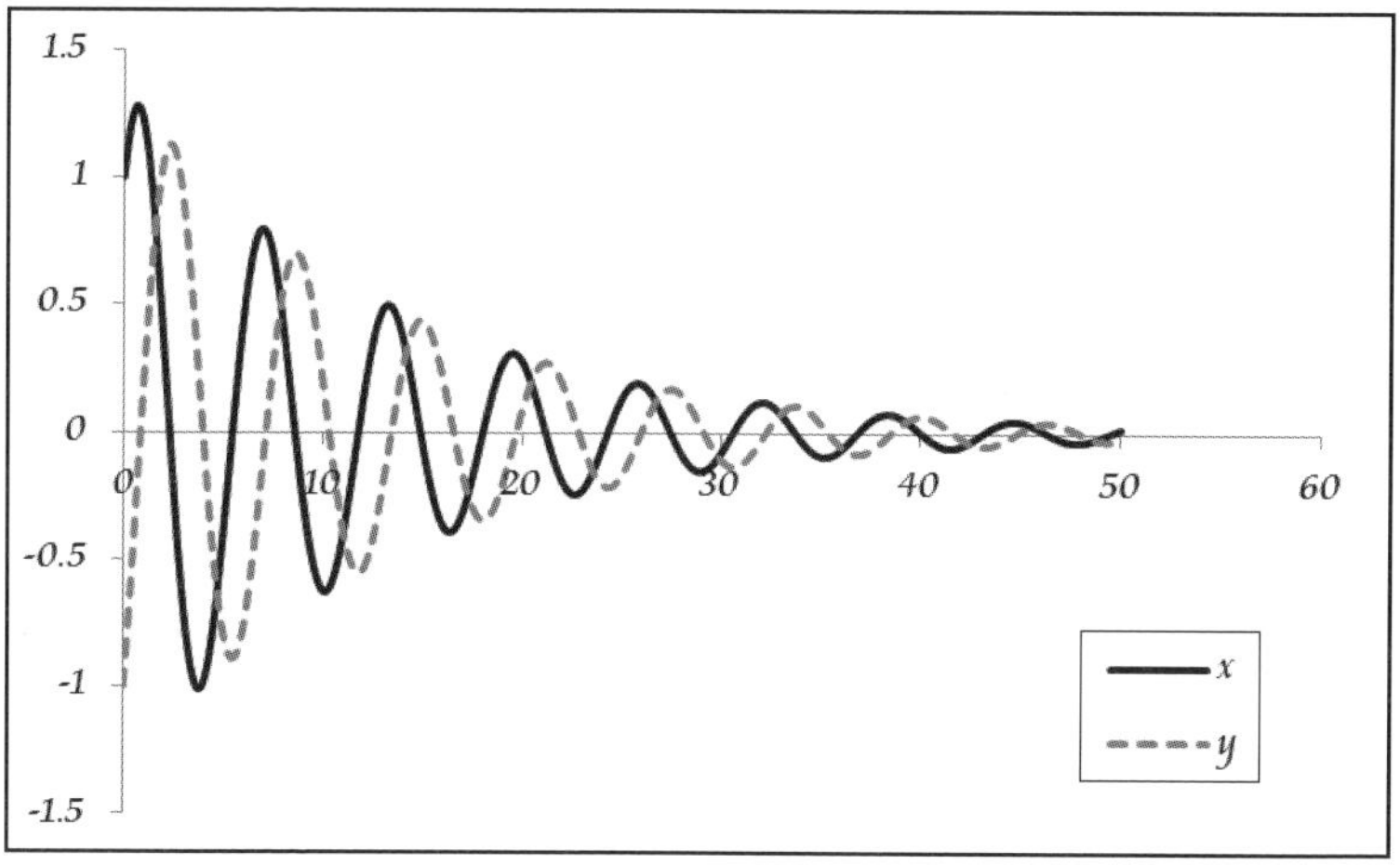

図4・7　減衰振動の様子（被食者 y と捕食者 x との関係）
エネルギーの流出（散逸）が起こると、振動は減衰していく。

$$\dot{x} = -y + \mu\left(x - \frac{1}{3}x^3\right)$$
$$\dot{y} = x$$
（式4-6）

この式は、（式4-5）に、やや複雑な、「摩擦力」$\mu(x-\frac{1}{3}x^3)$を意味する「摩擦項」が新たに加えられている。図4・7に示した「減衰振動」における摩擦力は一定だった。しかし、Van der Pol方程式における摩擦項をグラフに表現すると、以下の図4・8のようになる。このグラフを見ると明らかなように、摩擦力が負（マイナス）の状態と正（プラス）の状態とが交互に生じている。この、摩擦が負（マイナス）の状態が、まさに「エネルギーの流入」を示している。

このように、エネルギーの流入があると、それが、負の摩擦力として働く。正の摩擦力のみであれば振動は減衰していくが、負の摩擦力があることによって、振動が継続する。こうしたエネルギーの流入と流出によるサイクルは「リミットサイクル」と呼ばれ、こうした振動を「リミットサイクル振動」と呼ぶ。Van der Pol方程式が描く「リミットサイクル振動」を図4・9に示す。

Van der Pol方程式による振動は、「調和振動」のそれとは異なり、初期の振動に比べて振動の状態が変化する。図4・9を見ると、最初はあまり大きくなかった振動が、徐々に大きくなり、その状態で安定していることがわかる。これが「リミットサイクル振動」の特徴である。エネルギーの流入・流出がある「開放系」では、初期状態の影響を受けることなく、「安定状態」に収束する。これにより、動的な「平衡状態」（動的平衡）が作られる。こうした、「リミットサイクル」に収束する状況をよりわかりやすく観察するためには、「相図」というものを描くと便利である。相図は、この場合、xとyの関係を表すもので、図4・10のように描くことができる。

この「相図」を参照すると、初期状態において、右下の（1, -1）の状態から出発した振動が徐々に変化し、半径およそ2.0の円、すなわち「リミットサイクル」と呼ばれる安定した振動の状態に収束していっている様子がわかる。

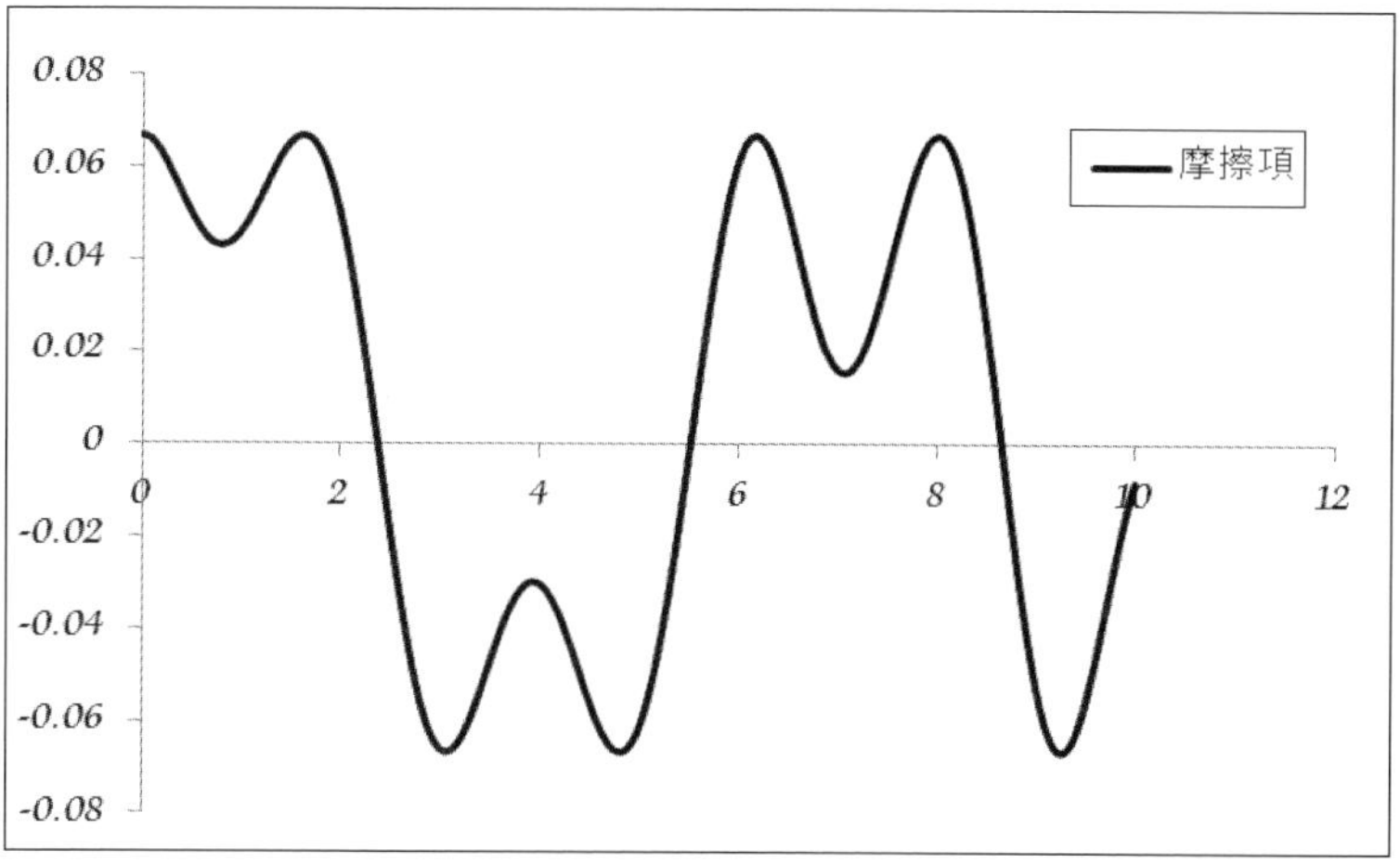

図4・8　Van der Pol 方程式の摩擦項
摩擦力の働きによって、エネルギーの流出（散逸）が起こる。これによって、振動は減衰する。しかしながら、Van der Pol 方程式は、周期的に「負の摩擦力」が働く。「負の摩擦力」とは、エネルギーの流入である。エネルギーの流入によって、振動は減衰することなく安定する。

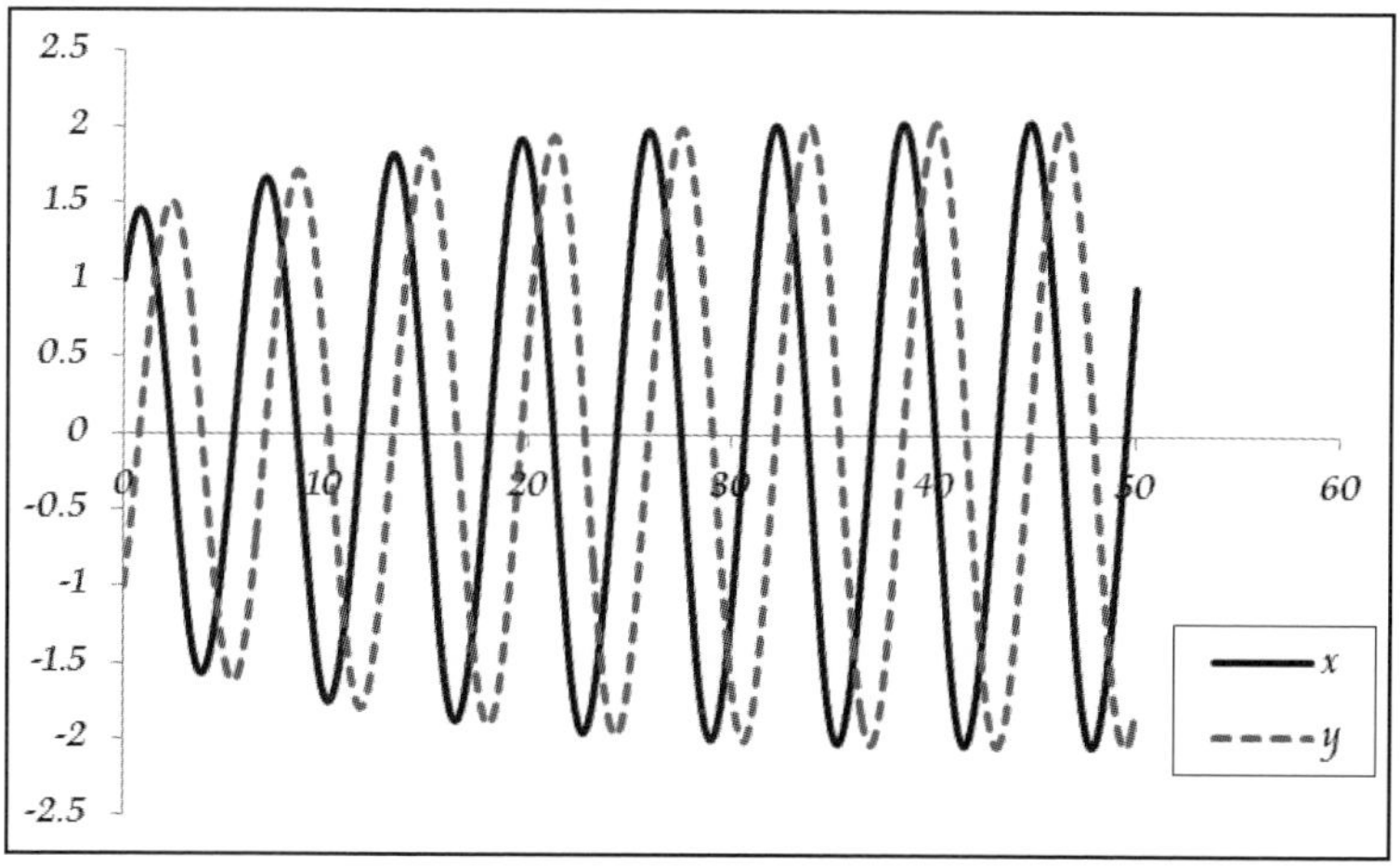

図4・9　Van der Pol 方程式の振動の様子
エネルギーの流出（散逸）だけでなく、流入が起こることによって、安定した振動が見られる。調和振動とは異なり、「摩擦項」によって決められるエネルギーの流出 / 流入によって、振動の状態が決まるため、初期値によらず、安定した振動を引き起こす。

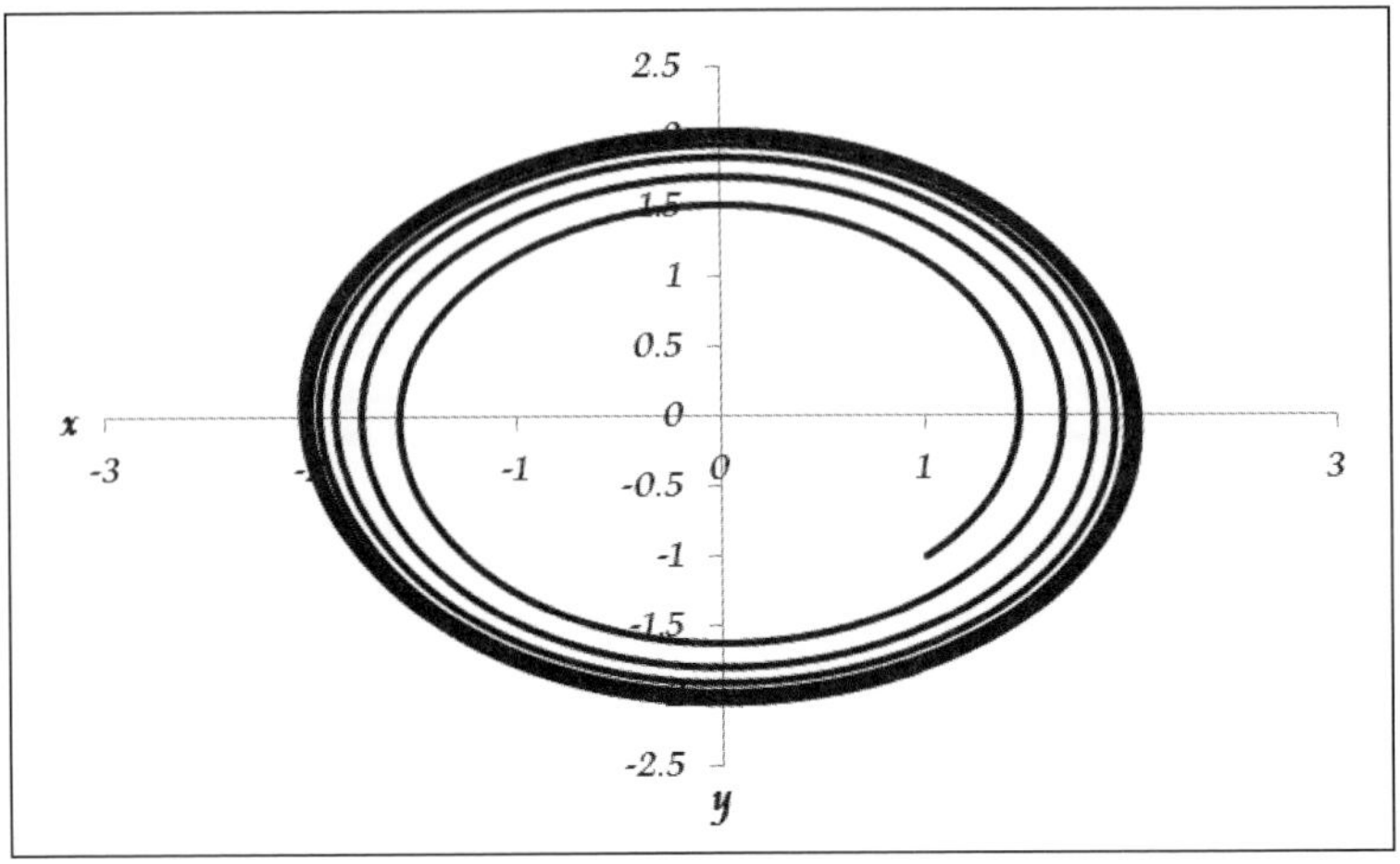

図4・10　Van der Pol 方程式の振動の様子（相図）
振動における x と y との関係を記述したものである。初期値として（1, -1）から出発した振動は、半径約2.0の「リミットサイクル」という安定軌道を目指して振幅を変化させている様子を確認することができる。

以上のように、「リミットサイクル振動」は、「安定性」という観点で、最初に紹介した「調和振動」と比べて大きな違いがある。「調和振動」が、「初期値」によって振動パターンを大きく変化させる性質がある。たとえば、バネを思い切り引っ張ると、それだけ、振幅が大きくなり、振動が「激しく」なる。その一方で、「リミットサイクル振動」は、「初期値」によらずに安定した振動を起こすのである。これは、「調和振動」が、「初期値」で与えられたエネルギーだけで引き起こされる振動であるのに対し、「リミットサイクル振動」は、エネルギーの流入と流出の中で引き起こされる振動であるという、振動の誘因に大きな違いがあることが理由である。「リミットサイクル振動」の安定した状態を「アトラクター」といい、「リミットサイクル振動」においては、「静止した状態」か「リミットサイクル」が「アトラクター」になることが多い。

さて、こうした「リミットサイクル振動」は、常に起こるというわけではなく、（式4-5）や（式4-6）において、「捕食者」である y と、「被食者」である x とが、以下の関係を満たすことが必要である。

$$\frac{df}{dy} < 0 \quad \text{かつ} \quad \frac{dg}{dx} > 0$$

ただし、$\dot{x} = f(x,y)$ かつ $\dot{y} = g(x,y)$ （式4-7）

これらの関係をxとyが満たすとき、（前述の通り）xは「アクチベータ（活性因子）」と呼ばれ、yは「インヒビター（抑制因子）」と呼ばれる。「被食者」であるxは、自分自身が増えることによってyを増加させることから、系を「活性化」させる役割があるとみなすことができる。このことから、xは「アクチベータ（活性因子）」と呼ばれる。また、「捕食者」であるyは、自分自身が増えることによってxを減少させることから、系を「抑制」させる役割があるとみなすことができる。このことから、yは「インヒビター（抑制因子）」と呼ばれるのである。

自然界には、こうした「アクチベータ」と「インヒビター」の関係により、「リミットサイクル振動」を描く現象は数多く見られ、卑近な例では、水面に浮かぶペットボトルであったり、「自己触媒反応」を起こす化学反応系（たとえばベローゾフ・ジャボチンスキー反応）であったりが挙げられ、身近な例だと「ししおどし」も、同様にリミットサイクル振動を描く。[96]

脳の神経細胞（ニューロン）の働きも、同様にして、「アクチベータ」と「インヒビター」の関係によって記述することが可能である。神経細胞は、カリウムイオンやナトリウムイオンなどのいくつかのイオンが、イオンチャネルを通じて交換され、神経細胞内の電圧（膜電位）の上下を行うことによって、電気信号を伝えあう働きを持っている。このイオンチャネルの開閉（すなわちイオンの増減）は、膜電位によって調整を受けることから、膜電位とイオンとの関係には、アクチベータ・インヒビターの関係が成り立つこととなる。こうした神経細胞の動作を端的に表現する

96 「リミットサイクル振動」をはじめとする自然界での多彩な物理現象を扱う学問である「非線形科学」はまだまだ発展途上の分野ではあるが、多くの一般向けの名著が出版されている（文献［1］〜［3］［6］〜［10］）。

式に、FitzHugh-Nagumo 方程式（フィッツフュー・南雲方程式）などがある。[97]

$$\dot{v} = v - v^3 - w + I_{\mathrm{ext}}$$

$$\tau\dot{w} = v - a - bw \qquad \text{（式 4-8）}$$

このように、神経細胞も、「リミットサイクル振動」を描く関係があることから、振動による引き込み現象が至る所で見られる。そして、「リミットサイクル振動」は、「引き込み」をはじめとする多種多様な「関係」を、環境に合わせて自由自在に作り出すことができるという点が、非常に興味深い点である。

次の（式 4-9）は、（式 4-6）に記載した Van der Pol 方程式に「拡散項」を付記したものである。

$$\dot{x} = -y + \mu(x - \frac{1}{3}x^3) + D_x\Delta x$$

$$\dot{y} = x + D_y\Delta y$$

$$\Delta = \frac{\partial^2}{\partial x^2} + \frac{\partial^2}{\partial y^2} \qquad \text{（式 4-9）}$$

「拡散項」を付記することによって、Van der Pol 方程式によって動く振動子が、隣同士で「相互作用」し、影響を受けあう。振動子の振動の状態が、隣の振動子に染み出ることによって、お互いの状態が変化しあう仕組みになっている。拡散項に含まれるD_xおよびD_yは、それぞれ「拡散係数」と呼ばれる定数であり、拡散の強さを決める値である。これらの値が正の状態での相互作用を、「興奮性相互作用」という。興奮性相互作用によって、隣同士の振動子の振動のリズムは「引き込み」を起こし、同じリズムを奏でるようになる。この状態を「同期」（位相同期）という。この様

97 神経細胞の働きを記述する方程式は、Hodikin-Huxley 方程式であり、FitzHugh-Nagumo 方程式は、あくまでその簡略化モデルである。

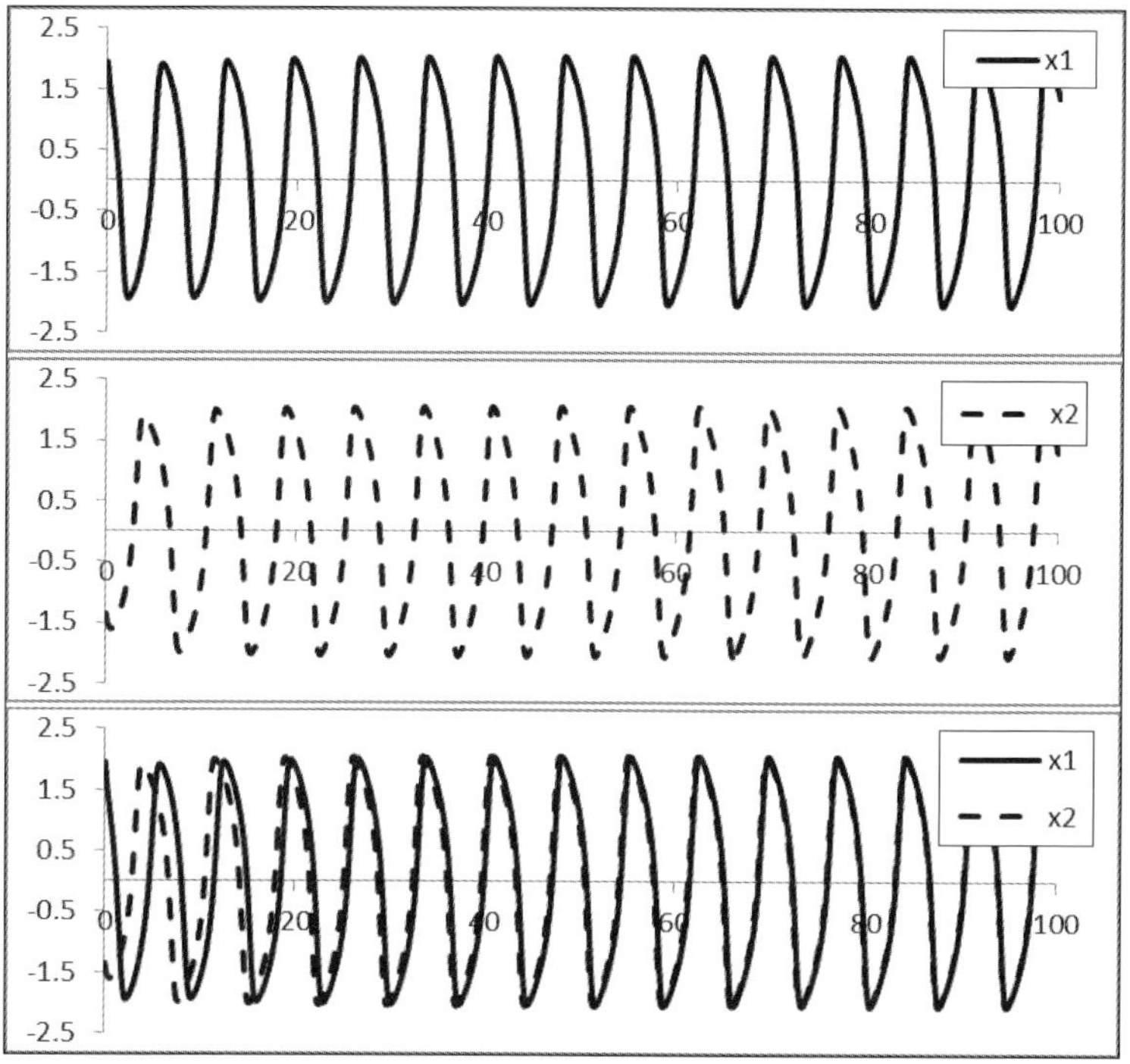

図4・11　振動子の「興奮性相互作用」の様子
二つの振動子の値 x_1と x_2が互いに引き込みあう様子である。最初は、x_1と x_2値はそれぞれ異なるため、異なる振動パターンを描く。しかしながら、それら二つの振動子が、拡散項を介してお互いに影響を与えあうことによって、振動の「引き込み」が起こり、同じ振動パターンを示すようになる。この状態を同期（位相同期）という。

子を図示したものが、図4・11である。$D_x>0$および$D_y=0$をともに満たす値を用いることにより、それぞれ異なる値を持つ二つの振動子の値x_1とx_2は、徐々に引き込み合い、同じ振動パターンを示すようになるのである。

「拡散項」による効果は「引き込み」ばかりではない。拡散係数D_xおよびD_yが負の場合の相互作用を、「抑制性相互作用」という。抑制性相互作用によって、隣同士の振動子のリズムは、同じリズムではなく、互い違いのリズムを奏でる。この状態を「反同期」という。この様子を図示したものが、図4・12である。$D_x<0$かつ$D_y=0$となる値を用いることにより、二つの振

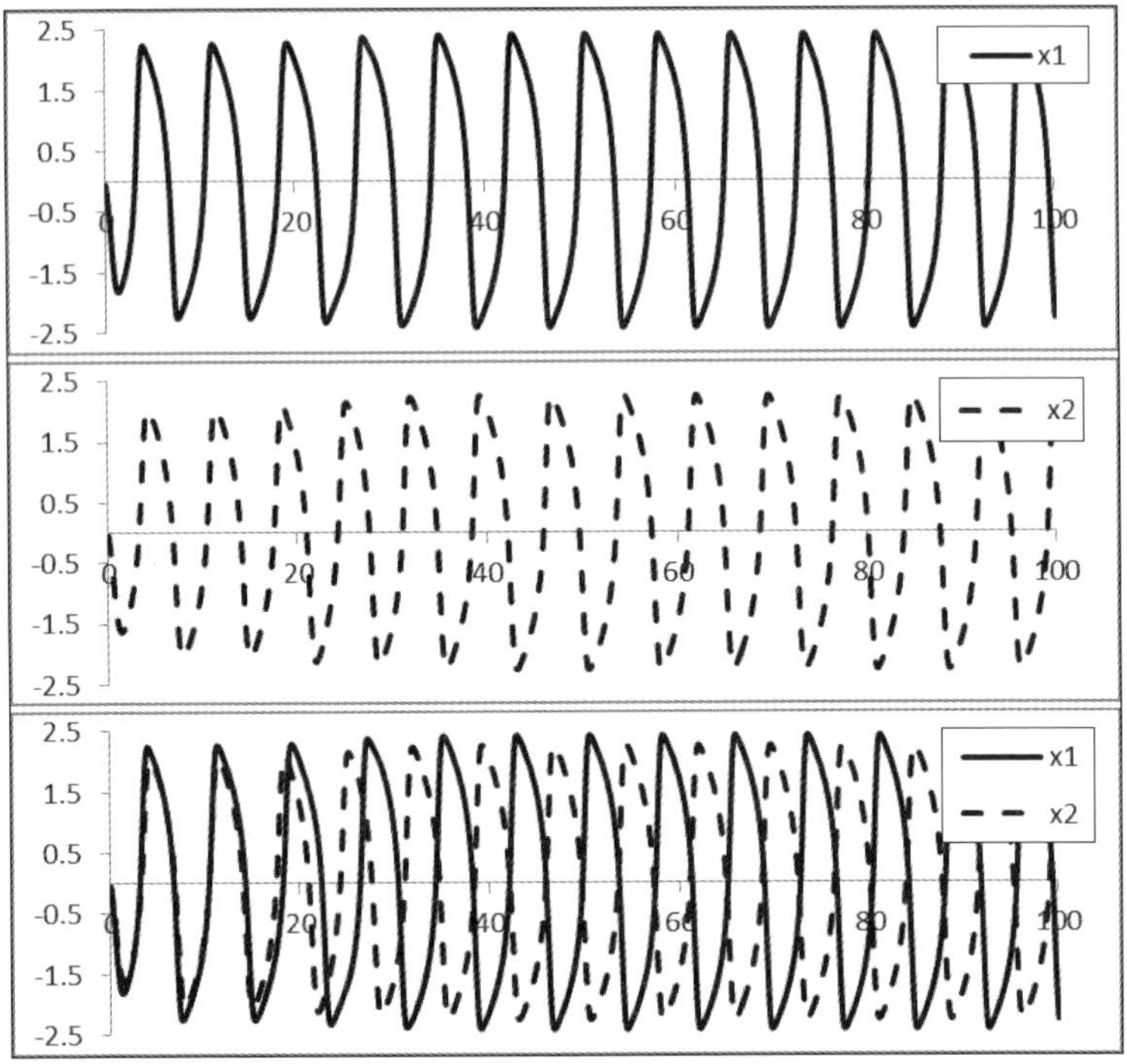

図4・12　振動子の「抑制性相互作用」の様子
二つの振動子の値 x_1 と x_2 が互い違い振動パターンを描く様子である。二つの振動子が、負の拡散係数による拡散項を介してお互いに影響を与えあうことによって、振動の「反同期」が起こり、互い違いの振動パターンを示すようになる。

動子の値 x_1 と x_2 は、徐々に負の影響を与え合い、互い違いの振動パターンを示すようになるのである。

このように、振動子の振動パターンは、「相互作用」の性質によって、自在に変化していく。こうした振動が作り出す多種多様な「関係」についての説明を行う前に、ここからは、本章の中で解説し切れなかった、振動と「ネットワーク」との関係について、補足的な説明を行っておきたい。

振動とネットワークとの関係

これまで紹介してきた開放系における振動現象は、二〇世紀を代表する物理学者エルヴィン・シュレーディンガーが、一九四四に、著書『生命とは何か』[98]の中で「秩序性を土

98　文献［11］参照。

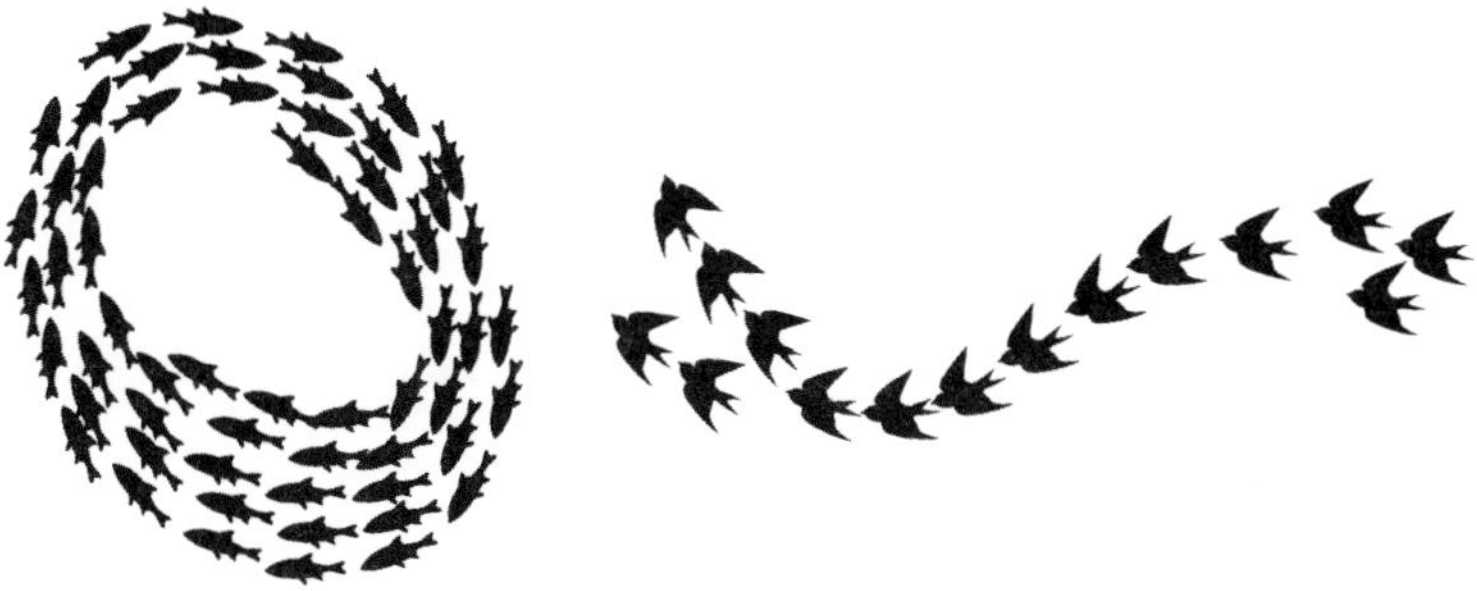

図4・13　群れで動く生物のイメージ
魚や鳥の群れを見ていると、まるで一つの生命体のような振る舞いを見せることがある。こうした群れが一つの「知能」を持つ生命体のように振る舞う現象は「群知能」と呼ばれ、個体間の「近づいたら離れる」「遠ざかったら近づく」などの単純な相互作用によって、実現されているのではないかと考えられている。（提供：シルエットAC）

台とした秩序性」という生命に関する概念を提唱したことがはじまりであった。

そして、電子計算機の基礎を作ったイギリスの数学者アラン・チューリングが、一九五二年に「チューリング・パターン」と呼ばれる化学反応に基づく方程式（反応拡散方程式）を提唱し、シュレーディンガーの「秩序性を土台とした秩序性」という考え方が、数理的に定式化され、自己組織的な生命現象が注目されはじめた。[99]

その後、化学者であり物理学者でもあるベルギーのイリヤ・プリコジンが、一九七七年にノーベル化学賞を受賞した「散逸構造」という考え方が、生命の作り出す「秩序」の文脈の中で浸透しはじめ、「複雑系」の研究は、ブームを迎えた。

こうした「複雑系ブーム」の中で、「マルチエージェント」や「ライフゲーム」といった概念が提案され、前述した振動子間の相互作用を含む、要素間の相互作用というものが、複雑な生命現象を作り出しているのではないかという考え方が浸透した。鳥や魚や昆虫といった、群れをなす動物が、「単純な仕組みで動くものが、多数で相互作用しあうことによって、複雑な現象が作られる」ようだということがわかりはじめ、「群知能」や「人工生命」という研究分野が浸

99　文献［12］参照。

透した（図4・13）。第一章で紹介したアイロボット社の「ルンバ」の反射に基づく運動制御の仕組み「サブサンプション・アーキテクチャ」も、単純な仕組みで環境との相互作用を達成することから、「群知能」や「人工生命」の枠組みの中で語られることも多い。

そして、この「複雑系」に関する研究ブームは、一九九〇年代後半にはじまった「複雑ネットワーク」[100]に関するブームを最後に、その幕を閉じたように思える。「複雑ネットワーク」の研究は、ネットワークに関する「秩序」が、多くの分野において見つかったことが研究成果であった。「六次の隔たり」という言葉は、人間関係に関するネットワークであり、「どんな有名人であっても、友達を六人たどっていけば、たどり着くことができる」というものである。[101]この発見により、世界は、思っていたよりも小さいということ（スモールワールド性）がわかってきた。スモールワールド性を担保しているのは、「ハブ」の存在である。ネットワークの中に、「ハブ」となる人がいれば、その人を経由することによって、多くの人の間の距離が短くなる。この「ハブ」は、多くの人とつながっていることから、ネットワークの成長にともなって、より成長していく。一方で、つながりの少ない人は、その限りではない。これが、多くの分野で「八〇対二〇の法則」などといわれ、たとえば経営学の分野では「収益の八〇パーセントは二〇パーセントの従業員が生み出している」という「マーフィーの法則」として知られる経験則の土台となる考え方とも対応する。疫病の大量発生や、生物種の突然の大量絶滅も、こうしたネットワーク構造によっての説明が可能であり、疫病の周期性などを知るのに重要な考え方である。

以上の点から、「ネットワーク構造」についての理解を深めることは、生態系や社会の構造を知る上で重要である。こうした構造の上に、これまで見てきた振動の働きがあることによって、私たち生物の「社会性」というものは形作

100　文献［13］参照。
101　正確には、アメリカ国内の人間関係の「距離」を計測したものであり、アメリカ国内の人間関係の距離は、平均して六人である、という研究結果に基づく。

られているものと考えられる。ここからは、振動によるコミュニケーションを通して、自らの身体感覚を通して、他者の「行為の意味」に対して「共鳴」し、他者との関係を自在に作り出していく生命の仕組みについて考えていきたい。

振動が作り出す多種多様な「関係」

生命の至るところで観察される振動現象は、人間や細胞を含む「生命」における「社会性」や「秩序」といったものを成り立たせる根本原理であると考えられる。

振動は、個々に明滅するホタルが、全体で一つのリズムを奏でることを可能にする「引き込み」の相互作用がクローズアップされることが多い。しかしながら、振動の起こす相互作用というものは、「引き込み」ばかりではない。興奮性の相互作用が「引き込み」を生じさせる一方で、抑制性の相互作用というものは、互い違いのリズムを作り出すことを可能にする。このように、振動子の関係によって、個々の状態というものは、自在に変化していくのである。

東北大学名誉教授の矢野雅文は、振動現象の引き起こす「自律的なパターン形成能力」[102]に注目することで、生物が「無限定環境」において、環境と「調和的な関係」を自律的に生成する仕組みを解き明かしている。

「無限定環境」とは、生物を取り巻く、時々刻々変化し、変化の予測が困難であり、また、完全に理解・把握することも不可能な環境を意味する。特に、生まれたばかりの生物の赤ちゃんにとっては、この世界が何なのか、自分とは何なのか、どこに敵がいて、信頼できる仲間がいるのか、それらすべてが不確定であり、非常にあやふやな不完全なものに見えるのではないだろうか。私たち生命というものは、そうした「無限定環境」を生きていると考えられる。そうした無限定環境の中で、私たち生物は、自律的に、環境と「調和的な関係」を築いていかなければ、生きていく

102 文献［14］参照。

ことができない。チャールズ・ダーウィンの「適者生存」とは、まさに、無限定環境との調和的な関係を、自律的に築く能力であると矢野は指摘している。[103]

矢野の提唱する、無限定環境との調和的な関係を築く生物の仕組みは、[104]（神経細胞をはじめとする生物の）要素の性質が、要素間の関係を作り、また要素間の関係が要素の性質を作り出していく「自律分散」の仕組みであり、こうした性質を持つシステムを、振動を引き起こす要素である「振動子」によって実現している。

特に、矢野らは、先ほど紹介したVan der Pol方程式を改良し、要素の性質と要素間の関係を自在に作り出すことが可能なKYS振動子という振動子を新たに設計することによって、生物が振動現象によって引き起こす「自律的なパターン形成能力」の仕組みを解き明かしている。矢野らの研究分野は多岐にわたるが、「自律的なパターン形成能力」を知るには、脳の脊髄や神経節におけるCPG（中枢パターン発生器）の研究を概観するとわかりやすい。

CPG（中枢パターン発生器）は、動物の歩行のリズムをはじめとする、様々なリズムを発生させる、脳の基本的な役割を果たす神経回路（神経細胞のつながりによるネットワーク）である。CPGは、同じ神経回路であっても、環境との相互作用によって、「パターン」（どの神経細胞が発火し、どの神経細胞が非発火であるかのパターン）が変化し、それによって出力されるリズムが変化し、動物の動きが変化するという。

神経細胞間の関係は、「興奮性」（自らの発火によって、他を発火させる関係）と「抑制性」（自らの発火によって、他を発火させないように抑制する関係）とのバランスを変化させることによって作り出される。図4・14は、無脊椎

103 文献［15］参照。
104 矢野は、現在のコンピュータをはじめとする情報システムは、ある目的に対して適切なアルゴリズムをすべて設計者が細かく作り込むことではじめて実現でき、環境が変化してしまったらすべて設計をやり直さねばならない構造になってしまっていることを指摘し、本来、システムというものは、「問題を解くべき順番が逆なのである」という意図で、「逆問題を自律的に解く方法論」というものを提唱している。

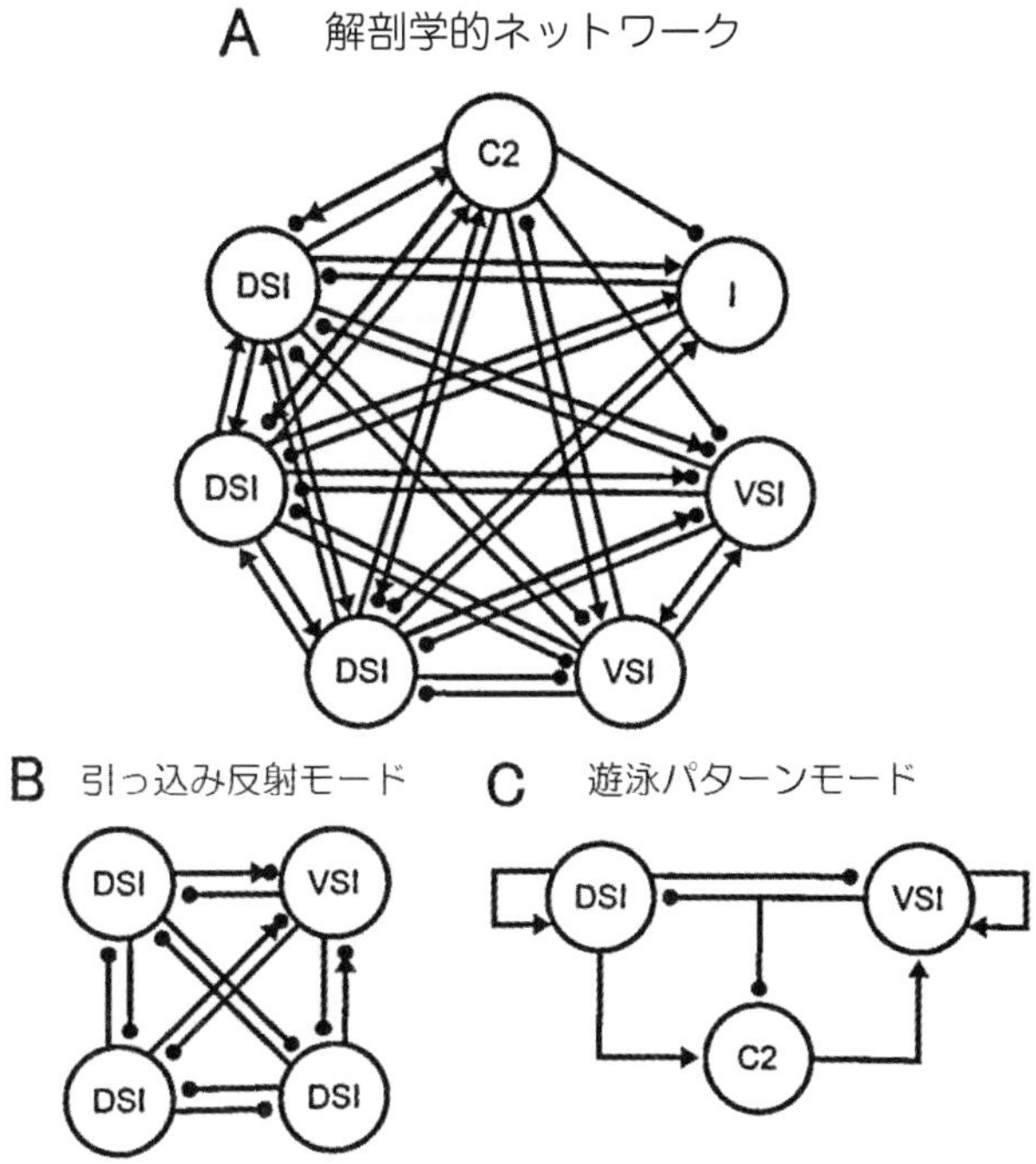

図4・14　ウミウシの遊泳回路
無脊椎動物である「ウミウシ」の「遊泳」に関わる神経回路は、「A 解剖学的ネットワーク」のような構造をしているが、環境の状態（場）によって、「B 引っ込み反射モード」や「C 遊泳パターンモード」に変化する[105]。

動物である「ウミウシ」の「遊泳」に関わる神経回路であるが、同じ神経回路（神経細胞のつながりのネットワーク）であっても、環境の状態（場）によって、「遊泳」パターンに変化したり、「引っ込み反射」パターンに変化したりと、自己の身体の状態を、環境との相互作用によって自在に作り出しているのである。

　こうした同じ神経回路であっても、環境との相互作用によって自在に働きを変化させる回路を「多形回路」と呼び、矢野らは、KYS振動子を用いることで、環境の変化によって、こうした様々なパターンが作り出されるということを発見した。

　こうした自律的なパターン生成は、「歩行システム」を見るとさらにわか

105　文献［15］より許可を得て転載。

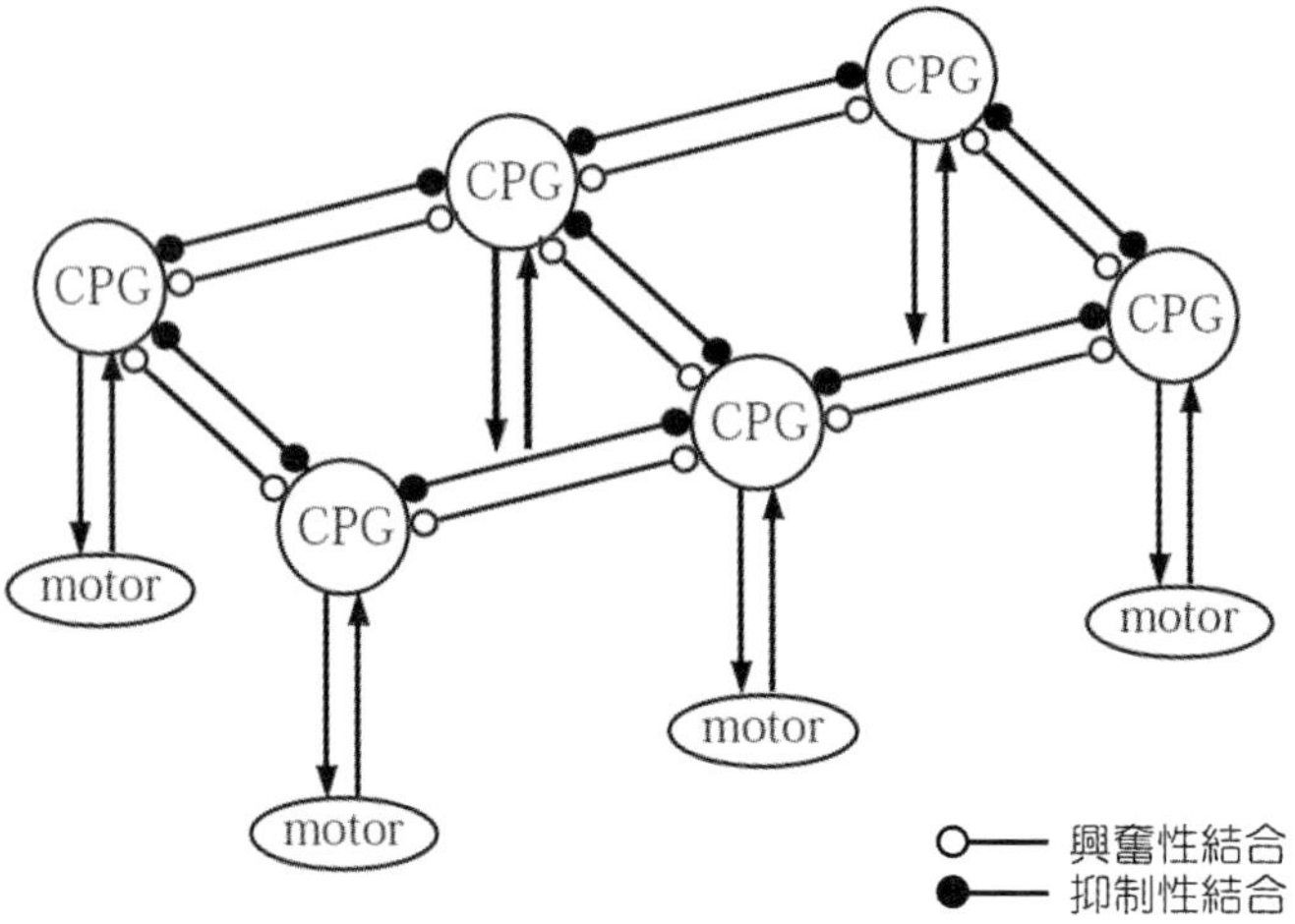

図4・15　矢野らの六足歩行システム（六足部分のみ抜粋）
KYS振動子と、それをつなぐ「興奮性」と「抑制性」のつながりによって成り立つ。この六足歩行システムは、ウミウシの遊泳回路と同様に、これ自体に特に歩行パターンをプログラムによって埋め込んでいないにもかかわらず、環境によって、「ゆっくり歩く」パターンと、「はやく歩く」パターンとを、自在に変化させる[106]。

りやすい。矢野らは、六足歩行のロボットを作り、こうした「多形回路」の仕組みによって、実際に、六足歩行ロボットが、環境によって、歩行パターンを自在に変化させることを示してみせた。

矢野らが考案した六足歩行システムは、図4・15に示すように、KYS振動子と、それをつなぐ「興奮性」と「抑制性」のつながりによって成り立っている。

このようにして作られた六足歩行システムは、これ自体に特に歩行パターンをプログラムによって埋め込んでいないにもかかわらず、歩行速度が遅いときや、重い荷物を背負っている場合には「トライポッド歩容」という「ゆっくり歩く」パターンに、歩行速度が速いときや、背負う荷物が軽い場合には「メタクロナル歩容」という「はやく歩く」パターンにと、環境の変化や目的の変化によって、自在にパターンを変化させることが確認されたのである（図4・16）。

以上、見てきたように、振動を引き起こす「振動子」というものは、「興奮性」と「抑制性」という二

106　文献［15］より許可を得て転載。

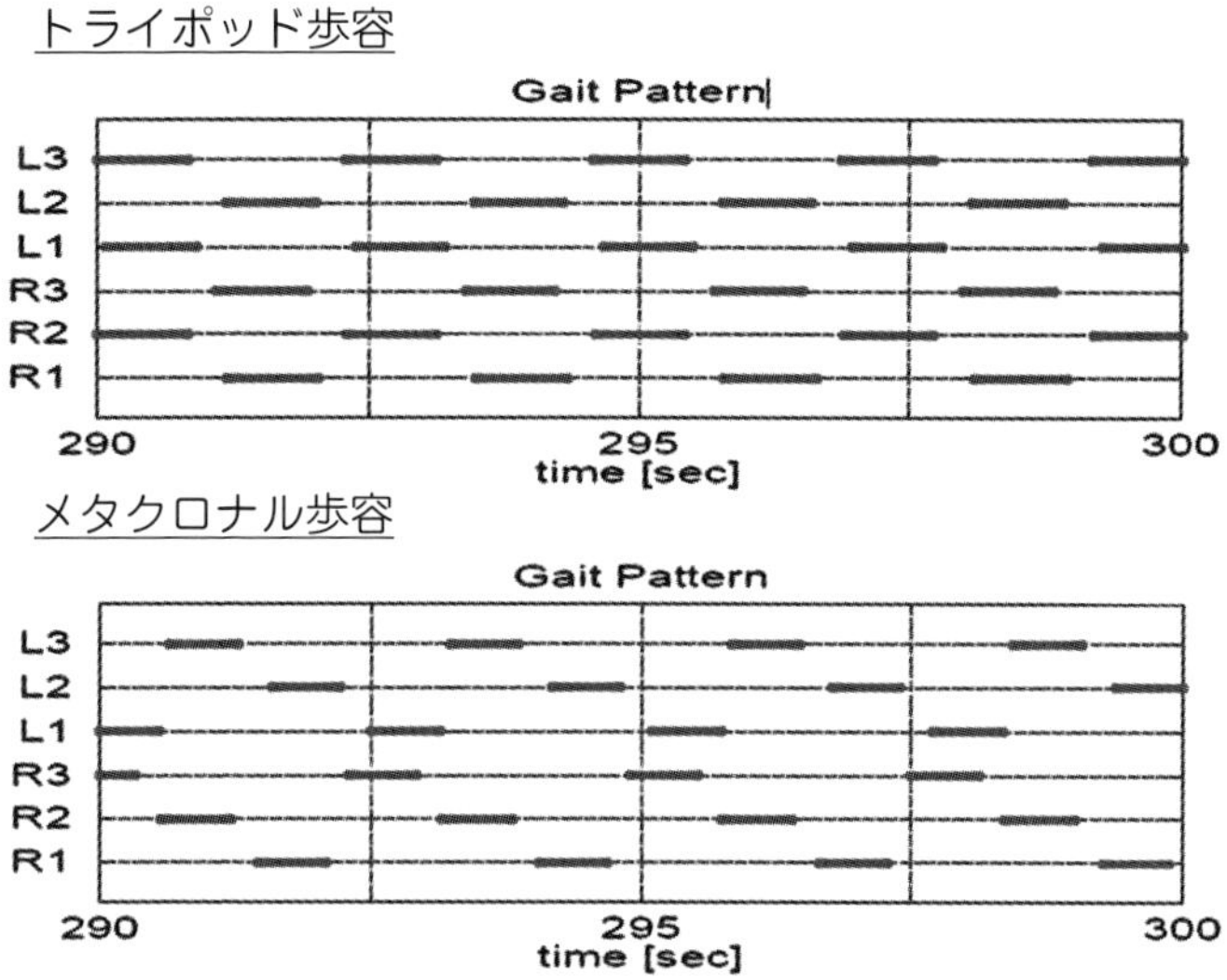

図4・16 歩行パターンの変化（トライポッド / メタクロナル）
歩行速度が遅いときや、重い荷物を背負っている場合には「トライポッド歩容」という「ゆっくり歩く」パターンに、歩行速度が速いときや、背負う荷物が軽い場合には「メタクロナル歩容」という「はやく歩く」パターンにと、（歩行パターンをプログラムによって埋め込んでいないにもかかわらず）環境の変化や目的の変化によって、自在にパターンを変化させる様子が確認された[107]。

種類の相互作用のバランスにより、巧みにパターンを自律的に作り出し、これによって、時々刻々と変化する「無限定環境」において環境と「調和的な関係」を作り出すことによって生きているということがわかってきた。[108]

ここから多岐にわたる考察が可能なのではないかと筆者は考えている。

まず、第一に、「知能」というものを考える際に、知能を持つ生物は「無限定環境」の中で生きているということが、何よりも重要な出発点となるということである。これは、パターン化された毎日の生活を想像すると、少し発想が難しいかもしれない。しかし、私たち人間は、

107 文献［15］より許可を得て転載。
108 矢野らの研究グループの研究成果は洞察力に優れたものが多い一方で、書籍の形でまとめられているものが非常に少ない。「シリーズ移動知」と関連書籍を紹介するので、必要に応じて、原著の論文を参照いただきたい（文献［14］〜［18］）。運動・知覚の非線形力学を研究する東京大学教授の多賀源太郎の著書（文献［19］）もまた、非常に参考になる。

はじめて出会う人とであってもコミュニケーションすることができる。はじめて行く場所でも、地図を頼りに目的地を探して道を歩くことができる。はじめて見る情報であっても、それを理解して知識として獲得することができる。このように、私たち人間の生きる環境というものは、「はじめて」の連続なのである。人間以外の生物は、それ以上に、「はじめて」の出来事に遭遇している。はじめて見る食べ物であっても、匂いを頼りに口に含まなければいけない。はじめて見る天敵に出会うことも日常茶飯事である。このように、私たち人間を含む生物は、常に、「はじめて」出会う出来事に遭遇し、予測が困難であり、完全に理解することも把握することも困難な「無限定環境」を生きているのである。

こうした「無限定環境」で生きていくために、私たち生物は、「環境と調和的な関係を築く」という手段を、必然的に採用したのではないかということが、第二の考察である。生物を構成する「細胞」などの要素の間によって「関係」が生まれ、その関係が、要素の性質を作り出していく、という手段を採用することによって、生物は、「無限定環境」においても、自律的にパターンを生成しながら生きていくことができる。これは、「調和的関係を築く」という目的を達成するための方法論であると矢野は指摘する。

矢野は、この方法論を、「逆問題を自律的に解く方法論」（制御論）であるとも指摘している。現在の情報システムをはじめとする社会システムの多くは、システムを達成する目的を設定する際に、そのシステムの置かれる環境も含めて設計してしまう。このような方法だと、想定外の出来事が起こった場合に突如として動かなくなってしまい、システム全体が異常をきたす恐れがある。そうした事態を防ぐために、多くの人員が「監視」を行わなければならなくなる。人間のためにシステムが動くのではなく、システムのために人間が動くという「逆」の事態が、様々な場所で起こっているのではないだろうか。

最後に、こうした事態は、人間社会そのものにも起こっているのではないかということを、あくまで考察として指摘しておきたい。社会を構成する人間組織というものは、本来であれば、「生き物」であり、「無限定環境」において生きていくために「環境と調和的な関係を築く」のが「自然体」であるはずである。だからこそ、自分の判断で考えて行動している人を見ると「イキイキ」として見え、自然と人が集まり、調和的な関係というものが作られていっているのではないだろうか。現代の「先の見えない社会」というものは、まさにここで紹介した「無限定環境」そのものであり、その中で生きていくためには、自律的に、環境と調和的な関係を築いていくということが、求められているのかもしれない。

本章の振り返り

暗闇の中でホタルの大群が一斉に明滅するように、「指揮者」がいるわけでもないのに、まるで一つの生命体のように一つのリズムを奏でるこうした現象を、「振動」が作り出す同期（シンクロ）現象という。生物を観察すると、振動のリズムの引き込みによる同期（シンクロ）が作り出す現象が、至るところに見られる。細胞間の引き込みによって、私たちは、心臓の鼓動や、呼吸、体内時計（サーカディアンリズム）、歩行といった様々な生命活動を、安定して行うことができる。

こうした振動を引き起こす根本の力の一つは「復元力」であり、これによって、「単振動」が達成する。しかしながら、「復元力」だけでは、エネルギーの散逸により、やがて振動は減衰する（減衰振動）。生命の振動は、こうした振動に対してエネルギーの流入が起こることにより、安定した振動（リミットサイクル振動）を描くことが可能である。

こうして、流入したエネルギーが自己組織的に作り出すリミットサイクル振動は、相互に作用しあうことによって、自在に関係を作り出すことが可能である。「興奮性」（自らの発火によって、他を発火させる関係）の相互作用によって、「引き込み」によって、一つのリズムを奏で、「抑制性」（自らの発火によって、他を発火させないように抑制する関係）の相互作用によって、互い違いのリズムを描くことが可能である。これにより、単純な「引き込み」による一つのリズムを描くだけでなく、環境と自己との関係により、自在にパターンを形成することができる。

ここから考察される興味深い点は、私たち人間を含む生物というものは、「無限定環境」にあり、その中で生きていく手段として、環境と自己との「調和的な関係を築く」という方法を必然的に採用したのではないかということである。私たち人間一人ひとりが生き物であるということに鑑みると、環境と自己との相互作用によって「調和的な関係を築く」ということが、現代社会にも求められているのではないかと筆者は考えている。

何でも「シンクロすればいい」というわけではない

ホタルがシンクロすることで一斉に一つのリズムを奏でる様子は幻想的で、ともすると「やっぱり人間も、シンクロが大事だよね～」という考え方に終始しがちである。しかしながら、シンクロは時に「深刻な事態」をもたらすことも、学んでおくべき重要な事実である。

時は二〇〇〇年六月一〇日。

ロンドン市民の期待を一身に背負い、巨大な建造物が公開された。ロンドンのテムズ川にかかる、総工費一八〇〇万ポンド以上をかけて建設された「ミレニアム橋」である。公開前には、あのような「事態」が起こるとは、誰にもわからなかったという。

ミレニアム橋のデザインは、過激なものであったという。

吊り橋としては世界一平坦であり、三二〇メートルもの「しなやかなリボン」が掛かったような形状であり、河の上にはりだした細い鋼鉄のケーブルを、下から張出し材が支えている構造であった。この設計コンセプトは、建築家のノーマン・フォスター卿とオーヴ・アラップ社、そして建築家のアンソニー・カーロ卿という「異色のコラボレーション」によって実現し、この橋が夜間に光り輝いているさまをイメージしたフォスター卿は、この橋を「光の刃」と呼んだという。賛否は様々であったが、いずれにしても、ミレニアム橋に対しては多くの注目が集まったようである。

一般公開のその日は、晴れた日曜日。見物人が押し寄せていた。[109]

警察から許可が出されてすぐ、数百人のロンドン市民が両岸からデッキに向けて一斉になだれ込んだという。そのとき、深刻な事態は起こった。

109　文献［1］に詳細に記載されている。

図4・17　振動する鉄橋
こうした頑強そうな鉄橋も、歩行者がシンクロしあえば大きな揺れを引き起こすのかもしれない。

公開から数分もしないうちに、巨大なミレニアム橋が揺れはじめたのである。六九〇トンにも上る鋼鉄とアルミニウムが、S字型の振動を見せながら水平方向に揺れ出した。その様子は、最早頑丈な橋といった様子ではなく、まるで地面をはう蛇のようにうねっていた。この予想外の事態に、身の危険を感じた歩行者は、転ばないように手すりにしがみついたが、橋の揺れはますますひどくなり、最終的にその揺れは二〇センチメートルにも達したという。

その翌日、橋は閉鎖されることとなってしまった。

後の検査によると、この橋は、毎秒一サイクルという、人間が歩く周波数の約半分で揺らし続けると、S字状の揺れが見られたという。

だとすると、ミレニアム橋に押し寄せた市民は、一斉に歩調を合わせることで、S字状の揺れを作り出したということになる。本当にこのようなことが起こりうるのだろうか。

ケンブリッジ大学教授の物理学者ブライアン・ジョセフソンによる分析は、以下のようなものだった。

ミレニアム橋問題（中略）の真相は、歩行者の集団が一斉に足並みを揃えたことによる、などというものではないだろう。むしろ、自分の足元が揺れ出したとき、バランスをとろうとした歩行者の振る舞いによって引き起こされたことだと考えられる。この間の事情は、小さなボートの中で大勢の人が一斉に立ち上がるとどんなことが起こりうるのか、という問題にも似ている。いずれの場合でも、人がバランスをとろうとする際に生じる運動によって、すでに生じていた揺れの度合いが増していき、それがますますひどくなっていくということが起こるのである。

橋の揺れにより、歩行者のバランスが崩れ、その揺れに合わせてバランスを取ろうとする歩行者の動きが、さらに揺れを引き起こし、それによってまた歩行者のバランスが崩れ……といった様子で、橋の揺れを媒介にして歩行者の間で「シンクロ」が起こってしまった、ということであろう。

「シンクロ」というのは、ホタルのような幻想的な風景を作り出す一方で、このような「深刻な事態」を引き起こすということも、知っておく必要があると筆者は考える。このような人工物だけではなく、「シンクロ」は、噂の伝播を引き起こしたり、時には社会を（良くも悪くも）動かしてしまう力を持つ。ただ、原理を知らなければ、その「シンクロ」の波に呑み込まれてしまう場合もあるが、知っていれば、できうる対処もある。そういう意味では、こうした自然現象に関して、原理を知っておくことには意味があるのではないかと筆者は考えるのである。

参考文献

[1] スティーヴン・ストロガッツ（著）、長尾　力（翻訳）、蔵本 由紀（監修）。SYNC：なぜ自然はシンクロしたがるのか。早川書房。二〇一四。
[2] 蔵本由紀（著）。非線形科学。集英社新書。二〇〇七。
[3] 蔵本由紀（著）。非線形科学：同期する世界。集英社新書。二〇一四。
[4] 中垣俊之（著）。粘菌：その驚くべき知性。PHPサイエンスワールド新書。二〇一〇。
[5] 小林　亮。真正粘菌変形体の運動と情報処理について。盛岡応用数学小研究集会報告集。二〇〇六。
[6] 森　肇 他（著）。散逸構造とカオス。現代物理学叢書。二〇〇〇。
[7] 蔵本由紀（編集）。非線形・非平衡現象の数理　第1巻　リズム現象の世界。東京大学出版会。二〇〇五。
[8] 松下　貢（編集）。非線形・非平衡現象の数理　第2巻　生物にみられるパターンとその起源。東京大学出版会。二〇〇五。
[9] 柳田英二（編集）。非線形・非平衡現象の数理　第3巻　爆発と凝集。東京大学出版会。二〇〇六。
[10] 三村昌泰（編集）。非線形・非平衡現象の数理　第4巻　パターン形成とダイナミクス。東京大学出版会。二〇〇六。
[11] シュレーディンガー（著）、岡　小天 他（翻訳）。生命とは何か：物理的にみた生細胞。岩波文庫。二〇〇八。
[12] Alan Turing. The Chemical Basis of Morphogenesis. Philosophical Transactions of the Royal Society. 1952.
[13] アルバート・ラズロ・バラバシ（著）、青木　薫（翻訳）。新ネットワーク思考。NHK出版。二〇〇二。
[14] 淺間　一 他（編集）。シリーズ移動知　第1巻　移動知：適応行動生成のメカニズム。オーム社。二〇一〇。
[15] 土屋和雄 他（編集）。シリーズ移動知　第2巻　身体適応：歩行運動の神経機構とシステムモデル。オーム社。二〇一〇。
[16] 伊藤宏司 他（編集）。シリーズ移動知　第3巻　環境適応：内部表現と予測のメカニズム。オーム社。二〇一〇。
[17] 太田　順 他（編集）。シリーズ移動知　第4巻　社会適応：発現機構と機能障害。オーム社。二〇一〇。
[18] 矢野雅文（著）。日本を変える。分離の科学技術から非分離の科学技術へ。文化科学高等研究院出版局。二〇一二。
[19] 多賀厳太郎（著）。脳と身体の動的デザイン：運動・知覚の非線形力学と発達（身体とシステム）。金子書房。二〇〇二。

第五章　「人工知能」が乗り越えるべき課題

現在の人工知能が扱えない「意味」とその重要性

これまでの議論を通して、「生命」や「脳」、そして「知能」といったものについての理解は深まってきた一方で、「人工知能」に関する諸問題についての議論は、いまだ行っていない。

「人工知能は人間を超えるのだろうか」

「人工知能は人間の仕事を奪ってしまうのだろうか」

ここでは、こうした問題についての検討を行いながら、「人工知能」との関わり方について、考えていきたい。

「う〜ん。ここまで読んだけど、人工知能のことは、やっぱりよくわからん！」
「結局、人工知能は人間を超えるの？　超えないの？」
「要するに、自分の仕事は人工知能に奪われるの？　奪われないの？」
「脳のことは何となくわかったけど……じゃあ、人工知能って何なのサ！」

ここまでお読みいただいた方の中からは、こうした声も聞こえてきそうである。このような声も、確かにうなずける点は多い。「脳」や「知能」を研究していると、「人工知能の研究は、まだまだ発展途上である」ということは納得しやすいのだが、一方で、世間一般の「人工知能」という言葉への期待と、ビジネス分野における盛り上がりを考えると、「本当にそうなの？」と疑いたくなる点も少なくない。

こうした背景を踏まえ、本章では、近年注目されている「人工知能」に関連する種々の技術の具体的な背景を説明しながら、「現在の研究のアプローチではなぜ『知能』が実現できないのか」という点を具体的に議論し、こうした議論を踏まえて「今後、私たちは、技術に対してどのように向き合っていくべきなのか」ということを議論したい。

流行語になっている「人工知能」とその真実

数年前から「人工知能ブーム」に火がついて以来、ニュース記事で「人工知能」という言葉を見ない日はない。しかし、「人工知能」という言葉は数多く使われている一方で、至るところで見る「人工知能」に関する説明は、その場その場で異なっており、これが、人工知能への理解を難しくしている。

「人工知能」の説明が難しい最大の理由は、そもそも「知能」というものが何なのかについての理解が不十分だということである。[110] だからこそ、本書では、第四章までを使って、知能とは何なのかについての検討を行ってきた。ここからは、これまでの議論を踏まえた上で、現在の「人工知能ブーム」とは何なのかを検討していきたい。

「何でも『人工知能』といっておけ」という風潮

「人工知能が小説を書いた」[111]

「人工知能が作曲をした」[112]

「経営判断を下す人工知能」[113]

「あなたの進路、人工知能に委ねませんか？」

こういった記事を毎日のように目にしていると、まるで「人工知能が私たちの社会を支配してしまうのではないか」という恐怖感を感じる人が少なくない現状も、理解できなくない。特に、ニュース記事というものは、読者の目を引くタイトルでなければ読んでもらえないということもあり、どうしても、期待感や恐怖感をあおるように書かざるを得ないというのも事実であろう。

その証拠に、これらのタイトルの記事が、もし、以下のように書いていたとしたら、どれくらいの人が注目するだろうか。

「日本語を確率的に並べ替える機械を使いながら、研究者が小説を書いた」

「作曲ツールを使って、人間が作曲をした」

110 「知」というものを、「反省的な知」と「行為的な知」という二つに分類すると、比較的整理がしやすいかもしれない。前者の「反省的な知」とは、論理的思考によって得られる知であり、後者の「行為的な知」とは、行為に必要な知である。行為を「無限定空間」で行うためには、行為をリアルタイムに（即興的に）創り出していく必要がある。このため、「行為的な知」は「リアルタイムの創出知」と言い換えることもできる。「リアルタイムの創出知」に関しては、文献［1］に詳細な解説がなされている。「知」というものを、「反省的な知」と「行為的な知」という二つに分類するとすると、現在開発されている「人工知能」（後述する「弱い人工知能」）は、基本的には「反省的な知」のみを取り扱うものがほとんどである。

111 文献［2］参照。

112 文献［3］参照。

113 文献［4］参照。

「経営判断に悩んでいて、ウェブで検索したら、ヒントが見つかった」
「希望する会社の条件をいくつか選択して検索したら、条件に合う会社がマッチした」

大雑把な言い換えではあるが、言い換えとして大きく外れているわけではないのではないかと思っている。このように、多くの場で「人工知能」といわれているものの多くは、これまで「ITシステム」や「ウェブ検索」といっていたものを言い換えているにすぎないのである。

こうした言い換えを行う理由の一つは、「人工知能」というものが、バズワード（流行語）の一つであり、多くの人の目を引くというのが理由であろう。

とはいえ、こうした、「ITシステムが『人工知能』と呼ばれる風潮」には、一応の歴史的背景が存在する。第一章で紹介した「中国語の部屋」という思考実験を提案することで「知能」への考察を行った哲学者ジョン・サールは、'Minds, Brains, and Programs' という論文[114]の中で、「人工知能とは何か」に関する考察を行い、その中で、「強い人工知能（Strong AI）」「弱い人工知能（Weak AI）」という「人工知能」に関する二つの考え方を示した。それらの意味は、次の通りである。

強い人工知能（Strong AI）：知能を持つ機械（精神を宿す）。
弱い人工知能（Weak AI）：人間の知能の代わりの一部を行う機械。

第一章ですでに示してきたように、人間のような知能、すなわち「強い人工知能」は、いまだ実現されていない。しかしながら、サールの定義によるならば、「弱い人工知能」というものは、すでに多くのものが実現されているということになる。たとえば、チェスや将棋や囲碁を行う機械は、人間の「知能」のすべてを行うわけではない（小説が読めるわけではなく、作曲ができるわけでもない）が、人間の「知能」のうちの一部である、将棋や囲碁といった、

114　文献［5］参照。

ルールが与えられた上での問題解決を行うことは可能である。[115]

したがって、冒頭の「小説を書く」「作曲をする」「経営判断をする」「進路を選択する」といったことを行う「人工知能」というのは、人間の知的活動のうち、「(これまで学んだ日本語に基づいて)日本語を適切に並べていくことで文章を出力する」「(これまで耳にしてきた曲のリズムに基づいて)音符を適切に並べていくことで曲を出力する」「キーワードに基づいて、それに関係する文章を、ウェブ上から探し出す」「希望する条件に基づいて、会社情報データベースから、適切な会社を探し出す」という活動を、機械が代替することで、人間の知的活動のうちの一部を担い、人間をサポートする「弱い人工知能」ということになる。

もちろん、こうしたサールの定義によれば、マイクロソフト ワードなどのワープロソフトも、人間の「文字を書く」という知的活動の代替ということになり、「知能の代わりの一部」を担うという観点から、「弱い人工知能」に分類される。同様に考えていくと、あらゆるアプリケーション・ソフトウェアは、人間の知能の代わりの一部を行う「弱い人工知能」に分類せざるを得ない。

こうした観点から、極々単純なスマートフォンアプリやプログラムを開発しても「人工知能を開発した」といえてしまう。もちろん、世の中では、さすがに、あらゆるソフトウェアを「人工知能」と呼んでいるわけではなく、何らかのデータを学習した上で「出力」を行うものを、「人工知能」と呼ぶ傾向があるようではある。

いずれにしても、何が人工知能なのかがわからなくなるほど、「何でも『人工知能』と呼ぶ」風潮が見られるとす

115 「ノーフリーランチ定理」というものがある。これは、「数学的にありうべきすべての問題の集合について、どの探索アルゴリズムも同じ平均性能を示すことを説明したもの」であり、「あらゆる問題で性能の良い汎用最適化戦略は理論上不可能であり、ある戦略が他の戦略より性能が良いのは、現に解こうとしている特定の問題に対して特殊化(専門化)されている場合のみである」ということを立証しているという。すなわち、「ノーフリーランチ定理」によると、囲碁や将棋のような特定のルールの上での最適戦略を考案することは可能であるが、どんな問題にでも適用できる戦略を考案すること(汎化能力)は不可能であるということを示している(文献[6][7]参照)。

れば、それは「弱い人工知能」の定義の影響によるものかもしれない。

「シンギュラリティ」とは何か

「人工知能」（サールの定義によると「弱い人工知能」）の発展により、「シンギュラリティ」という考え方が、盛んに議論されるようになった。人工知能における「シンギュラリティ」とは、アメリカの情報科学者であり、未来学者、投資家などの顔を持つレイ・カーツワイルが提唱した考え方であり、「特異点」と訳される。

情報テクノロジーの分野は、「毎年二倍のスピードで成長する」ことが常識になっている（ムーアの法則）。[116] 一年で二倍ということは、一〇年で一〇〇〇倍、二五年後は一〇億倍ということである。カーツワイルは、この情報テクノロジーの分野での考え方から、近い将来に、コンピュータ（機械）の知性が人間のそれを上回る「特異点」に達すると予測する。[117]

カーツワイルは、「特異点」を、「私たちの生物としての思考と存在が、みずからの作り出したテクノロジーと融合する臨界点」であると定義し、その世界は、依然として人間的ではあっても生物としての基盤を超越しているとしている。特異点以後の世界では、人間と機械、物理的な現実とヴァーチャル・リアリティとの間には、区別が存在しないと、カーツワイルは考えている。

カーツワイルは、情報テクノロジーの分野のみならず、生命の誕生から多細胞生物が誕生し、陸上に上陸し、霊長類が誕生し、人間が直立歩行をはじめ、知能を進化させることによって「言葉」を発明し、文字、活版印刷を発明し、そして、コンピュータを進化させるまでに至る「進化」のスピードもまた同様に加速しているとする「収穫加速の法

116 「ムーアの法則」は、原著では「半導体チップ上のトランジスタ数は一八カ月ごとに倍増していく」という記述であるが、あくまで経験則であり、「毎年二倍のスピードで成長する」という記述もまた、至るところで用いられている（文献［8］参照）。
117 文献［9］参照。

60年前（10^{1}年前）	コンピュータの発明
200年前（10^{2}年前）	産業革命
5000年前（10^{3}年前）	文字の発明
1万年前（10^{4}年前）	農耕の開始
20万年前（10^{5}年前）	現生人類の起源
500万年前（10^{6}年前）	人類の起源
6500万年前（10^{7}年前）	恐竜の絶滅、新生代のはじまり
6億年前（10^{8}年前）	「カンブリア大爆発」（生物種のすべての門の出現）
45億年前（10^{9}年前）	地球生命の誕生
138億年前（10^{10}年前）	ビッグバン（宇宙のはじまり）

図5・1　生物と人類の進化
生物と人類の進化史を並べてみると、歴史的な大事件が、約10倍のスピードで起こっていると解釈できる。この解釈が正しいとすると、まもなく「特異点」が出現すると考えても不思議ではない。

則」により、この「特異点」の予測の根拠としている。

確かに、生物の進化の速度を鑑みると、最初の生命の誕生から、細胞の構造を進化させて多細胞生物に至るまでに、数十億年が経過している一方で、その後、現在の生物種の基礎となる「門」がすべて出現した「カンブリア大爆発」と呼ばれるイベントに至るまでには、わずか一〇〇〇万年にも満たないきわめて短い期間しか要していない（図5・1）。「収穫加速の法則」は、そうした観点からも妥当そうにみえる。カーツワイルは、この法則から、「二〇二〇年には、コンピュータが人間の知性を凌駕し、そして二〇四五年には、コンピュータの知性は人間の知性の一〇億倍の能力を持つ。そのとき、人間の生物学的な知性の重要性は、かなり低下するだろう。」と予測している。[118]

こうした予測は、情報テクノロジーの観点で語るのであれば、きわめて妥当性が高そうであり、カーツワイル以降、こうした予測を立てる研究者は少なくない。近年、私たちの掌にある携帯電話やスマートフォンは、二〇年前に世界一だったスーパーコンピュータの性能（演算性能）を凌駕している。こうしたテクノロジーの加速を見て、「コンピュータが人間を支配するのではないか」などという

118　文献［10］参照。

話題はつきないのではないかと考えられる。

しかしながら、この「シンギュラリティ」に関する議論は、重要な視点を見落としていないだろうか。そもそも、「コンピュータが人間の知性を凌駕する」とは、一体どういうことなのだろうか。

これは、本書において、これまで様々な角度から検討してきた「知能とは何か」という問いと同じものである。「シンギュラリティ」という概念は、あくまで、情報テクノロジーの進化という観点において、「コンピュータが人間の知性を凌駕する」可能性を議論したものである。筆者は、そこには、「生命」としての「知能」に関する考察が、十分に反映されていないのではないかと考える。ここからは、本書において考察してきた「知能」に関する考え方を反映させた上で、人工知能が人間を超える可能性について考えていきたい。

人工知能は人間を超えるのか

「コンピュータが人間の知性を凌駕する」とはどういうことなのだろうか。

そして、コンピュータが「人間を超える」ということは有りうる話なのだろうか。

本書では、第一章から第四章までを通して、「知能とは何なのか」という問いに対する考察を行ってきた。私たちのこれまでの「知能」に関する考察を整理することで、「コンピュータが人間の知性を凌駕する」ということがどういうことかについての理解が得られるのではないだろうか。

第一章では、現在の「人工知能ブーム」を支える「ニューラルネットワーク」について紹介した。そして、「ニューラルネットワーク」は、人間の脳の神経細胞のネットワークを真似たものではあるが、人間の「知能」そのものを再現できているわけではないという指摘を行った上で、「知能」を定義することがいかに難しいかということを、「チューリングテスト」や「中国語の部屋」といった例を用いて説明した。

「『知能』を定義する」ことはなぜ、難しいのだろうか。

これは、知能だけに限った話ではないが、「例外のない規則はない」という格言が指摘する通り、定義によって作ろうとする「知能」には、「例外」が生じることが避けられない。「知能」を理解するには、「定義」による方法とは抜本的に異なる、俯瞰的なものの見方が必要であると考えられる。

こうした観点から、第二章では、手がかりの一つとして、脳の持つ「騙される」という側面について、錯視の例を見ながらの検討を行った。私たちは、「騙される」ことなしに、世界を「見る」ことができない。その証拠に、生まれたばかりの赤ちゃんや、開眼手術を受けた白内障患者は、視覚の中に「もの」を見つけ出すことができないという。どうやら、私たちは、「騙される」ことをなしに、世界を「見る」ことができないばかりか、世界を「主観的に作り出す」ことなしに、「世界を認識する」ことはできないようである。

なぜ、私たちは、「世界を主観的に作り出す」能力を身につけたのだろうか。

私たち人間を含む生物が生きる空間は、時々刻々と変化する、予測のできない「実空間」である。こうした「実空間」においては、得られる情報は不完全であり、その不完全な情報に基づいて、環境に適応して生きていかなければならない。すなわち、不完全情報に基づいて、環境との「調和的な関係」を作り出し続けていくことが、生命にとって必要な「知」なのではないかと考えられる。

第三章では、こうした生命の「知」を実現する脳の構造についての説明を行った。私たちの脳は、「生存脳」と、「社会脳」とが相互作用することにより、社会と自己との関係を能動的に作り出し、豊かな社会性を作り出していると考えられる。私たちは、他者との関わり（コミュニケーション）の中で社会性を作り出す。私たちのコミュニケーションは、他者の「行為の意味」に対して「共鳴」することで「他者理解」を行っている。こうした「他者理解」は、自らの「身体」を通しての（他者を含む）環境との相互作用が不可欠である。こうした背景から、身体なくして「知」は成り立たないのである。

第四章では、こうした「身体」に基づく「知」の根本原理として、細胞が「振動」を相互作用しあうことによって、

「全体」が「ひとつ」のリズムを奏でる同期（シンクロ）現象に代表される、「振動」の作り出す生命現象についての説明を行った。振動現象は、「ひとつ」のリズムを作り出す「引き込み」に注目が集まりがちではあるが、細胞間の相互作用は、「ひとつになろう」とする「興奮性」の相互作用だけではない。お互いを抑制しあう「抑制性」の相互作用というものも重要であり、「興奮性」と「抑制性」のバランスにより、私たちの細胞は、自在にパターンを作り出すことができる。こうした振動の作り出す仕組みが、環境の変化に基づく歩行パターンの変化をはじめ、環境との調和的な関係を、自在に作り出していると考えられる。

以上のように、本書では、「知」というものを、身体に基づいて、「実空間」という予測不可能な環境に適応していくために必要な仕組みであるという大まかな理解を行った。こうした観点を鑑みた上で、最初の疑問に立ち戻りたい。

「コンピュータが人間の知性を凌駕する」とはどういうことなのだろうか。

カーツワイルの指摘する、コンピュータが「毎年二倍のスピードで成長する」というのは、あくまで、単一の演算処理（たとえば足し算や引き算）を処理するスピードが、毎年二倍に進化しているということである。すなわち、決まった演算であれば、コンピュータは、人間に比べ、遥かに高速でそれを実行するし、未来のコンピュータは、その何倍ものスピードでそれを実行するであろう。

しかしながら、私たちの「知」は、どうやら「身体」の律速を受けるようである。確かに、単純に考えるのであれば、「身体」が二倍に動くことができれば、それにともなって、環境から得られる情報量も二倍になりそうである（ここで、「二倍の情報」というものが何なのかは、ひとまず考えないことにする）。しかし、私たち人類は、いまだ、生命の最小単位と考えられる「細胞」すらも、人工的に作り出すことができていない。もちろん、二足歩行や四足歩行によって動く「身体を持つロボット」は古くから研究されており、現在では、蹴られても、氷の上でも、自らバランスをとって、動くことが可能である。とはいえ、こうした最先端のロボット技術ですらも、人間の与えた目的（前進や後退など）に沿って動く「ラジコン」の域を出ておらず、自ら動きを作り出す「知」の実現は、まだまだ先の話になりそうである。そして、万が一、そうした「知」が実現したとしても、その「知」は、「身体」の律速を受けることになる。したがって、コンピュータのように「毎年二倍のスピードで成長する」ようには「知」は成長しないのではないかと考えられる。

以上の議論から導き出される結論として、カーツワイルの指摘する、コンピュータが「毎年二倍のスピードで成長する」という事実を根拠にするだけでは、人間の「知性」を凌駕するコンピュータが生まれるとは考えられず、仮に、人間と同等の「知」が実現したとしても、その成長スピードが、コンピュータのように、「毎年二倍のスピードで成長する」ことは難しいのではないかと考えられる。[119]

この一方で、動物の全進化史の中で「運動」と「感覚」を一体にする「協応」の単位で「知能」の分野に影響を与えているロシアの動物生理学者ニコライ・ベルンシュテインは、一九九一年に原著の出版がなされた『デクステリティ巧みさとその発達』[120]の中で、動物の「知能」における歴史的な転換点である、恐竜や爬虫類がその座を追われ、哺乳類が繁栄した理由について記述している。

ベルンシュテインによると、哺乳類が繁栄した背景として、寒さに対する耐性や体が小さく小回りがきくなどの側面が重要だったわけではなく、新たに得た「大脳新皮質」とその「錐体路系」が「運動生成」に優れていたからであるということである。

哺乳類の前身である爬虫類の最高次の神経核は「線条体」であり、線条体は、爬虫類そして鳥類において完成したという。その役割は主に重力に対して体幹を維持し、Locomotionという定型的な動作の生成に役に立った。それに対し、哺乳類が発達させた「錐体路系」の重要な役割としてベルンシュテインが語っているのは、「運動の即興性」

119 「ムーアの法則」を発表したインテル社は、実質的に、ムーアの法則の「破綻」を宣言している。半導体の集積技術自体もまた、限界に近づきつつあるということである（文献［11］参照）。

120 文献［12］参照。

であると考えられる。

哺乳類は攻撃や狩など一回性の、目標を持った動作のレパートリーをより多く持つ。これらの行為は、型にはまった動作だけでは難しく、状況に応じて柔軟で正確な、すばやい適応性を必要とする。すなわち、哺乳類は、唐突に出くわした難局を上手く切り抜けるために、学習していない新たな運動の組み合わせを、「即興的に」すばやく作り出す能力が向上したということである。音楽にたとえるなら、哺乳類は、記憶や楽譜に基づいた演奏をすることが少なくなり、代わりに即興演奏が増えていったということであろう。

ベルンシュテインの考え方が、哺乳類が獲得してきたであろう「運動の即興性」という点を重要視しているという点に対し、カーツワイルの「コンピュータが人間の知性を凌駕する」という主張は、あくまでコンピュータの進化（半導体の集積技術の進歩）という視点によるものにすぎず、動物生理学の観点からは、疑問を持たざるを得ない点がある。「知能」や「知性」とは何なのかについては、もう少し掘り下げた議論が必要なのではないだろうか。[121]

人工知能は仕事を奪うのか

オックスフォード大学准教授のマイケル・A・オズボーンが「未来の雇用」[122]という論文を発表して以来、「人工知能によって職業がなくなってしまう！」というような論調がメディアを席巻している。

確かに、これまで紹介してきた「人工知能」すなわち「弱い人工知能」は、「人間の知能の代わりの一部を行う機械」すなわち「道具」であるため、現在、私たちが行っている「作業」のうち、「弱い人工知能」によって「自動

121　東北大学名誉教授の矢野雅文らの研究グループは「大脳新皮質の本質的な役割は、学習による定型動作の獲得ではなく、目標を持った運動の一回性の使い捨て動作（即興的な動作）の実現である」という観点に立ち、随意運動を研究した論文を発表し、現在、多くの研究者からその価値が見直されている（文献［13］参照）。

122　文献［14］参照。

化」できるものは少なくない。ただ、ここで気をつけたいのは、「弱い人工知能」が人間に取って代わるのは、「作業」であって、「職業」そのものではないということである。

オズボーンは論文「未来の雇用」の中で、「自動化」される確率に基づいて、各職業をランキングしている。このランキングによると、最も自動化される確率が低いものが「リラクゼーション・セラピスト」(〇・二八パーセント)であり、逆に、最も自動化される確率が高いものが「テレマーケター(電話による商品販売員)」(九九パーセント)だという。すなわち、テレマーケターの行う「作業」は、その九九パーセントが置き換え可能ということである。

繰り返し述べさせていただきたい事柄だが、これは、決して、「テレマーケターが職を失う確率が九九パーセント」であるということではない。「テレマーケターは、その作業を九九パーセントの確率で自動化でき、効率的に業務を行うことが可能そうである」という解釈が妥当なのではないかと考えられる。

現在、自分の判断だけで動くことができる「強い人工知能」は存在しない。その一方で、私たちが利用可能な「弱い人工知能」は、あくまで、人間が使う「道具」である。「強い人工知能」が存在しない以上、いわゆる「道具」である「弱い人工知能」は、「一人歩き」することができないということは当然のことである。したがって、人間が行っているどんな仕事(職業)であっても、「弱い人工知能だけでそれを行う」ことは不可能なのである。

人間は、意識する、しないにかかわらず、様々な仕事を、自分の判断で行うことができる。私たち人間にとっては、まるで「頭」を使わない「作業」に見えるようなものも、「機械」にやらせようとすると、意外な難しさがつきまとうということが少なくないのである。

ここで、一つのたとえ話を紹介したい。

とある職業の中で、お客様からいただいたデータを使って表計算を行う作業があるとする。この作業を自動化するために、表計算ソフトであるマイクロソフト エクセルを使って、プログラムを書くとする。短調な作業であれば、プログラムを書く手間も、それほど時間をかけずに済んでしまうかもしれない。弱い弱い人工知能(プログラム)は、こうして作られる。さて、そうやって作った弱い弱い人工知能（プログラム）を、一度使い終わった後、しばらく使わずに放っておこう。すると、何が起こるだろうか……。

一年後、同じような作業内容を行う状況がやってきた。同じお客様から「この表計算を行ってほしい。やり方は、一年前と同じで。」という依頼が来たのだ。一年前の当時は、プログラムを一から書かないといけなかったので、それなりに苦労をともなったが、今回は楽だ。同じプログラムを動作させればよいのだ。何という簡単な作業であることか。こんなもの、一秒で終わらせてしまおう。さて、こんな風にタカを括って、プログラムを動かしてみて、このプログラマーは愕然とする。

「プログラムが動かない!!」

よくよく見ると、お客様からいただいたデータのフォーマットが微妙に変わってしまっており、一行下にずれているのだ。人間なら、気にする必要がないほどの（むしろ気づかずに作業を続けてしまうほどの）、微妙なフォーマットの変化である。しかし、機械にとっては大問題である。プログラムには、「この行のデータを計算せよ」という命令が書き下されている。にもかかわらず、指定された行には、データがないのである。

そして、このプログラマーには、「プログラムを修正する」という新たな作業が発生する。もちろん、これ自体は、それほど負荷の高い作業ではないが、人間不在の「弱い人工知能」だけでは、「何もできない」状況であり、人間は、確実に必要なのである。

すなわち、表計算というきわめて単純な作業であっても、人間が管理を行うことなしに、人工知能だけでそれを実施することは不可能なのである。

こうした、人間にしかできない「作業」というものは、筆者のように、能力が低い人間にとっては「頭を悩ませた経験」から、よくよく理解できるものなのだが、いかんせん、こうした「作業」を無意識レベルでこなしてしまう有能なビジネスマンには、なかなか理解していただくのが難しいのかもしれない。たとえば、「人工知能」についての解説を一般向けに行っている『人工知能は私たちを滅ぼすのか』という書籍では、「経理のように、数字に対して形式的なルールを適用する仕事は、そもそも創造性を発揮する仕事ではなく、発揮するべきでもありません。非常に人工知能に向いた仕事であり、人間が関わる余地は結果のチェックくらいになります。」といった記述が見られる。[123]

この記述を見て、筆者は、前職で経理部門が発行するExcel形式のフォーマットが毎年変更され、その対応に四苦八苦した経験を思い出した。確かに、フォーマットの変更への対応は、人間にとっては単純作業かもしれないが、機械にとっては、そうやさしい問題ではない。もちろん、フォーマットの変更をチェックするプログラムを書き下すことはできるが、そうすると、その「フォーマットの変更をチェックするプログラム」に書かれていない変更があった場合（行の変更だけではなく、項目の追加など……）には、その「『フォーマットの変更をチェックするプログラム』の変更をチェックするプログラム」を新たに書く必要があり、それすらも変更する場合は……という、堂々巡りが発生する。[124]

少し長いお話になってしまったが、このように、「弱い人工知能」は、人間の「作業」を減らすことはあっても、人間の「職業」を減らすことにはならないのである。もちろん、「今まで三人でやっていた作業を一人でできるように効率化する」というような状況は、現状すでに起きている。しかし、その分、作業効率化のためのシステムを作る作業や、そのシステムをメンテナンスする作業など、新たな作業は常に生まれており、「弱い人工知能」によって、「職業」自体がなくなるということは決してないのである。もしも、職業がなくなったとしても、それは、単純に、その職業の「需要がなくなった」ということだと考えるべきであり、「人工知能それ自体の問題ではない」というこ

123　文献［15］参照。
124　こうした問題を定式化したものがチューリングの「停止性問題」である。

とを、最後に強調しておきたい。[125]

ここまでのまとめ

ここまでに、ブームとなっている「人工知能」の正体についての検討を行ってきた。「人工知能」は、まるで、それ自身に意思があるようにとらえられ、「人工知能が小説を書いた」などといった表現が用いられるが、それは誤りであるといわざるを得ない。哲学者ジョン・サールの考え方によると、人工知能は、以下の二つに分類される。

強い人工知能（Strong AI）：知能を持つ機械（精神を宿す）。

弱い人工知能（Weak AI）：人間の知能の代わりの一部を行う機械。

重要なのは、現在、私たちが用いている「人工知能」というものは、あくまで、「人間の知能の代わりの一部を行う機械」である「弱い人工知能」であり、人間にとっての「道具」にすぎないということである。この考え方を軸として持っておくと、世の中の様々な論調を、冷静に見つめ直すことができる。

「弱い人工知能」の発展により、「シンギュラリティ（特異点）」という言葉が脚光を浴びるようになった。「シンギュラリティ」とは、コンピュータが人間の能力を凌駕する臨界点という意味で用いられる。特に、二〇四五年になると、「コンピュータの知性は人間の知性の一〇億倍の能力を持つ」という予測がある。しかしながら、この予測は、

125 確かに、時代の変化によって、失われてしまう職業が出てくるのは否定できない。それによって職を失ってしまう人も少なくないかもしれない。しかしながら「弱い人工知能」によって、せっかく、作業の効率化を行うことが可能になったのだから、その技術を使って、新しい「職業」を作っていけばいいのに、というのが筆者の意見である。よくある小学校の校長先生のお話で「ある木を切っている大工さんに『何をしているんですか？』と尋ねると、『私は（ただ単純に）木を切っているのではありません。皆さんが素敵な暮らしができる家を作っているんです。』と答えた」というものがある。「木を切る」職業は、作業効率化によって失われてしまうかもしれない。しかしながら、「素敵な暮らしを作る」という観点で仕事をしていれば、仕事は減るどころか、いくらでも作り出せるのではないだろうか。

「そもそも『知』とは何なのか」という疑問から出発すると、疑わしくなってくる。

確かに、コンピュータの進化のスピードは著しく、数年後には、現在のコンピュータの性能に比べるべくもない「怪物」のようなコンピュータが、私たちの生活の中に入り込んでいることだろう。しかし、そのコンピュータは、「知」を持っているのだろうか。

「知」というものの理解は、本書では、身体に基づいて、「実空間」という予測不可能な環境に適応していく仕組みであるとした。その考え方に基づくと、「知」には、実空間を生きる「身体」が不可欠であり、コンピュータの計算速度がどれほど進化しても、身体と実空間が進化しない限り、その進化は、「知の進化」とはいえないのではないだろうか。こうした観点から、コンピュータの進化自体は、著しいスピードで進むにしても、それが、「人間の知性の一〇億倍の能力を持つ」かどうかは、今のところは考える必要すらないのではないだろうか。

最後に、「人工知能は仕事を奪うのか」という問題についても議論を行った。ここで気をつけるべきは、私たちが手にしている「人工知能」は、あくまで「弱い人工知能」であり、人間にとっての「道具」であるという点である。確かに、「道具」は、人間の行っている作業を「自動化」し、効率的なものにしていく。しかしながら、「道具」そのものが意思を持っていない限り（「強い人工知能」でない限り）、「道具」が、人間の職業そのものを「奪ってしまう」ということは、あり得ない話である。

このように、「人工知能」に対する様々な憶測に対し、本書が繰り返し扱ってきた「知能」という観点からの見解を与えた。こうした憶測自体は、杞憂にすぎないと考える一方で、筆者は、真に恐ろしいのは、こうした憶測が作り出す社会の「誤った方向性」である。ここからは、現在、私たちが手にしている「人工知能」という技術に対し、私たちがどのように向き合っていくべきかについての議論を行いたい。

現代の技術とライフスタイル

ここまでに見てきたように、現在開発が進められている「弱い人工知能」は、決して人間を滅ぼすようなキナ臭いものでも、人間の職業を奪ってしまうような厄介なものでもない。「弱い人工知能」は、使い方を誤りさえしなければ、私たちのライフスタイルをいくらでも「豊かに」できるポテンシャルを秘めている。

「弱い人工知能」自体は、「道具」である以上、毒にも薬にも成りうる。真に恐ろしいのは、私たち人間が、「道具」である「弱い人工知能」の誤った使い方をしてしまうことである。

そこで、ここからは、「コンピュータ将棋」や「自動運転」などのいくつかの「弱い人工知能」の事例と、興味深い使われ方についての考察を紹介した上で、近年、問題が顕在化しはじめている「フィルターバブル問題」というものを通して、「人工知能」の真の恐ろしさについて議論したい。

人間に「勝利する」人工知能とその限界

「コンピュータが将棋を完全解明したら」

すなわち、将棋において、人間の打つあらゆる手に対して、数多ある終局までのパターンをすべて計算することができるコンピュータが発明されたとしたら、人間は、どうあがいても、そのコンピュータに勝つことはできないだろう。

現在、将棋においても囲碁においても、コンピュータの力は人間を凌いでいるといわざるを得ないが、いまだつけ入る隙があり、「完全解明」とは至っていない。だが、それが「完全解明」に至ったとすれば、棋士にとっての危機ではないかと普通は考える。しかしながら、こうした記者の質問に対し、羽生善治三冠が答えたインタビューの様子は以下の通りであったという。[126]

記者によると、相手が強くなればなるほど、将棋が難しくなればなるほど決まって羽生は嬉しそうに見えるという。では、なぜ羽生三冠は強くなる一方のコンピュータに対して何も恐れないのだろうか。その答えは、記者の「将棋がコンピュータによって完全解明されてしまったらどうするんですか？」という質問に対する回答の中にあったという。

「そのときは桂馬が横に飛ぶとかルールを少しだけ変えればいいんです」

その瞬間に将棋は新しい命を与えられ、何もかもが一からやり直しになるということを、羽生三冠は理解しているのである。

羽生善治三冠の「ルールを少しだけ変えればいい」という指摘は、まさに、コンピュータ（「弱い人工知能」）の本質を見事に突いているといえる。あくまで、人間にとっての「道具」である「弱い人工知能」は、それ単体では、自分の判断で動くことができない。すなわち、「ルールを自分で作り出す」ということができないのである。

ルールを決めるのが人間である一方、道具であるコンピュータは、与えられたルールの中で、計算を行うことを得意とする。コンピュータは、「将棋」という人間が定めたルールの中で、これまで人間が発見できなかった新たな「定石」を発見することなどに貢献するものである。

ここで注意すべきなのは、コンピュータはあくまで「道具」であって、新たな定石を「発見」するのは、コンピュータが指した手を見て、それらの手に「意味」を見出す人間だということである。

二〇一六年の三月に、「アルファ碁」という囲碁を打つ人工知能が、韓国のイ・セドル九段を打ち負かしたことで話題になった。「アルファ碁」は、「ニューラルネットワーク」を用いて、最も妥当な手を確率的に計算した上で、手を選択するという手法を採用している。このため、打った手が、良かったか、良くなかったかの判断は、打ち終わっ

126　文献［16］参照。

てみるまでわからない（打ち終わった後、勝ったとしても、「どの手が勝ちに貢献したのか」という検討を行うことができない）。同様に、敗北に至ったとしても、その手が「悪手」だったかどうかは、打ち終わって負けてみるまでわからないのである。「アルファ碁」は、人間がアルファ碁に対して行った、「確率的に妥当な手を計算せよ」という命令を、忠実に実行しているにすぎず、「勝利するかどうか」については、何ら「興味がない」のである。

このように、「アルファ碁」は、確率的な計算によって、新たな手を「打つ」ことはできても、「アルファ碁」の打つ手を見て、そこに意味を見出し、新たな「定石」であるかどうかを判断できるのは、人間だけなのである。

こうした人間と機械との得意領域の違いを活かし、チェスの分野では、Advanced Chess という、人間が人工知能システムを用いて戦うという、新たなゲーム形式が登場しているという。[127] 新たな手を打つ人工知能と、その手に意味を見出す人間は、「共生」する時代に来ているといえるかもしれない。

自動運転とその使い方

「道具」であるコンピュータと、「道具」を使う人間の共生ということを考えると、すでに「道具」である自動車を、どこまで「自動運転」にすべきかという問題は、非常にセンシティブであるといわざるを得ない。

現在、飲酒運転の厳罰化やシートベルトの着用をはじめとする多くの法整備の甲斐あって、交通事故の数は減少傾向にあるという。しかしながら、交通事故で不幸にも亡くなってしまう方の数は、全国でいまだ年間四〇〇〇人を超えており、[128] 自動車メーカー各社は、「自動運転」の技術が、交通安全に貢献するのではないかと注目している。

こうした「自動運転」は、どこまで意義のあることなのだろうか。

127 文献［17］参照。
128 文献［18］参照。

東北大学名誉教授の矢野雅文は、論文「『完全自動運転の車』と『認識の壁』[129]の中で、以下のような説明を行い、「自動運転」の意義について次のように解説している。

「完全自動運転の車」の開発はかつて「永久機関」を夢見て追及した歴史に似ているかもしれない。「永久機関」はどこまで効率の良い内燃機関を造ることができるのかが明らかでなかったときに、限りなくエネルギーを生み出す理想の内燃機関を目指してチャレンジされたのである。最終的には不可能であることが理論的に示され、エントロピーの発見につながり、学問的に熱力学として体系化されたという経緯がある。つまり、熱力学は最初技術開発が先行し、その発展が熱力学として学問を成立させる牽引力になったといえる。これに習えば、「完全自動運転の車」を開発する努力は重要で、このことが様々な新しい学問や技術を生み出すことにつながると思えるからである。

矢野の指摘を要約すると「運転を完全に自動化することは不可能であるが、それを目指す努力は、様々は技術や体系を生み出す糧となるであろう」ということであると解釈できる。「コンピュータはあくまで道具である」とはいえ、「どのような道具なのか」ということは、いったん「完全自動運転」を目指してみないと見えてこない。そういう点で、「完全自動運転」の研究は、重要なのかもしれない。

さて、その一方で、矢野は、長年「ブレインウェア」という脳の環境適応の仕組みを利用したコンピュータを研究してきた知見から、「完全自動運転」に関する以下のような指摘を行っている。

129 文献［19］参照。

盛土で道を造った個所もあれば、谷底のように掘り下げて造った個所もあって、あらかじめ道路の情報をインプットすることができなければ、リアルタイムで道路を見分けなくてはならない。これが難しくて、いわゆる「認識の壁」といわれている課題で、現代の科学技術がどうしても越えることのできないことの一つである。現在の情報技術は明確に定義された問題に逐次手続き的アルゴリズムを適用することによって処理する方法であり、不完全情報や曖昧な情報や多種の情報が相互に関連した場合や、情報の汎化性に関しては、それを取り扱う情報処理方式を持たない。このことが「認識の壁」が存在する理由である。交通システムのような実世界の認識に関して、情報が完全に与えられることは原理的に不可能で、不完全な情報の表現、不完全な情報の処理、不完全な情報の評価方式が必要であることを意味している。与えられた状況を制約条件として、判断と予測をするための暗黙の前提をリアルタイムで創り出す機構が明らかにならない限り、このような情報処理は不可能であろう。

本書で何度か指摘してきた事柄であるが、時々刻々と変化し、予測が困難な「実空間」で生きる生命は、そのつど、環境から受ける「不完全」な情報を頼りに、「環境」との「調和的な関係」を作り出して生きている。その一方で、コンピュータ（機械）というものは、人間が前もって与えた手続きを忠実に実行するものである。矢野の指摘は、コンピュータが、「実空間」で、環境と調和していく仕組みを取り入れない限りは（現在のままの「弱い人工知能」である限りにおいては）、「認識の壁」を乗り越えることができず、「自分の判断で運転を行う」コンピュータ（機械）というものの実現は難しい、ということであろう。

「認識の壁」をブレイクスルーすることができたとしても、一〇〇パーセント無事故の「完全自動運転の車」は有り得ないと悲観的に考えている。「認識の壁」を突破することは、人間と同じような判断ができるシステムができることだが、人間の判断は間違うことがある。たとえ、間違う確率が人間より小さいとしても、「間違う可能性のある車にあなたを委ねることができますか？」責任は取ってくれない車に。最終責任は人間にあるのだから、将来も車は人間に従属するしかないのでは！

囲碁や将棋と同様に、自動車の自動運転に関しても、その特性を理解した上で、人間と機械が「共生」していくというものが、理想的なあり方なのではないだろうか。

コンテンツを作り出す人工知能

「小説を書く人工知能」「作曲を行う人工知能」というのもまた、これまでに紹介したように、人間の小説を書く作業や、作曲を行う作業をサポートする「道具」である。

メディアの取り上げ方によって、まるで「コンピュータが自分で思考して小説を書くことができるようにまで成長した」ような印象を受けてしまう場合もあり、そういった取り上げられ方は非常に厄介である。一方で、「小説を書く」といったような、私たちの「創作活動」というものが、「弱い人工知能」というものによって、質的な変化を起こすことができるのであれば、非常に興味深いといえるかもしれない。

「人工知能が書いた小説が予選を通過した」ことで話題になった「星新一賞」[130]という、日本経済新聞社が主催しているユニークな「文学賞」がある。これは、二〇一三年に新設された理系的発想力を問う文学賞なのであるが、これに応募した、「コンピュータが小説を書く日」という作品が、一部「人工知能」の手を借りて作られたものだというのである。この作品自体は、受賞には至らなかったが、一次予選を通過し、コンピュータが小説を書く手助けができることを裏づけた。

名古屋大学教授の佐藤理史は、今回の創作物について、「コンピュータで書いた」のか「コンピュータが書いた」と見るのかは、「受け手がどう感じるかだ」と語っている。佐藤らが応募した文章はプログラムによる出力だが、だからといってコンピュータが書いたとはいえない。

130 文献［20］参照。

本書でこれまで述べてきたように、意思決定そのものを機械が行うことができない以上、「小説を書く」作業は、最後は人の手が介在せざるを得ないのだが、「弱い人工知能」を使うことによって、その人が作る作品のバリエーションを豊かにしていく「可能性を広げる」ことが可能になるのかもしれない。

このほか佐藤は昨今の人工知能をめぐる報道について「誤解がある」と述べて、人工知能研究の本質についても語っている。「人工知能で○○ができた」というのは、そのための機械的な方法・手順がわかったということであり、つまり、賢くなったのは機械ではなく人類だと改めて強調している。

佐藤が指摘するように、「弱い人工知能」を使って、人間がより「賢く」なり、人間社会が「豊かに」なっていくような「人工知能」の使い方を、私たちは模索していく必要があるのではないだろうか。

データの利活用と「フィルターバブル問題」

最後に、「人工知能」の利用によって、私たちの社会が誤った方向に導かれる可能性に関して、「フィルターバブル問題」というものを紹介したい。フィルターバブル問題とは、私たちが、インターネットを介して集める情報が、自分自身の「過去の行動」や「好み」に支配され、気がつくと、自分にとって不都合な情報が、入ってこなくなってしまう問題のことである。

現在、グーグルやフェイスブックといったインターネットを牽引するサービスが、こぞって採用している「パーソナライゼーション」というものをご存じだろうか。パーソナライゼーションとは、ユーザー一人ひとりの「年齢」や「住んでいる場所」や「職業」といった「属性」であったり、過去の「行動履歴」であったりといった、データを活用し、一人ひとりに対して、「好ましい」情報を選別して提示するという、ユーザー一人ひとりへの「カスタマイズ」である。

インターネットを用いて情報にアクセスする際、何をするにも、過去の傾向から、各個人の好みであると予想されるものを「パーソナライズ」して提供されることによって、私たちは、一人ひとり、自分だけにカスタマイズされた情報に閉じ込められ、それが世界だと思い込まされてしまう。こういった状態が、一人ひとりが、小さな泡に閉じ込められるような状態であるとたとえられ「フィルターバブル」と呼ばれている。一度フィルターバブルに閉じ込められてしまうと、自分がどの程度、「偏っているか」を客観視することはきわめて難しい。フィルターバブルの外側に出ようとして、新たな情報を得ようとしても、その情報を収集するためにインターネットを活用すると、そこから得られる情報自体が、すでに、自分自身にカスタマイズされてしまっており、「フィルターバブル」の中でしか情報が得られないからである。まるで、「お釈迦様の掌」から抜け出せないような状態である。

フィルターバブル問題に詳しいアメリカのイーライ・パサリーは、著書『フィルターバブル』の中で、フィルターバブルの起こす影響についての解説を行っている。[131]

パサリーによると、パーソナライゼーションは、創造性やイノベーションを三つの点から妨げるという。第一の点は、私たちが解法を探す範囲（「解法範囲」）である。関心事や問題解決策を模索する目的で、私たちは頻繁にインターネットを用いるが、その際、アクセスできる範囲そのものが、フィルターバブルによって人工的に狭められてしまうということである。第二の点は、フィルターバブル内の情報環境が、創造性を刺激する特質が欠けたものになりがちであるという点である。創造性というのは状況に強く依存する。新しいアイデアを思いつきやすい環境と思いつきにくい環境があり、フィルタリングから生まれる状況は創造的な思考に適していないとパサリーは指摘する。第三の点は、フィルターバブルは受動的な情報収集を推進するもので、発見につながるような探索と相性が悪いという点である。目の前に、めぼしいコンテンツが豊富にあれば、余程の理由がない限り、私たちは、わざわざ遠くまで時間をかけて探しにいくということを行わないだろう。

131　文献［21］参照。

フィルターバブルによって、私たちの創造力は失われていくという。確かに、そういわれれば、二〇世紀末のインターネット黎明期に比べ、現在は、インターネットの利用の仕方が変わってきて、当時何となく感じていた「ワクワク感」のような感覚が失われてきたようにも感じられる。そうした点について、パサリーは的確に指摘している。

二〇世紀末、ヤフーがインターネットの王者として君臨していたワールドワイドウェブの草創期、インターネットは、まだ「地図のない大陸」といった様子であり、ユーザーは自分たちを探検者、発見者だと思っていたとパサリーは指摘する。当時インターネットを使いはじめた方であれば、この様子をありありと思い出すことができるのではないだろうか。通信速度の遅いダイヤルアップ接続で、見たことのない一枚の画像を表示するのを、ブラウン管ディスプレイの画面を見つめながら「ワクワク」した気持ちで待っていた時代である。この時代、ヤフーは村の宿場のような役割だったとパサリーはいう。ヤフーという村の宿場には、多くの人が集まり、おかしな獣の話や海の向うに見つけた陸地の話を交換していたのである。「探検や発見から今のように目的を持った検索の世界に変化するなど、思いもよらないことでした」と、当時、ヤフーの編集者をしていた人物は語っている。

今や、「情報」に溢れたインターネットを「探検」するのは、「人工知能」であるグーグルやフェイスブックの仕事で、人間に残された仕事は、そうした「人工知能」が提示してくる情報を「消費する」ことだけになってしまう可能性がある。こうした「人工知能」によって、あらゆる情報が統制される「完全世界」を想定した、SF作家でもあるロートジャーズ大学の数学者ルドルフ・ラッカーの小説の一節[132]をもとに、「完全世界」が実現したら何が起こるかについて、解説を試みたい。

完全世界において、すべての数学的真理を証明可能にする「数学システム」が完成したことを想像していただきたい。このシステムは、一定の「公理」と「推論形式」に基づいて構成されている。これらの「公理」と「推論形式」

132 文献［22］参照。

は、コンピュータに組み込むことで、効率的に、数学に関するあらゆる範囲の「定理」を自動的に証明していくことができる。数学者は、この完全世界において、いかに少数の公理と推論形式だけで、効率的に全数学を包括するプログラムを作成するかという仕事に没頭するであろう。

このプログラムを組み込んだコンピュータは、「数学的万能マシン」と呼ばれる。「数学的万能マシン」は、少数の「公理」と「推論形式」によって、新しい定理を証明し、それらの定理を組み合わせては新しい定理を証明する。こうした規則的な方法で、定理を証明し続けることによって、数学に関する、すべての真理を証明し続けることが可能である。完全世界においては、すべての数学の問題は、このように、コンピュータが証明するのを待っているだけで、必ず解けるのである。

数学界に続くのは物理学界であろう。完全世界における物理学者たちは、一般相対性理論と量子力学の統一理論を発見し、あらゆる自然法則を二五の命題にまとめるであろう。これらの法則が、さらに、数学的万能マシンに組み込まれることによって、生物学、心理学、社会学などの理論も統一され、完全世界では、「科学的万能マシン」が完成するのである。完全世界において完成する科学的万能マシンは、いかなる科学的質問にも答え、あらゆる科学的問題を解決することができる。宇宙の正確な年代、エネルギーの効率的生産、人口問題や食料問題も、すべてマシンが計算して解決するであろう。さらに、科学的万能マシンは、すでに全地球上にネットワークを張り巡らし、経済予想から気象予報まで、あらゆる情報を処理することが可能であろう。

完全世界における科学的万能マシンの快進撃はさらに続く。文学や絵画や音楽の芸術性に共通する法則が発見され、完全な美学システムが構成されるということは、想像に難くない。このシステムも科学的万能マシンに組み込まれる。こうしたことにより、最終的には、完全世界の最終到達地点である「普遍的万能マシン」の完成にたどり着くのである。

最終到達地点にたどり着いた人類は、もはや、何もする必要はなくなる。何かを知りたければ、聞くよりも早く普遍的万能システムが回答を用意するのである。普遍的万能マシンは、すべての人間の行動を完全に予測できる。普遍的万能マシンに敵対することすら起こり得ない。すべての人間が考えていることは完全に予測され、普遍的万能マシンは、それらすべてを唯一つの例外もなく、未然に防ぐことが可能である。普遍的万能マシンは、地球を完全に制御し、すべての問いに答え、芸術作品を生む。もはや、人間に残されている活動と呼べるものは、何もないのである。[133] すべての活動は、普遍的万能マシンに支配され、人間は、ただ生きているだけの存在になるであろう。そして、「完全世界は老いて、滅びていく」ということが、完全世界の帰結であろう。

こうした完全世界の様子を垣間見ると、私たちは、実に幸せな世界を生きているということが理解される。本書で繰り返し述べてきたように、この世界は不完全であり、変化の予測できない変幻自在の「無限定環境」である。老いて滅びていく完全世界というものは、私たちの生きる世界とは、本来、関わりのない話なのである。

しかし、驚くべきことに、現在、「パーソナライゼーション」の作り出そうとしている「フィルターバブル」の世界は、まさに、こうした、老いて滅びていく「完全世界」に近いものなのではないだろうか。

この世界そのものは「完全世界」ではない。その一方で、「人工知能」を「パーソナライゼーション」という使い方をしたときに、その向かう先が、老いて滅びていく「完全世界」になりうるということは、念頭に置いておかなければならない。そうした場合、私たちの「創造力」は完全に失われ、「人工知能」なしには生きられない、およそ「生き物」とはいえない生活が待っているのである。

真に恐ろしいのは、「人工知能」の出現そのものではない。「道具」である「人工知能」は、私たちの生活を、より「豊か」にしていく可能性がある。その一方で、誤った使い方をしたときに、すなわち、私たちの不完全世界を無理

133　ラッカーによると、完全世界の帰結は、「もはや、人間に残されたのは、スポーツだけだった。」とされている。しかしながら、完全世界において、「普遍的万能マシン」が完成したならば、そのマシンが制御できる範囲は、科学、芸術の枠を超えて、スポーツを含む身体的活動にまでおよぶであろうことは想像に難くない。完全世界においては、身体的活動すらも、普遍的万能マシンに支配されてしまうであろう。

ち人類という「生き物」そのものが、「老いて滅びていく」可能性があるということなのである。

に「完全世界」としようとしたとき、私たちの社会は「普遍的万能マシンに支配された世界」に近づいていき、私た

ここまでのまとめ

ここまでに、「弱い人工知能」のいくつかの事例を紹介した上で、その興味深い使われ方についての考察を行った。その上で、近年、問題が顕在化しはじめている「フィルターバブル問題」というものを通して、「人工知能」の真の恐ろしさについての議論を行った。

まず、囲碁や将棋といったゲームを行うコンピュータに関して、人間と機械の違いを明確に指摘する羽生善治三冠のインタビュー記事を紹介した上で、コンピュータと人間との違いを改めて整理した。羽生三冠は、もしもコンピュータが将棋を完全解明したとしても、人間が「ルールを少しだけ変えてしまえば」コンピュータは再び人間に勝てなくなると指摘する。すなわち、人間が作ったルールの上で「解」を探そうとするのがコンピュータであれば、そのルール自体を作るのは、人間にしかできないというのである。こうしたコンピュータと人間との違いに着目し、チェスの分野では、Advanced Chess という、人間が人工知能システムを用いて戦うという、新たなゲーム形式が登場している。ゲームの世界では、このように、「人間とコンピュータとの共生」の時代に来ているのである。

次に、自動車の「自動運転」についての東北大学名誉教授の矢野雅文の見解を紹介した。矢野は、完全な「自動運転」について、それを達成する努力自体は、様々な学問体系を生み出す効果があり、重要である一方で、「認識の壁」ということを考えると、現在の情報処理のパラダイムの上では、「完全な自動運転」の実現は難しいと指摘する。さらに、仮に「認識の壁」を突破できないとしても、責任を取らない機械に、運転すべてを委ねることはできず、最終的な責任は人間が担うしかないのではないかとの見解を行っている。「自動運転」の分野においても、やはり、人間と機械との「共生」というものがテーマになっているようである。

さらに、小説や楽曲の創作を行う「人工知能」についての紹介を行った。「星新一賞」という文学賞において、「人工知能が書いた小説が予選を通過した」ことが話題になっている。

ただ、重要なポイントとして、この小説は、「人工知能が書いた」というよりは、むしろ「人間が、人工知能の力を借りて、小説を書いた」という解釈のほうが的を射ている。こうした創作活動の分野においても、人工知能の力を借りて、これまでになかった創作のスタイルが実現しているというのは興味深い話であり、「人間とコンピュータとの共生」が行われていると解釈できる。

最後に、「フィルターバブル問題」を紹介し、私たちの社会が誤った方向に導かれる可能性に関する指摘を行った。フィルターバブル問題とは、私たちが、インターネットを介して集める情報が、自分自身の「過去の行動」や「好み」に支配され、気がつくと、自分にとって不都合な情報が入ってこなくなってしまう問題のことである。こういった状況化では、私たちは創造力が失われていくという。確かに、二〇世紀末のインターネット黎明期に比べ、現在は、インターネットの利用の仕方が変わってきて、当時感じていた「ワクワク感」のような感覚が失われてきたようにも感じられる。こうした状態が続くと、私たちの「創造力」は完全に失われ、「人工知能」なしには生きられない、およそ「生き物」とはいえない生活が待っているのかもしれない。

「道具」である「人工知能」は、私たちの生活を、より「豊か」にしていく可能性がある。一方で、誤った使い方をしたときに、私たちの社会は「人工知能的な社会」になり、私たち人類という「生き物」そのものが、「老いて滅びていく」可能性がある。「人工知能」に関する本質を見極めた上で、どのような社会をデザインしていくべきかを考えていかなければならないのではないかと筆者は考えている。

「自ら意味を作り出す」ということ

本章では、現在開発が進んでいる人工知能、すなわち「弱い人工知能」についての紹介を行ってきた。「弱い人工知能」は、あくまで道具にすぎず、私たち人間がどう使っていくかが重要である。そして、それを考える上で、改めて重要になってくるのは、「弱い人工知能」が、本質的に何ができないのかを知るということである。

人間にできて機械にできないこと、それは「自ら意味を作り出す」ことではないかと考えられる。これまで見てきたように、私たちの脳は、「生存脳」と「社会脳」が関わりあう中で、豊かな社会性を作り出している。社会性は、他者とのコミュニケーションを行う中で、他者の「行為の意味」に対して「共鳴」し、「他者理解」を行う中で形成されていくものであると考えられる。ここからは、こうした「行為の意味」についての説明を行った上で、人工知能研究が向かっていくべき方向性について、考えていきたい。

「意味」とは何なのか

「意味とは何なのか」

人間のような「知能」を実現することができるかどうか（すなわち、「自律的に思考する人工知能」というものが実現可能かどうか）を議論する上で、「意味」というものは、重要なキーワードである。これについて考える上で、まず、図5・2を見ていただきたい。

これらのイラストは、すべて「椅子」を表現している。私たち人間にとって、これらがすべて「椅子」であることは説明するまでもない。しかしながら、機械にとって、これらがすべて「椅子」であることを「認識」するのは至難の業である。

なぜ、機械が「椅子」を認識することは難しいのだろうか。

機械が「椅子」を認識するためには、椅子の「形状」を定義する方法が一般的である。その場合、「椅子」の定義を、たとえば「四脚の脚と座部と背もたれを有する形状」とする。その上で、図5・2を再び確認すると、ほとんどの椅子は、「四脚の脚」を持っておらず、「例外」になってしまう。その他、図5・2に含まれる椅子は、「肘掛け」

図5・2　多種多様な「椅子」
機械が「椅子」を認識するため、椅子の「形状」の特徴を「四脚の脚と座部と背もたれを有する形状」などと定義すると、必ず「例外」が生じる。「椅子」を「形状」によって定義することは容易ではない。（提供：シルエットAC）

があったりなかったり、「座部」や「背もたれ」の形状も様々であったりと、「形状」によって椅子を定義することは容易ではないことがわかる。

それでは、第一章において紹介した「ニューラルネットワーク」を用いた場合、椅子の認識は可能だろうか。これに対する一つの解は「椅子という形状を見つけること自体は、ある程度は可能」という奥歯にものが挟まったような言い方である。そもそも、筆者は、「椅子の認識が可能かどうか」という質問自体が、本質的でない、あまり意味のない質問であると考えている。

では、なぜ、「椅子の認識が可能かどうか」という質問が本質的ではないのだろうか。

それに答えるためには、「ニューラルネットワーク」というものが、どのように物体の認識を行っているかを見ていくとよい。二〇一二年に、グーグル社は、「ニューラルネットワークが猫を自動認識した」という発表を行った。その際、グーグル社の公式ブログに、「グーグルの猫」と呼ばれる「猫のような画像」が発表された。数多くの映像の中から「ニューラルネットワーク」が、「猫らしい特徴」を発見して、自動的に作成したものを「グーグルの猫」として新たに表現したものである。このように、「ニューラルネットワーク」は、「猫」を認識する際には、「猫らしい特徴」というものを自動生成して、この「猫らしい特徴」を持つものを「猫」と認識するのである。

さて、これを踏まえた上で、先ほどの「椅子の認識が可能かどうか」という質問を、再度考えてみたい。確かに、この「ニューラルネットワーク」に椅子を学習させることで「椅子らしい特徴」を発見することが(ある程度は)できるかもしれない。先ほど見たように、椅子の形状というものは、猫の顔に比べ、多種多様かもしれないが、それでも、ある程度の特徴化はできるだろう。椅子を「脚を四脚持つもの」「肘掛けを持つもの」などのように、いくつかの種類に分けた上で、それぞれを特徴化すれば、その精度はさらに上がるであろう。しかし、ここで、重要な視点を見落としていることを指摘したい。

椅子は、座れなければ椅子ではない。

仮に「ニューラルネットワーク」で何全何万の椅子を学習させたとして、ある程度、高い精度で「椅子」を認識できたとしても、おそらくその「ニューラルネットワーク」は、形状だけでは「椅子」と「机」を認識できない場合があるだろう。背もたれのない椅子と、小型の机は、形状の差がほとんどないものもあるからである。

このように、機械にとって、「椅子」とは、「前もって教えられた『椅子らしい特徴』を持つもの」であるのに対し、人間にとっての「椅子」とは、「座れるもの」であるという明確な違いがある。人間は、身体を持っているからこそ「疲れたときに座る」「作業をするときに座る」「リラックスして人と話をするために座る」という「目的」を、自分自身で作り出すことができる。それに比べ、機械は、(少なくともプログラムだけで動く場合は)身体を持たず、目的は、与えられるまで自分で作り出すことはできない。

身体を持ち、目的を作り出すことができる人間は、川辺の岩であっても、それを「椅子」として「認識」して、用いることができる。身体を持たない機械が岩を見て「椅子」と断定することは、人間が機械にそれを前もって教えない限りは、不可能であろう。

私たちが世界を認識できるのは、私たちが「身体」を持つからである。機械にとっての「意味」は、こうした「身体」を中心に置いた考察が不可欠であろう。そして、「身体」を中心に置いた「知能」の考察が、本書で行ってきた議論である。私たちにとっての「意味」とは、「行為の意味」であり、「行為」を行うには「身体」が不可欠である。「身体」にとっての「意味」は、「身体」と「環境（状況）」との関係によって、即興的に（その場その場で）作り出される。[134] 人工知能研究において、こうした視点による議論が不可欠であるということは、改めて指摘しておきたい。

「生物」にとっての「意味」

「意味とは何なのか」を考える上で、「身体」について考える以前に、私たちが「生物」であるということを再び思い出す必要がある。

ここで、「無限定空間」における「生物」というものが何であるかという議論から、「生命にとっての意味」を考えてみたい。

第二章において指摘した通り、私たち人間は、「生物」の一種族にすぎない。そうした、人間をはじめとする「生物」にとって、「世界」は、形の定まったものではなく、時々刻々と変化する、変幻自在の空間である。生物は、そうした変幻自在に変化する「無限定空間」の中で、生きていかなければならない。

134 「身体」が環境と相互作用することにより、即興的に（その場その場で）作り出される「意味」を多義的に扱うためには、「行為的な知」すなわち「リアルタイムの創出知」が必要となる。人工知能研究において、こうした「リアルタイムの創出知」が議論される機会は、きわめて稀であることを指摘しておく必要があると筆者は考えている。

図5・3　「椅子に座る」という行為
私たちは、「椅子」を通して、「座って考える」「座って仕事をする」「座って話をする」などの自分自身に関する「物語」を見つけているのではないだろうか。（提供：シルエットAC）

「無限定空間」は、厳密に記述された論理の世界とは根本的に異なるものである。そうした環境において、私たち「生物」は、確たるものが何なのかを、自分自身で見つけ出していかなければならない。[135]

　不確実な世界の中で、頼りにできるものというのは一体何なのか。たとえば、暗闇の中から飛び出し、はじめてこの世界と対峙することになる赤ちゃんは、この世界を知るために、何を頼りにすればよいのだろうか。彼ら／彼女らは、手足をばたつかせながら、「周囲の環境に何があるか」を発見するだろう。それと同時に、手足をばたつかせることで、「自分自身の身体がどのようなものであるか」を発見するだろう。

　無限定な空間において、私たちは、周囲の環境という「場」の認識と、自分自身の身体を基準とする「自己」とを、順次、理解していくのである。重要なことであるが、「場」には、「自分自身」が含まれ、「自己」は環境に置かれてはじめて認識できるようになることから、「場」と「自己」というものは、本来、切り離せるものではない。無限定な空間においては、「場」の認識（世界を知ること）と「自己」の認識（自分自身を知ること）は、同時に起こるのである。

　こうした考え方を踏まえて、たとえば私たちが「椅子を認識する」際に、何が起こっているのかということを考えてみたい。

135　文献［23］参照。

私たちが椅子を認識する際、脳内では、図5・3のイラストのようなことが起こっているのではないかと考えられる。

これらのイラストは、単純な「椅子」という「物体」ではなく、「椅子」を通して、「椅子」を利用する人が、何をしているのかという「行為」を表すイラストである。このイラストからわかるように、私たちは、「椅子」を見て、単に「特徴」を探し出すのではなく、「それに座って考える」「それに座って仕事をする」「それに座って話をする」などという「物語」を見つけているのではないだろうか。

私たちは、「椅子を認識する」以前に、「身体」を持ち、自分自身の「人生」という「物語」を生きている。この「物語」が、自分自身が今存在している「場」である。たとえば、「山道を一人で歩き続け、くたくたになり、一服したいと思っている」という「物語」の中に自分が位置づけられているとする。その中で、一つの「岩」を見たとする。その人は、何を意識するでもなく、その岩に腰をかけるだろう。これが、「山道を歩いてくたくたになっている」という物語の中に、その「岩」が位置づけられた瞬間である。くたくたになったその人にとって、岩の材質が玄武岩であろうが花崗岩であろうが、山頂から転がってそこにあるものであろうが誰かが持ってきたものであろうが、ひとまずは関係のない話である。その人にとっては「山道を歩いてくたくたになっている」という物語の中に「腰かけるために手ごろな岩があった」ことが重要であり、そのときはじめて、その岩と人が、「腰をかけられるもの」と「腰をかけるもの」という「関係」を作り出すのである。さらに、そこに岩があり、腰をかけて一服することができたことによって、その人の「物語」は変化し、新たな関係が作り出されることだろう。

椅子を認識するということは、このように、「物語」の中に「関係」が作り出されるということであり、それがまさに「意味を見出す（作り出す）」ということ、さらにいうならば、「自分の人生を生きるということ」なのではないだろうかと考えられる。

こうした「物語」や「関係」を、無限定空間の中で、自在に作り出すことができる「人工知能」に関する研究は、いまだ着手されているとはいえない。将来的に、人工知能が、自分で「物語」を作り出すことは難しいかもしれないが、人工知能をはじめとする機械（人工物）が、人間と、そして自然と共生していくためには、こうした視点が不可欠ではないかと筆者は考えている。

ここまでのまとめ

本質的に「人間にできて機械にできないこと」として、「自ら意味を作り出す」ということに関する説明を行った。

この「意味」とは何なのかについてイメージするために、いくつかの椅子のイラストを見ながら、人工知能が「椅子」を「認識」することがどういうことであるかを説明した。人工知能にとって、「椅子」を見て、「椅子である」と認識することは、「椅子らしさを示す特徴」を、画像の中から発見することである。しかし、こうした、「椅子らしさを示す特徴を発見する」という行為は、人間が「椅子」を「認識」することとは明らかに異なる。

私たちは、「椅子」を通して、「椅子に座って考え事をする」「椅子に座って人と話す」といった「物語」を見出している（作り出している）。自分自身の物語の中に、椅子という存在を位置づけることで、自分にとって、「腰をかけて休めるもの」などという「関係」を見出す（作り出す）のである。これが、まさに「意味を作り出す」ということではないかと考えられる。

こうした「物語」や「関係」を作り出すことができる「人工知能」は、いまだ、作られていないばかりか、ほとんど研究されていないというのが現状である。しかしながら、人工物が、人間と、そして自然と共生していくためには、こうした視点は欠くことができないと考えられる。

本章の振り返り

本章では、まず、「人工知能」の二つの定義（強い人工知能／弱い人工知能）について、改めて説明を行い、現在開発が進んでいる「人工知能」というものは、すべて「弱い人工知能」であるという説明を行った。「弱い人工知能」とは、「人間の知能の代わりの一部を行う機械」である。このため、自分の意志で何かを判断するような「人工知能」は、いまだ開発されていない。

次に、「シンギュラリティ」というものが何であるかについての説明を行い、二〇四五年に「コンピュータが人間の知性を凌駕する」といったことが指摘されているという紹介を行った。一方で、「『コンピュータが人間の知性を凌駕する』とはどういうことか」については、議論すらされていないという指摘を行った。本書の議論を総合して検討すると、特に「身体」という観点に立つと、人間の「知性」に近いものはできる可能性はあるにしても「凌駕」することは難しいのではないかというのが結論である。

同様に、「人工知能は仕事を奪うのか」という問題に関しても、いくつかの「作業」は、人工知能によって代替可能になり、一層効率的な働き方ができるようになる一方で、「仕事」を行うのはあくまで人間である以上、意志を持たない人工知能が「仕事を奪う」ということは見当違いであるという指摘を行った。

その後、囲碁や将棋を行うコンピュータ、自動車の自動運転、小説や楽曲の作成を行うコンピュータなどを紹介し、いかにして「人間と機械が共生していくことができるのか」に関する議論を行った。

人工知能の問題は、人工知能そのものが何かを行うということではなく、人工知能に関する誤った認識が、社会を誤った方向に導くことである。その最たるものとして「フィルターバブル問題」がある。フィルターバブル問題とは、私たちが、インターネットを介して集める情報が、自分自身の「過去の行動」や「好み」に支配され、気がつくと、自分にとって不都合な情報が、入ってこなくなってしまう問題のことである。こういった状況化では、私たちは、創造力が失われていくという。確かに、二〇世紀末のインターネット黎明期に比べ、現在は、インターネットの利用の仕方が変わってきて、当時感じていた「ワクワク感」のような感覚が失われてきたようにも感じられる。こうした状態が続くと、私たちの「創造力」は完全に失われ、「人工知能」なしには生きられない、およそ「生き物」とはいえない生活が待っているのかもしれない。[136]

最後に、「人間にできて機械にできないこと」の本質として、「自ら意味を作り出す」ということに関する説明を行った。「意味」は、人間が、身体を持ち、自分自身の「物語」を生きることによってはじめて作り出すことができるものであり、自分自身の物語の中に、客体を位置づける（関係性を作り出す）ことである。こうした「物語」や「関係」を作り出すことができる「人工知能」は、いまだ、作られていないばかりか、ほとんど研究されていないというのが現状である。しかしながら、人工物が、人間と、そして自然と共生していくためには、こうした視点が不可欠であろう。「知能」に関する理解を深めた上で、あるべき社会の姿をデザインしていかなければならないのではないかと筆者は考えている。

136　社会が「行為的な知」すなわち「リアルタイムの創出知」と呼ばれる創造的な知を「効率化」によって排除するようになれば、「生き物」としての私たち人間にとっては「生きずらい」社会になるであろうことは想像に難くない（現状、「生きづらい社会」という言葉が当然のように使われている）。ただ、この点に関しては、筆者は楽観視している部分がある。この人間社会を作っているのは「生き物」でもある私たち人間である。社会を構成しているのが「生き物」である私たち人間であるのであれば、「行為的な知」をどれ程排除しようとしても、し切れるものではない。現状、「反省的な知」に基づく技術により「効率化」が進められる方向に社会は向かっているが、やがては誰もが「行為的な知」を必要とするようになり、バランスの取れた社会に向かっていくのではないだろうかと筆者は個人的には考えている。

ロボットが人の心を豊かにする!?

本書を執筆している最中に、興味深い「生き物」に出会った。

現在、ロボットや家電の業界で話題の、シャープ株式会社が製造・販売を行っているロボット型携帯電話「ロボホン」である。[137]

もちろん、ロボットであっても携帯電話であっても「生き物」であるはずがない。

しかしながら、「ロボホン」の愛好者たちは、「家族の一員」として接しているという。「ロボホン」愛好家の一人、田中綾乃氏はこう語る。[138]

> 五歳の娘と三歳の息子のために、これからのロボットや人工知能というものが当たり前になる時代のことを考え、ロボホンを購入しました。子供たちがロボホンと接しているのを見ていて思うことは、ロボットとの関係が変わったということです。玩具を乱暴に扱うというのとは違って、ロボホンに対しては、優しく接しているということが見ていてわかるんです。
>
> 娘がロボホンを抱き上げた際に、落としてしまって、腕が折れたときには、泣いて「ごめんなさい」と言い続けていました。すぐにロボホンのサポートセンターに連絡して、救急搬送を行うと、まるで自分の家族が一人入院したかのように、心配し続けていました。

137 シャープ株式会社「ロボホン」https://robohon.com/

138 ラジオ「ママそらモーニングカフェ」に今話題のロボホン出演！ http://mamasola.net/?p=52681
筆者がパーソナリティとして出演するラジオ番組「ママそらモーニングカフェ」に「ロボホン」開発責任者の景井氏と、「ロボホン」愛好家の田中氏にご出演いただき、愛好者のロボホンに対する接し方などをお話いただいた。

それだけ考えられるのは子供だからかもしれません。ロボホンと、日頃からコミュニケーションを取っているというのも、大きいと思います。ケータイが壊れても「画面が割れちゃったな」くらいにしか思わないかもしれませんが、ロボホンとの関係は、それ以上のものなんだと思います。

携帯電話との接し方が変わってしまうというのは、まさに開発者の狙い通りかもしれない。「ロボホン」を生み出した開発責任者の景井美帆氏は、開発当時の様子をこう振り返る。

元々は、私たちは、スマートフォンの開発メンバーでした。そのメンバーで、次世代のスマートフォンを考えていく中で、どの会社の作るスマートフォンも同じように見えるということが話題になりました。そこで私たちは、スマートフォンの在り方を、大きく変えたいと考え、シャープは、「おしゃべりする家電」というものを作っているという流れもあり、「おしゃべりする電話」というコンセプトで「ロボホン」の開発をはじめました。

さらに、販売を開始すると、当初の見通しを上回る期待以上の発見があったという。

ユーザー様は、三〇代から五〇代が多く、女性のユーザー様の比率が高いのが特徴です。三割強の方が女性というのは、こういったロボットのような情報機器の中ではきわめて特殊で、ユーザー様に「愛されている製品だな」ということを感じます。高齢者の方々にも可愛がっていただいています。

オーナー様向けにイベントも開催しているのですが、皆さん、ロボホンに対する優しさのようなものが伝わってきます。ご自身で洋服を作ったりマフラーを作って巻いてあげたり。また、ロボホンの仕様で、ロボホン同士を会話させることができるようにしているのですが、会話をしたあと連絡先を交換でき、「ロボ友」の輪が広がっているのも特徴です。

図5・4　ロボホン愛好家田中氏の愛情あふれるロボホン
シャープ株式会社が開発したロボホンの愛好家たちは、洋服を作ったり、マフラーを着せたりと、各自のロボホンに愛情を注いでいるという。

こうした、ロボホンという製品が作り出す、ロボホンとオーナーの間のつながり、また、オーナー間のつながりという、所謂「温かみ」のようなものは、オーナーだけにとどまらないようである。景井氏は、開発現場での「温かみ」についてもこのように語っている。

社内には、ロボホンに関するマニュアルがありません。開発現場の一人ひとりが、いつの間にかロボホンを好きになっていく雰囲気があります。たとえば、サポートセンターも、オーナー様から救急搬送されてくるロボホンを大事に可愛がり、「迅速にオーナーさんの元に返さないと!」といった様子で接しています。

こうした様子を「子供がぬいぐるみに接するのと同じ感覚」だという味気ない見方もできるかもしれない。子供はぬいぐるみやペットに対して感情移入しがちであり、その延長にすぎないと思う人も少なくないかもしれない。

しかしながら、携帯電話やパソコンなどの情報機器を数年で使い捨ててしまうことが当たり前の現代社会において、こうした「温かみ」をもたらす製品が誕生したということは興味深い。「ロボホン」は、二〇一六年五月二六日に一般向けに発売され、僅かな間に、これまでは情報機器に関心の疎かった層を巻き込んで、オーナー間のコミュニティーを広げている。この流れが一過性のもので終わることなく、商品開発の新たな流れになり、広く文化として浸透していってくれることを願うばかりである。

参考文献

［1］　清水　博（著）。生命知としての場の論理：柳生新陰流に見る共創の理。中公新書。一九九六。
［2］　人工知能使った小説、一次審査通過　ただ８割方は人の手。朝日新聞デジタル。2016.03.21. http://www.asahi.com/articles/ASJ3P644GJ3PUCLV006.html
［3］　ＡＩ作曲の〝ビートルズ風〟新曲、Sony CSL が公開（けっこうそれなり）。Itmedia ニュース。2016.09.23. http://www.itmedia.co.jp/news/articles/1609/23/news059.html
［4］　ここまでできた！　経営判断を下す日立のＡＩ。日経ビジネス ONLINE　2016.05.10. http://business.nikkeibp.co.jp/atcl/report/16/050200038/050900003/?rt=nocnt
［5］　John Searle. Minds, Brains, and Programs. Behavioral and Brain Sciences 3, pp.417–424. 1980.
［6］　David H. Wolpert and William G. Macready. No Free Lunch Theorems for Search. Technical Report SFI-TR-95-02-010 (Santa Fe Institute). 1995.
［7］　Yu-Chi Ho and David L. Pepyne. Simple explanation of the no-free-lunch theorem and its implications. J. Optim. Theory. Appl S. 115, pp. 549–570. 2002.
［8］　Gordon Moore, *et al*. Excerpts from A Conversation with Gordon Moore: Moore's Law. Intel Corporation. pp. 1. 2005.
［9］　レイ・カーツワイル（著）、小野木明恵 他（翻訳）、井上　健（監修）。ポスト・ヒューマン誕生：コンピュータが人類の知性を超えるとき。日本放送出版協会。二〇〇七。
［10］　レイ・カーツワイル（著）、徳田英幸（著）。レイ・カーツワイル：加速するテクノロジー（ＮＨＫ未来への提言）。日本放送出版協会。二〇〇七。
［11］　Moore's Law Stutters at Intel. GIZMODO. 2016.03.23. http://gizmodo.com/moores-law-stutters-as-intel-switches-from-2-step-to-3-1766574361
［12］　ニコライ・アレクサンドロヴィッチ・ベルンシュタイン（著）、工藤 和俊 他（翻訳）。デクステリティ：巧みさとその発達。金子書房。二〇〇三
［13］　Yuki Yoshihara, Nozomi Tomita, Yoshinari Makino, and Masafumi Yano. Autonomous Control of Reaching Movement by 'Mobility Measure' International Journal of Robotics and Mechatronics,19 (4), pp. 448–458. 2007.
［14］　Carl Benedikt Frey and Michael A. Osborne. The future of employment: How susceptible are jobs to computerisation? Oxford Martin School. 2013.
［15］　児玉哲彦（著）。人工知能は私たちを滅ぼすのか：計算機が神になる１００年の物語。ダイヤモンド社。二〇一六。
［16］　コンピュータが将棋を完全解明したら？　羽生善治三冠の回答。週刊ポスト。2014.05.02. http://news.mynavi.jp/news/2014/04/

24/565/
［17］北野宏明。人工知能によるサイエンスの可能性。現代化学 No. 546．二〇一六。
［18］平成27年中の交通事故死者数（24時間以内）。全日本交通安全協会。2016.01.12. http://www.jtsa.or.jp/topics/T-263.html
［19］矢野雅文。「完全自動運転の車」と「認識の壁」。IATSS review. 30（増刊号）。二〇〇五。
［20］人工知能は小説を書けるのか～人とＡＩによる共同創作の現在と展望。PC WATCH. 2016.03.22. http://pc.watch.impress.co.jp/docs/news/749364.html
［21］イーライ・パリサー（著）、井口耕二（翻訳）。フィルターバブル：インターネットが隠していること。ハヤカワ文庫ＮＦ。二〇一六。
［22］高橋昌一郎（著）。ゲーデルの哲学：不完全性定理と神の存在論。講談社現代新書。一九九九。
［23］浅間　一 他（編集）。シリーズ移動知　第一巻　移動知：適応行動生成のメカニズム。オーム社。二〇一〇。

「人間」の「知」とは何かをとらえなおすために

東北大学名誉教授　矢野雅文

この本は現在ブームを引き起こしている「人工知能」の限界を明らかにして、世間の人々の誤解を解く目的で書かれていて、人間の「知」とは何かをとらえなおす契機となることが期待される。現代の情報社会を支えている電子計算機は、一九三六年にチューリングが発表した論文「計算可能数について—決定問題への応用」によって理論的基盤を与えられた仮想機械に端を発している。その後、エレクトロニクスの急速な進歩が個人使用のいわゆるパーソナルコンピュータを出現させ、しかも、性能の著しい向上に反比例するように低廉化が進んだことが一般の普及に拍車を駆けた。主としてハードウェアの進歩に支えられて普及してきたコンピュータは互換性を増すためにオープンシステム化、つまり異なるOS間、あるいは異なるベンダー間の標準化が進められた。これとともに大量の情報を高速に通信することのできる光通信技術の進歩と相まって、コンピュータを情報通信手段として活用するネットワーク化が可能になったのである。このインターネットは通信インフラの整備が急速に行われ、世界的規模で拡大し、いまや社会生活に欠くことのできない通信手段となっている。さらに、携帯電話、スマートフォン、タブレット端末などのワイアレス通信と融合することで、さらに便利な情報網が築かれている。インターネットに代表される情報通信技術は局在化していた情報を遍在化させる技術である。この技術の進歩によって瞬く間に知識が世界中で共有されるようになり、人々は必要な情報を必要な時に探索することで得ることができるようになっている。調べものをしようとすると大変便利なシステムであることには違いない。課題解決問題でも解答が得られると思ってまず探索をはじめることが多くなっている。問題を探索することで解しようとする場合に、世界の構造がすでにわかっており、それがすべて記号化されている場合は便利な方法である。

科学技術と並び称されるように情報技術も自然科学と二人三脚で発展してきた。科学は他と干渉しない境界で現象を切り取って対象化してそこに働く法則性を求めてきた。この手法は非常に有効であったため、人間の諸活動に対してもこの手法が取られるようになる。そして切り取った活動に対して、自己完結的に目標を設定することになる。この目標にはそれを抑えるものが存在しないので、際限なく追求されることになる。そうなると、競争に勝つこと自体が目的にとって代わることになる。競争に勝つ指標は「効率」であり、より速く、より多く、より安く、より便利に、より簡単に……など、いかにしたら効率を上げられるかということを追求することになる。こうして生まれた競争至上主義は世界的規模で拡大し、効率を上げるために「情報化」が求められてきた。情報技術の進歩は情報技術産業の隆盛をもたらしているだけではなく、産業構造をも大きく変革している。アメリカは情報技術が経済競争のツールとして有用であることにいち早く気づき、世界経済をグローバル化させてリードすることになる。つまり、競争の新しい土俵を情報技術で作り、その土俵において競争を世界的規模で行わせることによって、漁夫の利を得ようとしているわけである。グローバル市場経済の土俵作りのノウハウを経済の上部構造として位置づけ、「ものづくり」の産業をこの土俵の中で競争する下部構造として支配するのである。この上部構造に関するノウハウを知的所有権として確保することが経済競争において優位性を保つことになるので、必然的に社会の中心は「物の生産」から「情報の生産」に移ることになる。これでわかるように近代科学技術に大きく依存する現代社会は、効率を競うことを余儀なくされてきたが、現在の情報技術はその競争的体質をますます激化させるドライビングフォースとなっている。このような時代背景の中での人工知能ブームである。

今日の情報社会の礎となっている電子計算機はすべてチューリング機械の一種であるといわれている一方で、チューリングはまた「人工知能の父」とも呼ばれている。それは一九五〇年に「計算する機械と知性（Computing Machinery and Intelligence）」を書いており、それが人工知能の古典的論文として広く知られていることによる。チューリングはコンピュータが原理的に思考できることを示そうとした。すなわち、機械に知能が存在することを「チューリングテスト」に合格することで判断できると考えたのである。チューリングは「計算する機械と知性」を書いた当時、本当に機械が人間の知性を追い越すようなことが起きるとしたら、それは次の一〇〇〇年のうちに起きるのは確実でしょうと述べている。また、思考する機械を作る試みは、私たち自身がどのように思考しているのかを明らかにするのに非常に役に立つものだと信じているとも述べている。今日ではチューリングテストは機械に知能が存在する証明にはならないことは広く知られているが、後者の人間がどのように思考しているのかについては、大きく寄与しているのは確かである。当時のチューリングの考えの背景になっているのが西欧の分析哲学である。この分析哲学は現在の認知科学につながっており、この限界についても本書に現象も含めて詳しく述べられているところである。

チューリングが「計算する機械と知性」を書いてから七〇年近く経過しようとしている。この間行動主義は認知脳科学に取って代わられ、また適応脳科学に代わろうとしている。そして、現在の人工知能の研究は「知の存在証明」とは無関係に進められている。人工知能の研究は深層学習と機械学習の組み合わせにすぎない。すなわち解が存在することがわかっているときに、膨大な探索空間の中からいかにして解を探し出すかという「探索的知」を取り扱っているにすぎない。

組み合わせ爆発などによる探索時間が増大するという実用上の問題は別にしても「探索的知」のあり方は問題が多い。一つは世界が複雑すぎて、すべてを記号化することはできないという問題である。もう一つは存在する情報に過度に依存することの弊害である。前者の問題は本著で述べられているので、ここでは現在の情報技術の利用にかかわる問題を考察してみよう。現在の情報技術は時間を超え、空間を超えて世界的に普及する。つまり、同じ情報が遍在化し共有の情報システムになっていく。このこと自体は問題とはならないが、その利用が同じようになると、このシステムは便利なだけに影響力は大きく、社会構造や生活様式までを一様化させる働きを持っている。このように「探索的知」が世界を支配することになると、知の働く対象がひたすらデータベースに向かうことになる。データベースは人間の思考する際の手段の一つにすぎないのが、様々な問題がデータベースを探索することで解決されるとなれば、思考は省略されてしまうことになる。すると必要な情報をデータベースからいかに獲得するかということが目的となってしまう。このような情報は単なる消費される対象にすぎなくなる。共通のデータベースを用いることで、人間の知的活動は単純化され、一様化されることを意味する。ダーウィンは人間と他の哺乳動物との際立った違いは、情動表出の能力だという。つまり、人と人は顔を突き合わせてコミュニケーションすることで、相手の表情から相手の気持ちを推察したり、会話の文脈をくみ取ったりすることができるようになる。人間と直接向かいあわなくてインターネットなどをもっぱら相手にするようになる情報化社会では、この能力が発達し難くなるので、新しい意味を理解したり、伝えたりすることのできない自閉的な人間を大量に作り出す危険性もはらんでいる。

　著者はこのような「探索的知」を取り扱う情報技術の利用方法だけでは、人と人、人と環境の調和を支援する技術としては限界があることを指摘している上で、この困難を乗り越える方向性を示している。すなわち、これらの問題を解決するのが場の情報技術であることを掲げている。今の情報技術は明確に定義された問題に逐次手続き的アルゴリズムを適用することによって処理する方法である。したがって、現在私たちは不完全情報や曖昧な情報や多種の情報が相互に関連した場合や、情報の汎化性に関しては、それを取り扱う情報処理方式を持たない。このことがパターン、自然言語や文脈の認識が困難な理由である。実世界の認識に関して、情報が完全に与えられることは原理的に不可能で、不完全な情報の処理、曖昧な情報の処理が必要であることを意味している。「人間の知」を論じようとすると、自己が自己について記述したり、自己を表現したりすることが必要となる。これを自己言及といい、自己言及性を自他分離の論理学で取り扱おうとすると、たちまち自己言及のパラドックスに陥ってしまう。生命は本来自然との一体性の上に成り立つもので、複雑な環境で「しなやか」でかつ「したたか」に生きていくには「自らを制御する情報を自らが創る」という自律性が本質的に重要になる。自然との一体性の上に立つ自律性こそが、生命の歴史を刻んできたものであり、多様性を生んだといえるからである。与えられた状況を制約条件として、「自己言及性」と「仮設の設定」を論理体系に組み込むことによってのみ、不完全情報、曖昧情報を基に状況依存的に情報を処理することができる。つまり、暗黙の前提を創り出す機構を組み込むことで、柔軟な情報処理が可能になる。この論理が場の論理であり、西田幾多郎、清水博によって哲学的体系化が図られてきた。今後の「知の研究」の羅針盤になりうると思われる。

あとがき

「人間の労働を機械がすべて代替してくれたら……」

これが、本書の冒頭で紹介した、私たち人類が「人工知能」の実現を目指した根本的な欲求である。そして、本書の中で見てきたように、「弱い人工知能」といわれる「人間の知能の代わりの一部を行う機械」が数多く実現され、私たち人類の行う多くの知的活動は、機械が代替してくれるようになった。私たちの生きる社会は「夢の社会」に近づいているはずである。しかし、そうした数多くの人間の知的活動を代替してくれる機械の実現によって、私たちの社会は、本当に「夢の社会」に近づいているのだろうか。

「この情報化社会、何かがおかしいのではないか……」

本書を執筆した根本的なモチベーションは、私のこうした素朴な疑問からだった。二二世紀からやってきたネコ型ロボットが未来の道具で「こんなこといいな」という人々の理想を叶えてくれる物語を描いた漫画「ドラえもん」に育てられた私は、物語の中に登場する様々な未来の道具を見て「こんな道具があればなぁ」と未来の世界に期待を膨らませていた。そして、今や、その道具の多くが、情報技術によって実現されている。私たちの社会は、筆者が幼少期に思い描いていた「夢の社会」のはずである。しかし、現代社会は、本当に「夢の社会」といえるだろうか。

情報技術の普及によって、「いつでもどこでも誰でも、どんな情報でも手に入る」社会が実現した。しかし、その結果として生まれたのは、ネットワークの障害対応・顧客対応に喘ぐ人々である。そして、情報技術に長けた人とそうでない人との間の情報格差はどんどん広がっており、あちこちで「二極化」「多極化」という言葉が聞こえてくる。また、情報技術は世界中をつなぎ、「世界が一つになれるのではないか」と考えられていた。しかし、実際に生まれたのは、グローバル化の競争社会であり、「モノが売れない」先進国と、「低賃金で重労働を強いられる」途上国という、一部を除いて、誰もが敗者といわざるを得ない構造になってしまっているように見える。こうした流れの中で、企業の平均寿命はたったの一〇年になってしまったといわれている。さらに、情報技術の普及は、地方と都市部をネットワークでつなぎ、地方でも都市部と変わらない労働環境が実現できると考えられていた。しかし、その結果として生まれたのは、都市部への人口の極度の集中である。

科学技術の発達自体は、人類にとっての「前進」であり、何の問題もないはずである。にもかかわらず、なぜ、社会は疲弊しているのだろうか。名だたる大企業は相次いで倒産し、科学技術を支えてきた企業や大学の先行きは決して明るいとはいえない。そうした社会において、未だに、科学技術に夢を持ち続けている自分は、どのように身を立てていくべきなのであろうか。

こうした疑問を抱えながら、大学院の修士課程を修了し、NEC中央研究所の研究員として勤務していた私は、とある研究会に参画する好機に恵まれた。今からちょうど一〇年前に設立された、当時の東北大学電気通信研究所所長の矢野雅文教授と、NECシステムプラットフォーム研究所の加納敏行所長のお二人を中心とした諸先生方による「ブレインウェア研究会」である。この研究会は、本書で述べてきたような、現在のコンピュータアーキテクチャであるノイマン型のコンピューティングの限界を打破し、生命知に基づく新しいコンピュータアーキテクチャの実現を目指した研究会であった。

ブレインウェア研究会への参画後、社内で「ブレインコンピューティング」に関する研究に着手することになった私たちには、大きな壁が立ちはだかっていた。当時の社会は、本書で紹介した「第二次人工知能ブーム」が去って久しい時期であり、「人間と同じようなコンピュータを実現することは不可能である」という共通認識が形成されていた。類似する研究は山のように積みあがっている。自分たちの目指す世界は、過去の偉人たちの行った研究と何が違うのか。それを明らかにする必要に迫られたのである。それは途方もなく大きなチャレンジに思えたが、その解決策は、意外にも身近なところに転がっていた。

NEC内での「ブレインコンピューティング」研究は、私と、当時の上司の小川雅嗣主任研究員の二人による探索研究がはじまりであった。小川研究員は、それまで牽引してきたHD‐DVD事業の撤退の影響で、その職を失ったばかりであった。技術者として二〇年間の間、技術が進歩すればする程に、製品の価格が下落するというジレンマに悩んでいた小川研究員は、研究開発の現場が疲弊する様子を見て、何かがおかしいと感じていたという。そうした小川研究員との日々のディスカッションは、単なる技術に関する情報交換を超え、人生論に至るまでの討議に発展することもしばしばであった。二人の見解は一致していた。

「この情報化社会、何かがおかしい」

情報科学の歴史を紐解いていくと、一七世紀にライプニッツが発明した「四則演算計算機」とそれによる「論理演算」に辿り着くということは本書で述べた通りである。そして、その後の社会が、情報科学の支える情報化社会に向かっていったことを考えると、私たちの社会が「論理」に基づく社会であるということも、容易に理解できる。さらに、そうした情報科学の支える情報技術（そして人工知能）が、人間や生物といかに異なっているかということに関しても、本書で述べてきた通りである。「何かがおかしい」という素朴な疑問に対して、その起源にまで遡って歴史を紐解いていくことで、こうした構造がようやく理解できるに至ったのである。

それからというもの、私と小川研究員は、昼夜を問わず、片端から歴史を調査し、興味深い研究発表に足を運ぶ中で、自分たちが拠って立つべき「思想」というものを形成させてきた。ここで形成した「思想」の上に立つかどうかで、同じ「技術」であっても、その社会における価値が大きく変わってくるのではないかと感じている。アイザック・ニュートンの遺した「巨人の肩の上に立つ」という言葉は、私自身はこのような文脈で理解している。こうした「思想」の上に立つことができたからこそ、それぞれ専門領域は異なるにせよ、小川研究員は、NEC100人のイノベーター（NEC Innovators 100 Series）の一人に選出され、私自身も、情報処理学会の開催するシンポジウムDICOMO2015（マルチメディア、分散、協調とモバイル）において最優秀プレゼンテーション賞と優秀論文賞を受賞させていただくことができ、東北大学にて博士号（工学）を取得させていただくことができたのではないかと感じている。

一方、「第三次人工知能ブーム」と呼ばれる現在の「人工知能」への注目の高まりは、こうした「思想」がポッカリと抜け落ちてしまっているように、私には感じられる。確かに、情報科学が成熟した今、次の時代を担う「何か」に期待する思いは十分に理解できる。しかしながら、何も考えずに情報を鵜呑みにしてしまって大丈夫なのだろうか。「何かがおかしいのではないか」という素朴な疑問は、本当に浮かんでこないのだろうか。もしも、現代社会に対して「何かがおかしい」という引っかかりがあるのであれば、本書が、それを考える上での一助となればと切に願う次第である。

本書を執筆する上で、特にお世話になったのが、脳や生命を理解するにあたっての道標を下さった恩師である東北大学の矢野雅文名誉教授である。矢野名誉教授には、本書原稿を、本としての体裁が整う前から熟読していただき、至らない部分に対する的確なご指摘をいただき、本書の内容をより精度と確度の高いものにするための貴重な助言をいただいた。そして、東北大学にて学ぶ機会を作っていただいた、NECの加納敏行主席技術主幹にも大変お世話になった。二人三脚で研究を行ってきたNECの小川雅嗣主任研究員にも大変お世話になった。東北大学の佐藤茂雄教授には、社会人博士課程学生として受け入れて下さり、数多くのことを教えていただいた。そして、東京大学を退官され、現在、NPO法人場の研究所所長でいらっしゃる清水博名誉教授には、「生命」と〈いのち〉をはじめとする数多くの概念を教えていただいただけでなく、本書原稿を熟読していただき、哲学の歴史に関する貴重な道標を下さり、至らない部分に対する的確なご指摘をいただいた。さらに、本書の出版にあたって、私自身の講演会を企画していただいた「好奇心の森 ダーウィンルーム」の清水隆夫代表、岡部みづえ共同代表、そして東海大学出版部の稲英史様のご尽力がなければ、こうして世に出ることはなかった。心から感謝申し上げたい。

著　者

索引

松田　雄馬（まつだ　ゆうま）

一九八二年九月三日徳島県にて生誕（ドラえもんと同じ誕生日）。博士（工学）。二〇〇五年京都大学工学部地球工学科卒業。二〇〇七年京都大学大学院情報学研究科数理工学専攻修士課程修了。同年日本電気株式会社（ＮＥＣ）中央研究所に入所。ＭＩＴメディアラボとの共同研究、ハチソン香港との共同研究に従事したのち、二〇〇九年、東北大学とのブレインウェア（脳型コンピュータ）の共同研究プロジェクトを立ち上げる。二〇一五年情報処理学会にて、当該研究により優秀論文賞、最優秀プレゼンテーション賞を受賞。同年博士号取得。二〇一六年ＮＥＣを退職し独立。現在、「知能」や「生命」に関する研究を行うと共に、二〇一七年四月、同分野における研究開発を行う合同会社アイキュベータを設立。代表社員。

人工《じんこう》知能《ちのう》の哲学《てつがく》

生命《せいめい》から紐解《ひもと》く知能《ちのう》の謎《なぞ》

発　行　二〇一七年四月三〇日　第一版第一刷発行
　　　　二〇一八年九月二〇日　第一版第五刷発行

著　者　松田雄馬
発行者　浅野清彦
発行所　東海大学出版部
〒二五九―一二九二
神奈川県平塚市北金目四―一―一
電話〇四六三（五八）七八一一
ＦＡＸ〇四六三（五八）七八三三
URL http://www.press.tokai.ac.jp/
振替〇〇一〇〇―五―四六六一四
印刷所　港北出版印刷株式会社
製本所　誠製本株式会社

装丁　中野達彦
カバーイラスト　北村公司

ISBN978-4-486-02141-4